Dagmar Sieberichs
Hans-Joachim Krüger

Microsoft Publisher
Einsteigen leichtgemacht

Dagmar Sieberichs
Hans-Joachim Krüger

Microsoft Publisher

Einsteigen leichtgemacht

vieweg

Der Verlag Vieweg ist ein Unternehmen der Verlagsgruppe Bertelsmann International.

Umschlagsgestaltung: Schrimpf & Partner, Wiesbaden

Gedruckt auf säurefreiem Papier

ISBN-13: 978-3-528-05225-6 e-ISBN-13: 978-3-322-83049-4
DOI: 10.1007/978-3-322-83049-4

Für Volker Hennings

Vorwort

Desktop Publishing für jedermann. Bislang Wunschdenken, seit Microsoft Publisher erfreuliche Realität. Der attraktive Preis sowie die sensationell leichte Erlernbarkeit des Produkts haben Publisher schnell populär gemacht. Publisher räumt auf mit komplizierten Befehlen und ellenlangen Menüs, in deren 'Dschungel' man sich nur allzuleicht verstrickt. Stattdessen wird die Publikation mit der Maus gestaltet. Das notwendige Instrumentarium ist nur einen Mausklick weit entfernt.

Die Aufgabe des Anwenders besteht darin, die Aussage seiner Publikation festzulegen und diese im Anschluß daran über die zahlreichen Hilfsmittel umzusetzen. Theorie und Praxis klaffen allerdings oft weit auseinander und so ist das Kennenlernen des Programms eine Sache, das Wissen allerdings auf die eigenen Publikationen anzuwenden eine ganz andere.

Hier setzt dieses Buch an. Es stellt das Instrumentarium vor und führt den Leser Schritt für Schritt in die Desktop Publishing-Welt ein. Da wird zunächst einmal beleuchtet, was DTP (Desktop Publishing) eigentlich bedeutet. Da werden generelle DTP-Richtlinien beschrieben. Da wird dem Leser vermittelt, wie aus einer 'mittelmäßigen' eine erfolgreiche Publikation wird. Das Buch bietet eine Reihe wertvoller Tips und Tricks. Außerdem finden Sie eine Menge Gestaltungsbeispiele, deren Entstehung - zum Mitmachen - genau beschrieben werden.

Die gesamte Lektüre ist in eine 'Story' eingebunden. Das Flugblatt für ein Stadtteilfest wird entwickelt. Und da werden alle Register gezogen!

Dank sei an dieser Stelle all den fleißigen Helfern gesagt, die durch Ihre Unterstützung die Entstehung dieses Buches erst möglich gemacht haben. Ein besonderes Dankeschön gilt Herrn Hermann-Josef Muth, dem Lektorat des Vieweg-Verlags sowie der Microsoft GmbH, Unterschleißheim.

Dagmar Sieberichs Hans-Joachim Krüger

Im Mai 1992

Inhaltsverzeichnis

1. Einleitung 1

2. Installation und Aufruf 5

Überblick 5
Hard- und Softwarevoraussetzungen 5
Die Installation 6
Der Programmaufruf 12
Publisher beenden 15
Zusammenfassung des Kapitels 18

3. Kleine DTP-Kunde 19

Überblick 19
Was ist Desktop-Publishing 19
Gestaltung und Layout 20
Typographie oder die Wirkung von Schriften 22
Ein Bild sagt mehr als 1000 Worte - Abbildungen ... 24
Die Texte 26
Zusammenfassung des Kapitels 28

4. Der Publisher stellt sich vor 29

Überblick 29
Der Assistent 29
Die Vorlagen 37
Bestehende Publikationen 38
Leere Publikationen 39
Zusammenfassung des Kapitels 40

5. Erste Schritte 41

Überblick 41
Der Bildschirmaufbau 41
Die Bedienung der Maus 43
Die Titelzeile 45
Die Menüleiste 53

Die Pull-Down-Menüs 55
Die Dialogboxen 57
Die Symbolleiste 63
Das Lineal 67
Die Statuszeile 70
Die Bildlaufleiste 70
Die Hilfefunktion 72
Einführung in Publisher 82
Zusammenfassung des Kapitels 83

6. Eine einseitige Publikation 85

Überblick 85
Individuelle Einstellungen 85
Die Publikation einrichten 91
Objekte, Objekte 97
Einbinden von Texten 103
Einbinden von Grafiken 139
Die Publikation speichern und schließen 146
Die Publikation öffnen 154
Die Publikation drucken 156
Zusammenfassung des Kapitels 163

7. Die Publikation wird verfeinert 165

Überblick 165
Kopieren und Versetzen 165
Suchen und Ersetzen 173
Die Zierschriften 178
Assistenten innerhalb der Publikation einsetzen 182
Die Malwerkzeuge 188
Zusammenfassung des Kapitels 193

8. Eine mehrseitige Publikation 195

Überblick 195
Seiten einfügen 195
Vordergrund und Hintergrund 199
Die Seitennummern 203
Seiten löschen 208
Zusammenfassung des Kapitels 209

9. Der letzte Schliff 211

Überblick 211
Noch mehr Bearbeitungsmöglichkeiten für Objekte . 211
Objekte mit Rahmen versehen 217
Andere Objekte in Publisher einfügen 221
Zusammenfassung des Kapitels 224

10. Gestaltungsbeispiele 225

Überblick 225
Visitenkarte 225
Anzeige 227
Flugblatt 231
Zeitung 233
Einladungskarte 235
Zusammenfassung des Kapitels 238

Anhang 239

Tastaturen 239
Tastaturbelegung 241

Sachwortverzeichnis 249

1. Einleitung

Dieses Buch ist ein praktischer Leitfaden für alle, die einen schnellen Einstieg in die Welt von Microsoft Publisher 1.0 (kurz Publisher) finden wollen. Publisher ist ein Desktop Publishing-Werkzeug neuer Dimension, das ohne die sonst übliche Fachsprache auskommt und aus diesem Grund leicht zu erlernen ist. Viele Instrumente, erklärende Zeiger sowie Assistenten unterstützen Sie bei der Erstellung Ihrer Publikationen und so besteht die eigentliche Aufgabe darin herauszufinden, welche Effekte sich mit welchem Instrument erreichen lassen, was Objekte sind und wie sie miteinander kombiniert werden.

Hier setzt dieses Buch an. Im Verlaufe dieser Publikation erstellen Sie eine Anzeige (oder ein Flugblatt). Anhand dieser Anzeige werden Sie Objekte, deren Gestaltungs- und Verwendungsmöglichkeiten sowie die Beziehung von Objekten zueinander kennenlernen. Dabei hilft Ihnen das praxisorientierte Konzept alle Themen schnell nachzuvollziehen. Am Ende dieser Lektüre können Sie Ihre Fertigkeiten dann an verschiedenen Publikationen erproben. Neun Kapitel bereiten Sie auf dieses 'Finale' vor, wobei Sie im ersten bereits lesen. Den Kapiteln zwei bis zehn wurde ein einleitender Überblick vorangestellt. Außerdem verfügen sie über eine Zusammenfassung zum Kapitelabschluß.

Darüber hinaus finden Sie in Kapitel zwei Hinweise zur Einrichtung des Programms auf Ihrem Rechner. Bevor Sie Publisher installieren, sollten Sie sich unbedingt mit den dafür erforderlichen Voraussetzungen vertraut machen. Hat alles geklappt und ist das Programm auf dem Computer eingerichtet, verrät Ihnen Kapitel zwei außerdem, welche Möglichkeiten Sie haben, Publisher zu starten und natürlich auch wieder zu beenden.

Kapitel drei erklärt den Begriff Desktop Publishing (DTP) ganz allgemein. Es enthält generelle Hinweise zur Gestaltung von Drucksachen und geht auf DTP-typische Regeln, wie zum Beispiel dem Umgang mit Schlagzeilen, der Verwendung von Weißflächen, aber auch der Wirkung von Schriften ein. Kurzum, es macht Sie vertraut mit den wichtigsten Richtlinien, die beim Gestalten einer Publikation beachtet werden sollten.

Publisher bietet eine Reihe von Hilfsmitteln an, die das Erstellen von Drucksachen bzw. Publikationen erleichtern. Diese Hilfen werden nach jedem Start von Publisher automatisch angeboten. Sie entscheiden, ob Sie den Assistenten zu Rate ziehen oder lieber eine Vorlage zur Gestaltung verwenden wollen. Möglicherweise verfügen Sie bereits über eine bestehende Publikation an der Sie weiterarbeiten möchten. Die Auswahl dieser Hilfen nach dem Programmstart sind Thema des vierten Kapitels.

Wie alle Anwendungsprogramme, die unter der grafischen Oberfläche von Windows 3.x arbeiten, verfügt auch Publisher über das 'Windows-typische' Aussehen. Kapitel fünf erklärt die Elemente des Publisher-Bildschirms sowie deren Verwendung. Außerdem erhalten Sie Informationen zum Publisher-Menü und zum Umgang mit Dialogboxen. Die in Publisher zur Verfügung gestellten Lineale sind ebenso Gegenstand des Kapitels wie das Anfordern von Hilfeinformationen, wenn man doch einmal 'steckengeblieben' ist.

Danach beginnen Sie mit der Gestaltung einer eigenen Publikation. Sie lernen individuelle Einstellmöglichkeiten kennen und erfahren, welche Schritte beim Erstellen einer Publikation beachtet werden müssen. Stehen die Grundeinstellungen fest, setzen Sie nach und nach die Publisher-Instrumente ein, um die gewünschten Objekte zu erzeugen. Kapitel sechs macht Sie mit den Objekten Text- und Grafikrahmen vertraut. Darüber hinaus geht das Kapitel auf das Speichern, Schließen und Öffnen von Publikationen ein. Zu guter Letzt darf dann gedruckt werden.

Die 'Rohfassung' Ihrer Publikation wird in Kapitel sieben verfeinert. Sie lernen weitere Möglichkeiten der Textbearbeitung kennen und setzen Zierschriften ein, um Überschriften bzw. Schlagzeilen zu gestalten. Assistenten lassen sich auch für die Gestaltung eines Teils der Publikation einsetzen. Sie werden diese Möglichkeit nutzen, um einen Coupon zu erstellen. Die Zeichen- oder Malinstrumente erlauben es Ihnen, eigene Zeichnungen in Publisher anzufertigen. Auf diese Weise lassen sich beispielsweise Organigramme eins, zwei, drei erstellen.

Kapitel acht steht ganz im Zeichen der mehrseitigen Publikation. Es informiert Sie über das Hinzufügen von Seiten, verrät, wie innerhalb der Seiten 'geblättert' werden kann und zeigt die Arbeit mit Vordergrund- und Hintergrundseiten. Selbstverständlich erfahren Sie dabei auch, wie Seitennummern in mehrseitigen Publikationen verwendet werden.

Den letzten Schliff soll Ihre Publikation dann in Kapitel neun erhalten. Sie werden Objekte als Gruppe verschieben und sich über die zahlreichen Rahmen von Publisher informieren, um diese zur Unterstützung einiger Überschriften einzusetzen. Beenden wird dieses Kapitel eine Technologie namens Objekt Linking und Embedding (OLE), die es erlaubt, selbst Objekte aus anderen Windows-Anwendungsprogrammen in Publisher aufzunehmen und weiterzuverarbeiten.

Damit zum Finale. Kapitel zehn gibt Ihnen die Möglichkeit, die bis hierher erworbenen Fertigkeiten an weiteren, eigenen Publikationen auszuprobieren. Das Kapitel klärt für jede Beispielpublikation generelle Verfahrensweisen und läßt Ihnen den Freiraum, in die Gestaltung eigene Elemente aufzunehmen.

Im Anhang finden Sie Informationen zur Tastatur sowie zur Tastaturbelegung, über die Publisher (auch) gesteuert werden kann.

Wir haben den linken und rechten Seitenrand, die sogenannte Marginalienspalte, dazu verwendet, Sachverhalte optisch und textlich zusätzlich zu verdeutlichen. Dabei werden Sie immer wieder auf folgende Symbole stoßen, die grundsätzlich auf die unten erläuterten Zusammenhänge hinweisen:

	Tip
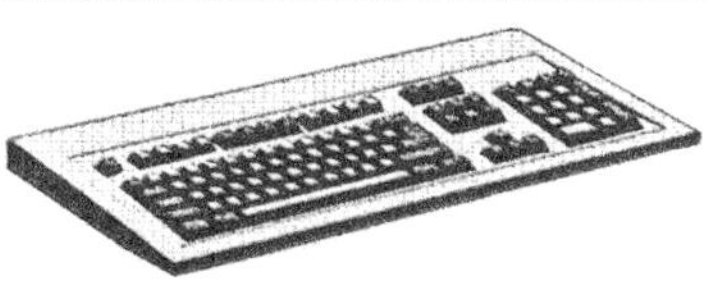	Tastatureingaben
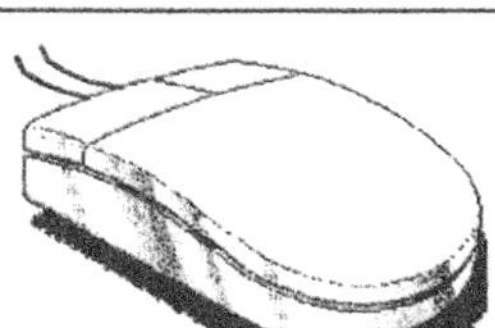	Eingaben mittels Maus

Um Tastatureingaben, Dateinamen, Schaltflächen usw. vom übrigen Text abzusetzen, haben wir mit folgenden Auszeichnungen gearbeitet:

fett	Schaltflächen (z. B. **OK, Abbrechen**) Eingabefelder (z. B. **Spaltenanzahl**) Programmnamen (z. B. **Write**) Fenstertitel (**Microsoft Publisher - FETE.PUB**) Namen von Dialogfenstern (z. B. **Drucken**).
GROSS	Mögliche Tasten (z. B. RETURN, KLICK).
+	Tastenkombinationen (z. B. ALT+F4).
kursiv	Eingaben durch den Leser.
[Menü]	Menüpunkte (z. B. Menü [Seite]).
[Menü/Untermenü]	Befehlsfolgen (z. B. [Datei/Drucken]).

Das war das Wichtigste in Kürze. Wir wünschen Ihnen nun viel Spaß beim Lesen dieser Lektüre und natürlich mit Microsoft Publisher.

2. Installation und Aufruf

Überblick

Bevor Sie die Arbeit mit dem Publisher aufnehmen können, müssen Sie das Programm auf der Festplatte Ihres Rechners einrichten. Dazu wiederum sind bestimmte Hard- und Software-Minimalanforderungen notwendig. Ein Installationsprogramm sorgt dann für schnelles und zuverlässiges Einrichten des neuen Programms auf Ihrem System. Auch das Einbinden der neuen Software in die Windows-Umgebung fehlt dabei nicht. Ist die Installation erst einmal abgeschlossen, werden Sie erfahren, wie der Publisher gestartet und wieder verlassen wird.

Hard- und Softwarevoraussetzungen

Folgende Hinweise bezüglich der Hardwareausstattung sollten von Ihnen beachtet werden, damit die Installation des Publisher reibungslos vonstatten geht:

- Personal Computer mit 80286, 80386 SX, 80386 DX oder höherem Prozessor.
- Ein Festplattenlaufwerk.
- Ein Diskettenlaufwerk des Formats 3,5" (1,44 MB) oder 5,25" (1,2 MB).
- Eine Microsoft-kompatible Maus.
- Eine Grafikkarte.
- Ein Megabyte physikalischer Hauptspeicher.

Danach kontrollieren Sie bitte Ihre Betriebssystemplattform. Sie benötigen:

- DOS in der Version 3.1 (oder höher)
- Windows in der Version 3.0 (oder höher)

Haben Sie sämtliche Voraussetzungen geschaffen, steht der Installation nichts mehr im Wege.

Die Installation

Die Installation des Publisher ist denkbar einfach: ganz so, wie man das von Windows-Programmen erwarten darf. Damit der Publisher installiert werden kann, muß auf Ihrem Rechner bereits die grafische Betriebssystemerweiterung Windows eingerichtet worden sein. Wir wollen davon ausgehen, daß dies bereits geschehen ist. Unser Beispiel zeigt die Installation vom Diskettenlaufwerk A:\. Sollten Sie vom Diskettenlaufwerk B: installieren, so setzen Sie bitte den für Ihren Anwendungsfall benötigten Diskettenlaufwerksbuchstaben ein. Und damit frisch ans Werk:

---

1. Schalten Sie Ihren Rechner ein und stellen sicher, daß Sie sich am Systemprompt **C**:\ befinden.

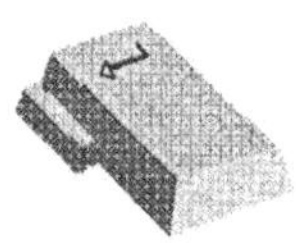

2. Dort geben Sie *win* ein und bestätigen mit der Taste RETURN.

3. Legen Sie jetzt die erste Diskette in das Laufwerk **A**:\ ein und (sofern erforderlich) verriegeln Sie es.

4. Nachdem die Programm-Manager-Oberfläche von Windows geladen wurde, betätigen Sie die Tastenkombination ALT + *d*, um das Menü [Datei] zu öffnen.

5. Geben Sie hier den Buchstaben *A* (wie [Ausführen]-Menüpunkt) ein. Daraufhin erscheint diese Anzeige:

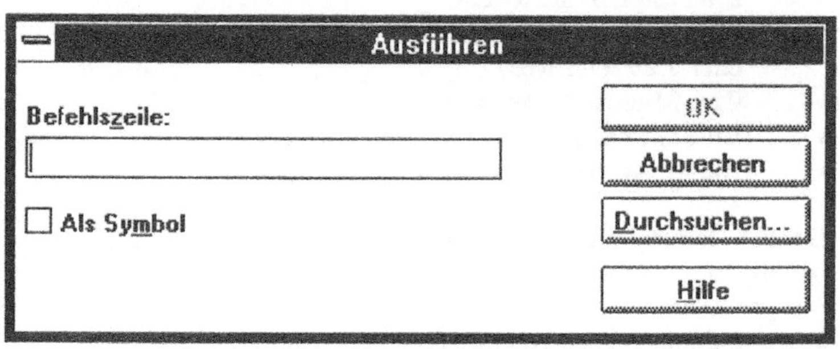

Abb. 2-1 [Ausführen]-Menü

Anzeigen dieser Art werden in Windows 'Dialog' oder 'Dialogbox' genannt.

6. Der Cursor steht im Eingabefeld **Befehlszeile**. Hier tragen Sie *a:setup* ein und betätigen wieder die Taste RETURN.

7. Dadurch gelangen Sie in den ersten Publisher-Installationsbildschirm, der Sie herzlich willkommen heißt und Ihnen erste Erläuterungen bietet:

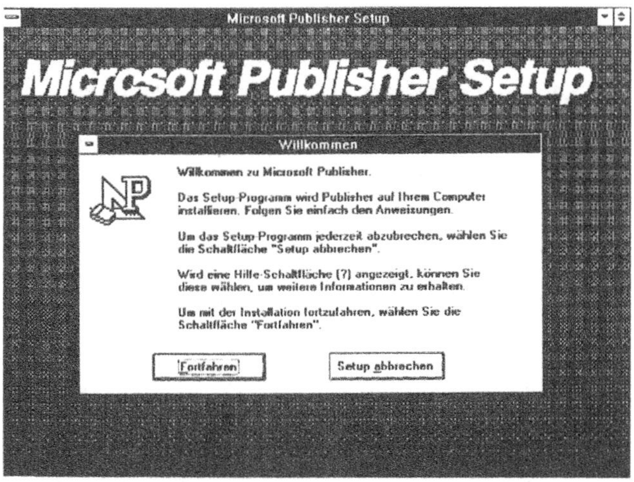

Abb. 2-2 Startbildschirm des Publisher Setup

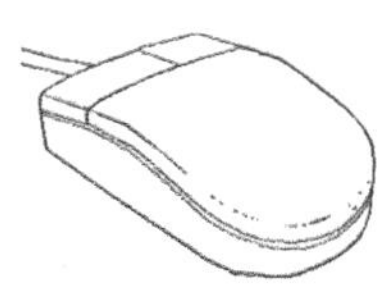

8. Nehmen Sie nun die Maus zur Hand und fahren den Mauszeiger auf die Schaltfläche **Fortfahren**, um Publisher zu installieren. Andernfalls fahren Sie den Mauszeiger auf **Setup abbrechen**. Auf der Schaltfläche angekommen, drücken Sie einmal kurz die linke Maustaste. (Diese Aktion wird übrigens KLICKEN genannt.)

9. Im nächsten Bildschirm möchte **Setup** wissen, wie Sie heißen und wie der Name Ihrer Firma lautet. Der Cursor steht bereits im Eingabefeld **Name**, so daß Sie Ihren Namen sofort eintragen können. Die Taste TAB führt Sie in das Feld **Firma.**

Das Ausfüllen dieses Dialogs wird auch Registrierung genannt.

Unsere Registrierung sieht folgendermaßen aus:

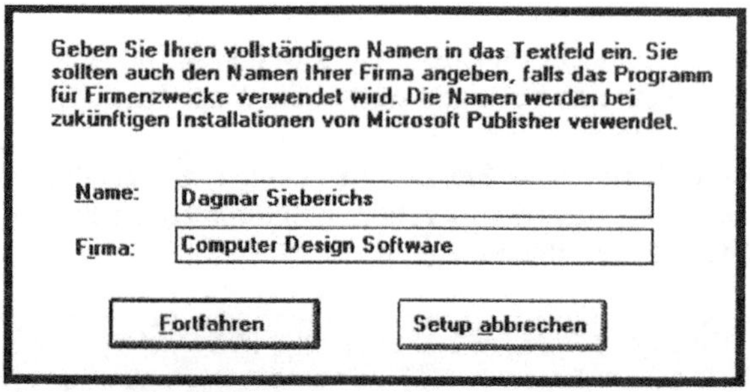

Abb. 2-3 Registrierungsanzeige des Publisher

10. Fahren Sie den Mauszeiger wieder auf die Schaltfläche **Fortfahren** und KLICKEN die linke Maustaste.

11. **Setup** zeigt Ihren Namen sowie den Ihrer Firma noch einmal an und fordert Sie auf, diese Angaben durch erneutes KLICKEN auf den **Fortfahren**-Schalter zu bestätigen. Vertrauen ist gut......

12. Haben Sie sich ordnungsgemäß registriert, bietet Publisher die Möglichkeit aus zwei Installationsvarianten auszuwählen:

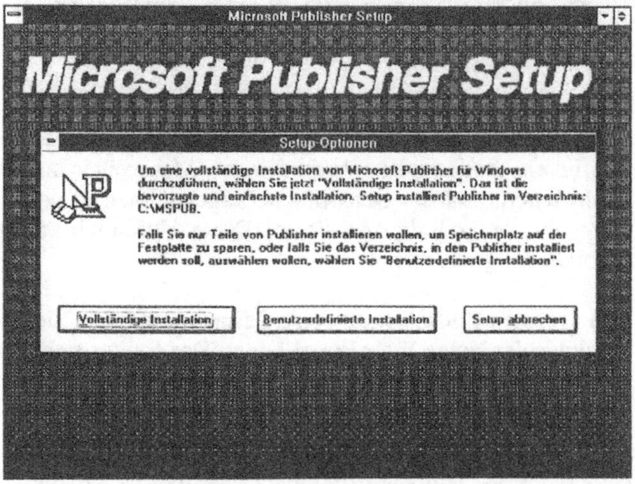

Abb. 2-4 Installationsvariante wählen

Während Sie bei der vollständigen Installation nur noch nach und nach die Disketten einlegen müssen, gilt es bei der benutzerdefinierten Installation einige weitere Fragen zu beantworten. Im weiteren werden wir daher die **Benutzerdefinierte Installation** 'unter die Lupe nehmen' und bitten Sie aus diesem Grund, durch einen Mausklick auf die Schaltfläche **Benutzerdefinierte Installation** diese nun auszuwählen.

13. Zunächst erhalten Sie daraufhin folgenden Dialog, in dem Sie bestimmen können, wohin der Publisher auf Ihrem Rechner installiert werden soll. Wir haben für unsere Installation das Verzeichnis **PUB** auf dem Laufwerk **D:** gewählt:

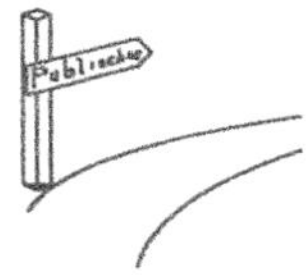

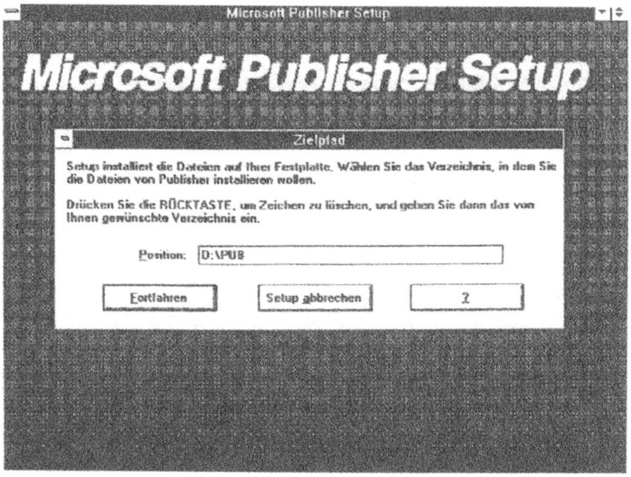

Abb. 2-5 Pfadangabe für die Installation

Geben Sie also in das Eingabefeld **Position** den Laufwerksbuchstaben sowie Ihr gewünschtes Verzeichnis ein. Steht der Eintrag fest, geht's weiter mit einem KLICK auf **Fortfahren**.

Schaltflächen mit einem **?** bieten Ihnen problembezogene Hilfe an. Sollten Sie also in einem Dialog einmal 'steckenbleiben', hilft ein Mausklick auf die Schaltfläche **?** weiter und erklärt ausführlich, welche Eingaben erforderlich sind.

14. **Setup** führt Sie nun in den Dialog **Benutzerdefinierte Installation**...

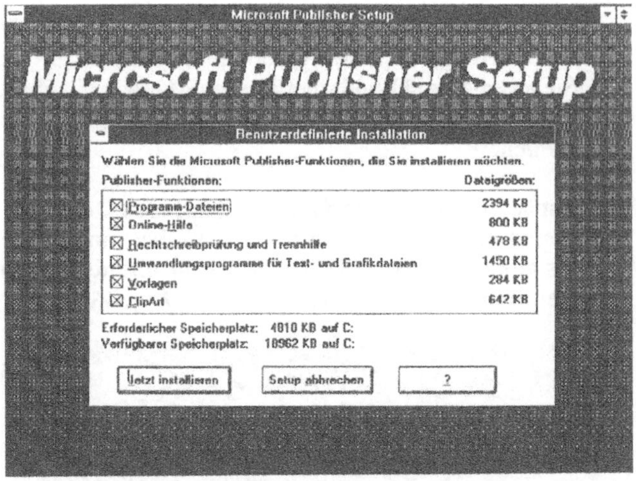

Abb. 2-6 Auswahl der Publisher-Funktionen

... und zeigt Ihnen an, wieviel Platz die einzelnen Publisher-Funktionen erfordern, wieviel Platz eine Komplettinstallation benötigt, und wieviel Platz auf Ihrer Festplatte derzeit zur Verfügung steht. Wollen Sie eine der angekreuzten Funktionen nicht installieren lassen, ZEIGEN Sie mit dem Mauszeiger in das betreffende Kontrollkästchen und entfernen das Kreuz durch einen Mausklick. Sind alle Auswahlen getroffen, starten Sie die Installation über die Schaltfläche **Jetzt installieren**.

15. Publisher führt nun die Installation für Sie durch. Zunächst werden die Dateien der ersten Diskette verarbeitet. Diese werden entpackt und in die notwendigen Verzeichnisse kopiert. Damit Sie über den Installationsfortschritt bestens informiert sind, sorgt eine Dialogbox für die entsprechende Anzeige:

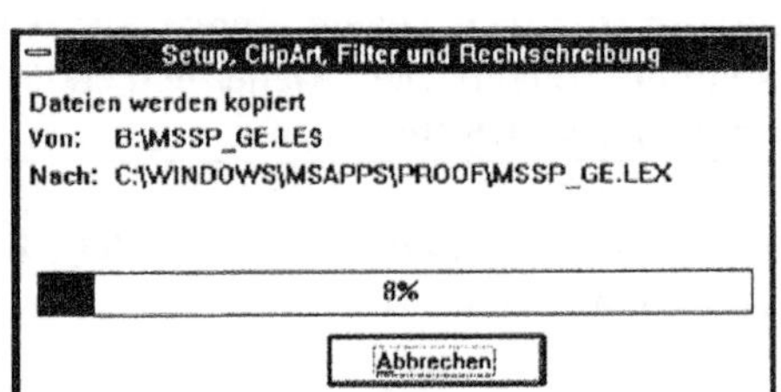

Abb. 2-7 Anzeige des Installationsfortschritts

16. Sind alle Dateien der Diskette verarbeitet, fordert **Setup** Sie auf die nächste Diskette einzulegen:

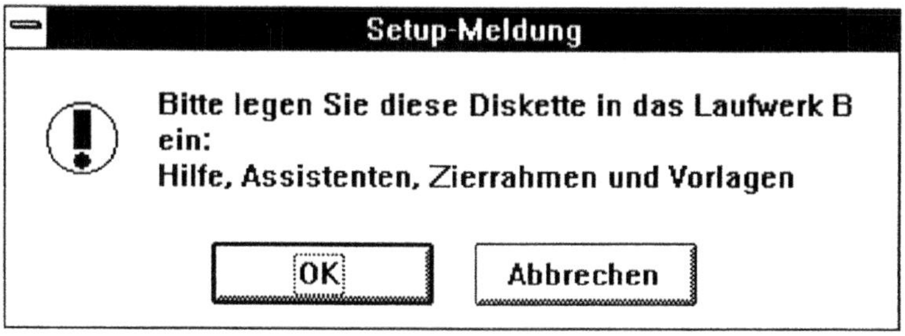

Abb. 2-8 Aufforderung zum Diskettenwechsel

Ist das geschehen, KLICKEN Sie auf OK.

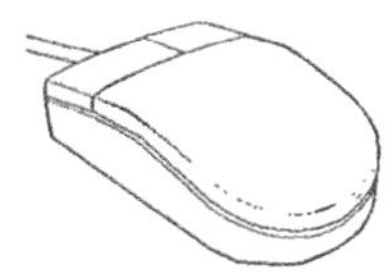

17. Nachdem **Setup** sämtliche Disketten verarbeitet und das Programm eingerichtet hat, wird Ihnen dieser Umstand natürlich wieder mitgeteilt:

Abb.. 2-9 Installation abgeschlossen

Damit Sie Ihre Arbeit mit MS-Publisher aufnehmen können, ist es natürlich erforderlich das Programm aufzurufen. Das können Sie entweder jetzt sofort tun, indem Sie die Schaltfläche **Publisher starten** KLICKEN oder später aus Windows heraus. Diese Vorgehensweise werden Sie im Anschluß an diesen Abschnitt kennenlernen.

18. Wir möchten Sie allerdings dazu ermuntern, jetzt über die Schaltfläche **Zurück zu Windows** zunächst zum **Programm-Manager** zurückzukehren, der nun folgende neue Gruppe für Sie bereithält:

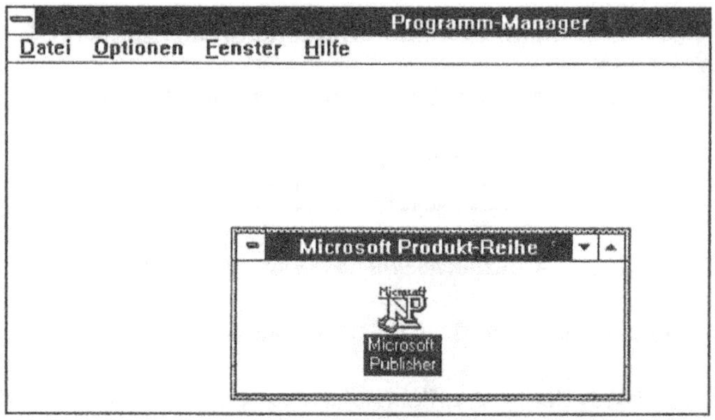

Abb. 2-10 Programm-Gruppe des Publisher

Gratulation, lieber Leser! Die Installation haben Sie erfolgreich gemeistert.

Der Programmaufruf

Wenn Sie bereits mit Windows-Programmen gearbeitet haben, werden Sie folgenden Grundsatz kennen: Viele Wege führen zum Ziel. Das gilt natürlich auch für den Programmaufruf. Betrachten wir daher die möglichen Aufrufe des Publisher.

- Die zweifellos populärste Art ist der Aufruf aus der Publisher-Programmgruppe des **Programm-Managers**:

1. Fahren Sie den Mauszeiger auf das Sinnbild des Publisher.

2. Drücken Sie zweimal kurz hintereinander die linke Maustaste.

Dieser Vorgang wird auch als DOPPELKLICK bezeichnet.

- Eine weitere Möglichkeit besteht darin, den Publisher über den **Ausführen**-Dialog zu starten. Diesen Dialog haben Sie zuvor bereits benutzt, um das Publisher-**Setup** aufzurufen:

1. Betätigen Sie dazu wieder die Tastenkombination ALT + *d*, um das Menü [Datei] zu öffnen.

2. Geben Sie dann den Buchstaben *A* (wie [Ausführen]-Menüpunkt) ein, um den **Ausführen**-Dialog zu öffnen.

3. Der Cursor steht im Eingabefeld **Befehlszeile**. Hier tragen Sie Laufwerksbuchstaben, Verzeichnis sowie Programmnamen ein und bestätigen mit RETURN. Haben Sie Publisher beispielsweise auf dem Laufwerk **D:** und dort im Verzeichnis **PUB** eingerichtet, lautet der Eintrag unter **Befehlszeile** *d:\pub\mspub*.

- Möglicherweise sind Sie ja ein 'Fan' des **Datei-Managers** von Windows 3.1, was wir sehr gut nachvollziehen könnten. Aus diesem Grund soll auch nicht unerwähnt bleiben, daß sich Publisher selbstverständlich aus dem **Datei-Manager** starten läßt:

1. Starten Sie den **Datei-Manager**.

2. Suchen Sie nach der Datei **mspub.exe**.

3. Führen Sie einen DOPPELKLICK auf **mspub.exe** aus.

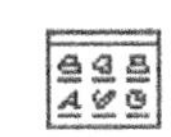

- Verspüren Sie den Wunsch Publisher automatisch beim Start von Windows zu öffnen, so ist auch das möglich. Zu diesem Zweck liefert Windows 3.1 eine Programmgruppe namens **Autostart**. Alle Programme, die sich in dieser Gruppe befinden, werden automatisch beim nächsten Windows-Start geöffnet:

1. Fahren Sie den Mauszeiger auf das Sinnbild des Publisher.

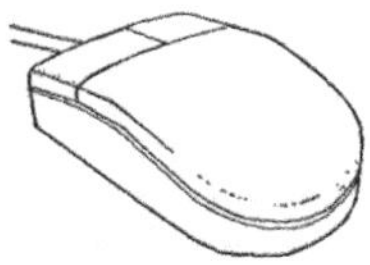

2. Drücken Sie die linke Maustaste und halten diese gedrückt, während Sie die Publisher-Ikone in die Gruppe **Autostart** ZIEHEN.

3. Dort angekommen, lassen Sie die Maustaste wieder los. Die Publisher-Ikone ist nun in die Programmgruppe **Autostart** verschoben worden. Damit wird das Programm automatisch geöffnet, wenn Windows gestartet wird.

Ganz egal, auf welche Art und Weise Sie den Publisher auch aufrufen, erhalten Sie in jedem Fall diesen Einstiegsbildschirm, wenn Sie Publisher zum allerersten Mal starten:

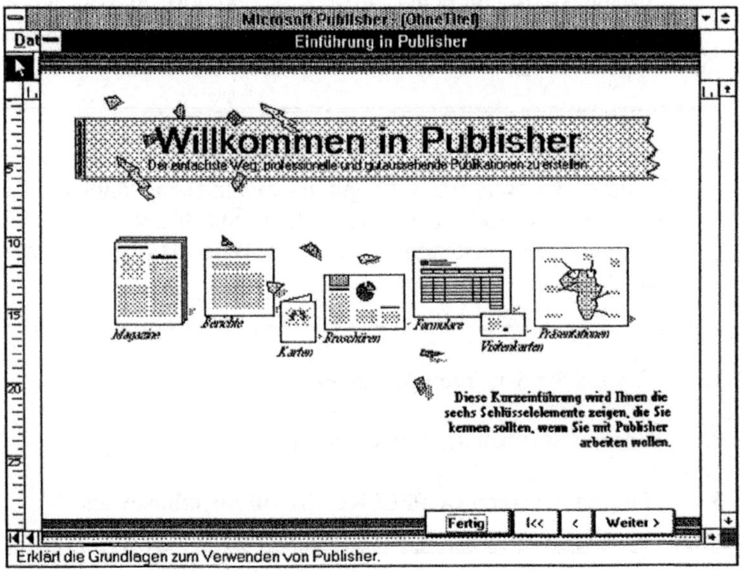

Abb. 2-11 Einstiegsbild beim Erstaufruf

Willkommen in Publisher! Diese Einführung verrät schon einmal das Wichtigste in Kürze. Sie können nun entweder über die Schaltfläche **Weiter** diesen Leitfaden durcharbeiten oder über die Schaltfläche **Fertig** diesen beenden. Nur keine Angst vor dem Beenden. Diese Einführung wird zwar nur beim ersten Publisher-Programmstart automatisch gezeigt, kann aber jederzeit über das Hilfemenü auch nachträglich wieder an den Bildschirm 'gezaubert' werden. Betätigen Sie die Schaltfläche **Fertig**, informiert Sie Publisher wie die Einführung zu einem späteren Zeitpunkt wieder aufgerufen werden kann:

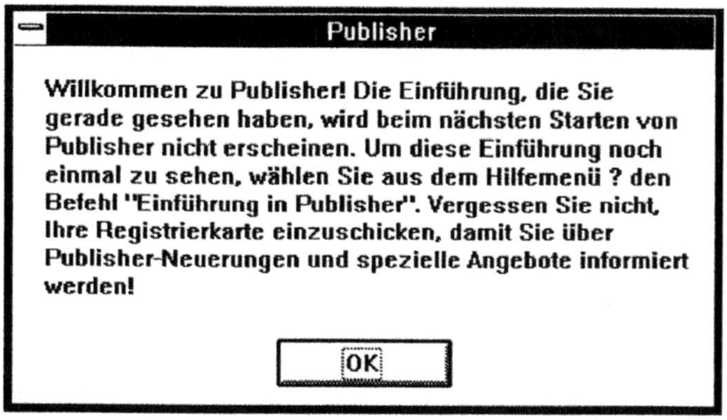

Abb. 2-12 Information zur Einführung

Im Anschluß daran meldet sich der Publisher mit einer leeren Publikation, bereit, zusammen mit Ihnen, Ihre Drucksachen wie Einladungs- oder Visitenkarten, Formulare, Broschüren, Magazine und vieles mehr zu gestalten.

Publisher beenden

Nach so vielen Informationen haben Sie sich eine Pause redlich verdient. Denken Sie bitte daran das Programm stets ordnungsgemäß zu verlassen, damit beim nächsten Programmaufruf nicht unerwartete Störungen auftreten. Wie Sie ja wissen, führen in Windows-Programmen oft viele Wege nach Rom (oder besser gesagt ans Ziel). Schauen wir uns also deshalb - wie zuvor beim Programmaufruf - nun auch hier die einzelnen Varianten an.

- Auch diesmal wollen wir natürlich mit der populärsten Methode beginnen:

1. Halten Sie die Taste ALT gedrückt, während Sie den Buchstaben *d* eingeben, um das [Datei]-Menü zu öffnen.

2. Geben Sie *b* für [Beenden] ein.

- Eine weitere Möglichkeit bietet Ihnen das **Systemmenü**. Ein solches **Systemmenü** besitzt jedes Windows-Programm. Es enthält immer wieder identische Menüpunkte, unabhängig davon, in welchem Windows-Programm Sie sich befinden. So zum Beispiel den Menüpunkt zum Schließen des Programms:

---

1. Halten Sie die Taste ALT gedrückt, während Sie die LEERTASTE einmal drücken. Dadurch öffnen Sie das **Systemmenü**.

2. Geben Sie anschließend *l* ein für [Schließen].

- Sicher ist Ihnen nicht entgangen, daß hinter dem Menüpunkt [Schließen] im **Systemmenü** ALT + F4 eingetragen ist. Alle Befehle, die über solche Tastenkombinationen verfügen, können darüber angesteuert werden, ohne daß ein Öffnen des Menüs erforderlich ist. Demnach läßt sich der Befehl aus dem **Systemmenü** zum Schließen des Publisher auch so aufrufen:

Halten Sie die Taste ALT gedrückt, während Sie die Funktionstaste F4 einmal drücken.

- Darüber hinaus bietet das **Systemmenü** einen weiteren Befehl, der zum Beenden eines jeden Windows-Programms verwendet werden kann:

---

1. Öffnen Sie das **Systemmenü**.

2. Geben Sie *z* ein für [Wechseln zu...]. Augenblicklich meldet sich die **Task-Liste** von Windows:

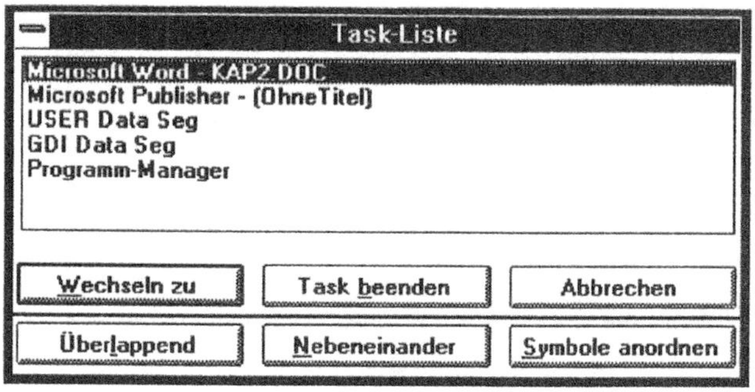

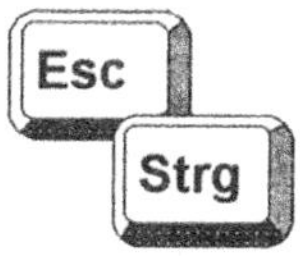

*Abb. 2-13 Publisher über die **Task-Liste** beenden*

Die **Task-Liste** zeigt sämtliche Programme an, die derzeit geöffnet sind. Hierüber können die Fenster von laufenden Programmen nebeneinander oder ähnlich Karten in einem Karteikasten (**Überlappend**) am Bildschirm dargestellt werden. Sollten alle Programme als Sinnbilder abgelegt worden sein, so kann die Anordnung der Ikonen über die Schaltfläche **Symbole anordnen** gesteuert werden.

3. Um den Publisher zu beenden, betätigen Sie die Taste PFEIL-NACH-UNTEN solange, bis der Cursor auf dem Programm-Namen **Microsoft Publisher** steht.

4. Anschließend KLICKEN Sie auf den Schalter **Task beenden**.

- Auch hinter dem Menüpunkt [Wechseln zu...] finden Sie eine Tastenkombination, die ebenfalls die Windows-**Task-Liste** aufruft. Wollen Sie also nicht erst das **Systemmenü** öffnen, kann in die **Task-Liste** auch folgendermaßen verzweigt werden:

Halten Sie die Taste STRG gedrückt, während Sie die Taste ESC einmal drücken.

In allen obengenannten Fällen wird der Publisher ordnungsgemäß beendet. Haben Sie Änderungen bzw. Eingaben zum jetzigen Zeitpunkt noch nicht gespeichert erhalten Sie folgende Meldung:

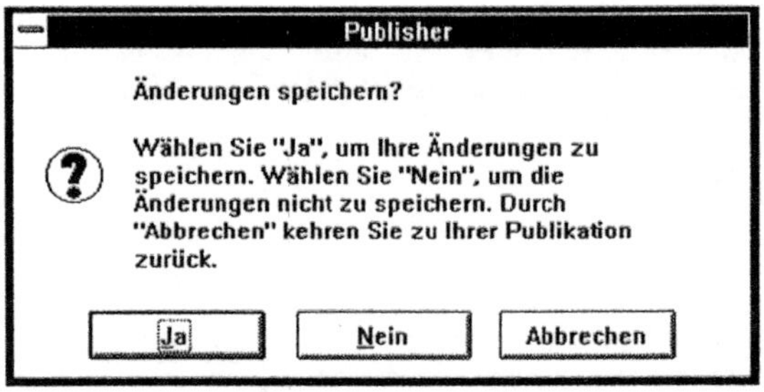

Abb. 2-13 Mögliche Meldung beim Beenden von Publisher

Die Schaltfläche **Ja** bewirkt, daß Ihre Publikation gesichert wird. Wurde die Publikation zuvor bereits unter einem von Ihnen festgelegten Namen gespeichert, so werden die hinzukommenden Änderungen unter gleichem Namen abgelegt. Die ursprüngliche Publikation wird damit überschrieben. Hat die Publikation allerdings bislang von Ihnen noch keinen Namen erhalten, ruft Publisher für Sie die Dialogbox zum Speichern auf, in der Sie einen Namen festlegen können. (Weitere Informationen zum Speichern erhalten Sie in **Kapitel 6 - Die Publikation speichern und schließen**.)

Haben Sie sich schon mit einer Variante angefreundet? Dann wollen wir an dieser Stelle noch darauf hinweisen, daß die hier am Beispiel des Publisher gezeigten Möglichkeiten ein Windows-Programm zu beenden, natürlich auch für andere Windows-Applikationen Gültigkeit haben, getreu dem Grundsatz: 'kennste eine, kennste alle'.

HALTEN WIR NOCH EINMAL FEST:

- Sie haben die Hard- und Softwarevoraussetzungen für den Einsatz von Publisher kennengelernt.
- Sie haben Publisher auf Ihrer Festplatte installiert und Kenntnisse über die zwei unterschiedlichen Installationsmöglichkeiten erworben.
- Sie haben erfahren, auf welche Arten und Weisen der Publisher gestartet werden kann.
- Sie haben gelernt den Publisher ordnungsgemäß zu verlassen und damit verbunden Kenntnis über die möglichen Varianten zum Beenden von Windows-Programmen erworben.

3. Kleine DTP-Kunde

Überblick

DTP - Desktop Publishing ist seit einiger Zeit in aller Munde. Zu recht, denn der Anspruch an professionelles Layout wächst stetig. Ob Einladungsschreiben, Visitenkarten, Prospekte oder ganze Magazine für sämtliche Drucksachen gilt: Je ansprechender gestaltet, desto größer die Wirkung beim Empfänger. Die Frage bleibt jedoch, was ist Desktop Publishing eigentlich? Worauf muß geachtet werden beim Gestalten von Drucksachen? Welche Stilmittel werden wie eingesetzt? Mit diesen Fragen beschäftigt sich dieses Kapitel. Sollten Sie bereits Erfahrung im 'Layouten' von Publikationen haben, können Sie dieses Kapitel überspringen und Ihre Arbeit mit dem Publisher sofort aufnehmen.

Was ist Desktop-Publishing?

Um dieser Frage auf den Grund zu gehen, lohnt es sich, die beiden zusammengesetzten Teile des Wortes unabhängig voneinander zu betrachten. Da wäre zunächst der Teil 'Desktop'. Dieser heutzutage sehr modern gewordene Begriff bezeichnet - frei übersetzt - Ihren Computer-Arbeitsplatz, den Bildschirm eben, den Sie verwenden, um Ihre Aufgaben elektronisch zu erledigen. Das können Textverarbeitungsaufgaben sein, weil Sie vielleicht gerade Ihre Korrespondenz erledigen müssen. Das können aber genausogut gestalterische Aufgaben sein, womit wir zum zweiten Teil unseres zusammengesetzten Wortes kommen, dem 'Publishing'. Versuchen Sie sich doch bitte einmal zurückzuerinnern an die Zeit, als es noch keine Computer gab (so schwer das vielleicht auch ist). Wie haben Sie 'damals' eine Einladungskarte - sagen wir für eine Geburtstagsfeier - entworfen? Sie wurde getextet. Es wurden höchstwahrscheinlich auch Bilder entworfen. Nachdem beides geschehen war, wurden diese einzelnen Komponenten auf einem weißen Blatt Papier 'zusammengeklebt'. Diese einzelnen Komponenten verwendet man übrigens heutzutage immer noch. Nur nennt man sie heute Objekte. Sie werden nicht mehr auf einem weißen Blatt Papier, sondern mittels Computer-Bildschirm 'zusammengeklebt'.

Zusammenfassend erklärt das Microsoft Computer Lexikon auf der Seite 49 den Begriff Desktop-Publishing folgendermaßen:

Desktop Publishing - Bedeutet übersetzt Publizieren vom Schreibtisch aus. Dabei wird Text und Grafik auf dem Computer-Bildschirm zu einem Layout zusammengestellt und dann über einen Laserdrucker oder -belichter auf Papier gebracht. DTP zeichnet sich dadurch aus, daß man den Text und die Grafiken frei auf dem Bildschirm plazieren kann und man sieht gleichzeitig, wie es später auf dem Papier aussehen wird. (...)

Überwältigt von der Fülle der Möglichkeiten passiert es allerdings Desktop Publishern allzu leicht, daß eine Publikation überladen wird, weil man es vor lauter gestalterischen Elementen einfach zu gut gemeint hat. Auch die verwendeten Schriften tragen erheblich zur Verdeutlichung der mit der Publikation verbundenen Absicht bei. Natürlich sollten auch Abbildungen und Spezialeffekte in Publikationen nicht fehlen. Doch alles nach der Maßgabe: Weniger kann mehr sein!

Die wichtigste Regel ist die, nicht aus dem Auge zu verlieren, welches Ziel Sie mit Ihrer Publikation beim Leser erreichen wollen: Die Drucksache so leicht lesbar wie möglich zu machen, damit der Leser Ihre Mitteilung schnell aufnehmen kann. Außerdem sollte unbedingt auf einige grundsätzliche Dinge beim täglichen Umgang während der Erstellung bzw. Bearbeitung von Publikationen geachtet werden, die wir nun in den weiteren Abschnitten ergründen wollen.

Gestaltung und Layout

Weiß-flächen

Weißflächen sind für die Lesbarkeit einer Drucksache unentbehrlich. Weißflächen entlang der Blattränder betonen Text und Bilder, indem sie diese von der Umgebung abheben.

Abb. 3-1 Weißflächen beachten

Verfallen Sie nicht in den Fehler, jeden Quadratzentimeter Papier füllen zu wollen. Auf diese Weise erzeugen Sie 'graue Seiten', die es dem Leser erschweren Informationen aufzunehmen. Das Ergebnis ist dann häufig ein verschreckter Leser, der die Publikation nicht weiter zur Kenntnis nimmt. Bei der Festlegung Ihrer Seitenränder sollten Sie unbedingt auch folgenden Aspekt berücksichtigen: Es muß ausreichend Platz an den Rändern sein, damit der Leser die Drucksache halten kann, ohne mit seinen Fingern einen Teil des Textes oder einer Abbildung zu verdecken.

Ein ungleichmäßiger Rand am unteren Ende einer nach unten auslaufenden Seite öffnet die Seite und läßt eine Drucksache abwechslungsreich aussehen. Eine größere Weißfläche am oberen Seitenende und unterschiedlich lange Spalten erhöhen den optischen Reiz der Seite und wirken einladend auf den Leser.

Überschriften und Schlagzeilen

Weiße Flächen um Überschriften und Schlagzeilen erhöhen deren Lesbarkeit. Das Auge des Lesers wird auf Wörter oder andere Elemente gezogen, die von Weißflächen eingerahmt werden. So fallen Überschriften oder auch Schlagzeilen, Bilduntertitel usw. in etwas kleinerer Schrift, jedoch mit ausreichend Weißfläche, meist mehr auf als solche mit größerer Schrift, aber ohne ausreichend Raum zum Atmen. Grundsätzlich sollten Sie auch darauf achten, daß zwischen der Überschrift und dem vorangegangenen Text mehr Platz zur Verfügung steht als zwischen der Überschrift und dem nachfolgenden Text, da eine Weißfläche vor der Überschrift diese eindeutig dem nachfolgenden Text zuordnet. Sind hingegen die Weißflächen ober- und unterhalb der Überschrift gleich groß, erkennt man womöglich nicht, wohin die Überschrift überhaupt gehört.

Sorgen Sie dafür, daß Überschriften und Schlagzeilen als geschlossene visuelle Einheiten wirken. Aus diesem Grund ist es meist unerläßlich, den durch die Programme errechneten automatischen Zeichen- und Zeilenabstand zu verringern. Dies ist besonders bei sehr großer Schrift von Bedeutung. Bei Verwendung größerer Schrift werden die Zeilenabstände vergrößert, wodurch unnatürlich große Lücken zwischen den Zeilen einer Überschrift entstehen.

Abb. 3-2 Geschlossene Überschriften

Übermäßig ausgewogene Seiten wirken langweilig. Langeweile kann beim Leser beispielsweise dann einsetzen, wenn die linken und rechten bzw. die oberen und unteren Ränder gleich breit sind. Es empfiehlt sich, den unteren Rand größer als den oberen zu wählen. Zu große Ausgewogenheit kann auch durch Verwendung von ungleichen Spaltenbreiten vermieden werden. Bedenken Sie, daß ein Raster mit Spalten unterschiedlicher Breite eine Seite reizvoller machen kann.

Typographie oder die Wirkung von Schriften

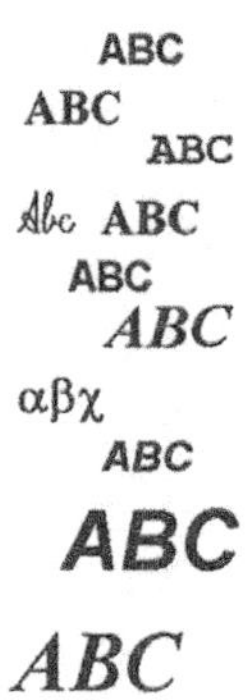

Seitdem sich das Desktop Publishing durchgesetzt hat, werden immer mehr Schriften für Desktop Publisher zugänglich gemacht. So gibt es bereits heute eine beachtliche Bibliothek qualitativ hochwertiger Schriften für die Verwendung in DTP-Programmen - und ständig kommen neue hinzu. Für gestalterische Aufgaben sind demnach die Möglichkeiten der Schriftauswahl und Schriftveränderung so vielfältig und verlockend, daß gerne zuviel Schriften für eine einzige Arbeit verwendet werden. In diesem 'Zuviel' liegt allerdings eine Gefahr, denn die Drucksache wirkt plötzlich verwirrend, unübersichtlich, unprofessionell und 'chaotisch'. Das Gegenteil von dem, was man bezweckt hatte, ist schnell erreicht. Als Faustregel gilt daher, daß man maximal drei verschiedene Schriften in einer Drucksache verwenden sollte, besser weniger.

Schrift-größen

Die verwendete Schriftgröße sollte im Verhältnis zur Bedeutung der damit gesetzten Informationen stehen. So verwendet man für eine Überschrift in der Regel eine größere Schrift als für einen Untertitel. Unterscheiden sich Überschriften, Untertitel und der Grundtext nicht deutlich durch die verwendete Schriftgröße, wird der Leser verwirrt.

Grund-text

Für einen fortlaufenden Grundtext sollte stets nur eine Schrift in einer Schriftgröße und Ausprägung gewählt werden. Für besondere Auszeichnungen verwenden Sie die kursive Variante der gleichen Schrift. Halbfett schreiben ist im normalen Text heute kaum mehr üblich, da halbfette Worte so ins Auge springen, daß das harmonische Seitenbild gestört wird. Etwas anderes ist es natürlich, wenn sie gerade diese 'Störung' erreichen wollen. Doch dies werden Ausnahmefälle sein.

Über-schriften

Für Überschriften wird in der Regel die gleiche Schrift in einer etwas größeren Punktzahl verwendet. Auf diese Weise harmonisieren die Schriften, da sie sich ja nur in der Größe unterscheiden. Wenn Sie für Überschriften oder Untertitel eine andere Schrift verwenden wollen, so sollten Sie auf das harmonische Zusammenspiel der beiden Schriften achten. Denkbar ist auch, gerade hier eine Kontrastwirkung zu erreichen. Allerdings sollte dieses Mittel nur ganz gezielt eingesetzt werden.

Längere Texte

Wichtig ist, daß Sie für längere Texte möglichst klare, die Augen nicht zu sehr ermüdende Schriften wählen. Dies kann zum Beispiel eine Times-Schrift (wie Sie in diesem Buch verwendet wird), aber auch eine Helvetica-Schrift (Schriftbeispiel Helvetica) sein. Im Gegensatz dazu können Sie beispielsweise für Plakate, Anzeigen, besondere Gestaltungen usw. sehr gut dekorative Schriften verwenden, die ins Auge springen und auffallen. Allerdings sollten Sie gerade solche Schriften stets nur gezielt einsetzen, damit sich die Wirkung nicht abnützt. Das Auge muß auf den ersten Blick wissen, was wichtig ist.

Kopf- und Fußtext

Kopf- und Fußtext, untergeordnete Überschriften, Zwischenüberschriften und Initiale erleichtern dem Leser die gewünschten Informationen aufzufinden. Im Kopftext können Informationen, wie der Titel der Drucksache oder der Titel des jeweiligen Buchkapitels erscheinen, im Fußtext kann beispielsweise die jeweilige Seitennummer gedruckt werden.

Marginalien-text

Auch untergeordnete Überschriften sind von großer Bedeutung. Sie bieten dem Leser nicht nur die Möglichkeit der Orientierung, sondern dienen auch dazu, den Grundtext mit weißen Flächen aufzulockern. Zum Plazieren von untergeordneten Überschriften steht Ihnen eine Vielzahl Möglichkeiten zur Verfügung - z. B. neben dem Grundtext (in diesem Fall spricht man von 'Marginalien') oder innerhalb des Grundtextes. Dabei kann die Überschrift z. B. durch Weißflächen und/oder Linien vom Grundtext abgetrennt werden.

Eine Zwischenüberschrift kann ein Zitat aus dem Text oder eine kurze Zusammenfassung eines längeren Textabschnitts enthalten. Sie unterstützt den Leser bei der Entscheidung, ob er einen Artikel lesen soll oder nicht.

Ein Initial ist ein besonders großer, manchmal auch verzierter Anfangsbuchstabe, der einen Absatz einleitet. In der Regel dienen Initiale dazu, den ersten Absatz eines Kapitels oder Artikels oder aber innerhalb eines Artikels den Beginn eines neuen Gedankens zu kennzeichnen. Auch Initiale lassen sich auf unterschiedlichste Weise plazieren:

Ein Absatz kann durch ein Initial eingeleitet werden.	Ein Absatz kann durch ein Initial eingeleitet werden.
Ein Absatz kann durch ein stark verziertes Initial eingeleitet werden.	Ein Absatz kann durch ein Initial eingeleitet werden.

Ein Bild sagt mehr als 1000 Worte - Abbildungen

Getreu dieser Devise helfen Abbildungen dabei, auf seitenlange Beschreibungen zu verzichten. Bestimmte Sachverhalte lassen sich optisch nicht nur deutlicher, sondern auch deutlich einfacher darstellen. Diagramme leisten beispielsweise überall dort unschätzbare Dienste, wo Zahlenmaterial kommentiert werden muß. Allerdings sollte auch beim Einsatz von Abbildungen auf deren Aussagekraft geachtet werden. Entfernen Sie daher unwesentliche oder unerwünschte Teile Ihrer Abbildung. Zwei Methoden stehen Ihnen zur Verfügung: Das Beschneiden und das Freistellen. Als 'Beschneiden'

bezeichnet man das Abschneiden unwesentlicher Teile am Rand der Abbildung. Dies erreichen Sie durch tatsächliches Zuschneiden mit dem MS-Publisher. Als 'Freistellen' bezeichnet man die Darstellung einer Abbildung oder eines Fotos ohne Hintergrunddetails, die vom wesentlichen Inhalt ablenken. Dies erreichen Sie, indem Sie unerwünschte Teile der Abbildung überdecken.

Allerdings müssen Abbildungen nicht nur auf die wesentlichen Elemente reduziert werden, sondern müssen auch wohlüberlegt auf einer Seite angeordnet werden. Plazieren Sie Ihre Abbildungen 'per Zufall' auf der Seite, führt dies im günstigsten Fall zur Langeweile beim Leser. Im schlimmsten Fall führt es dazu, daß das Lesen erschwert oder behindert wird. Zuerst einmal sollten Abbildungen zumindest nach einer Spalte des Rasters ausgerichtet werden. Dabei empfiehlt es sich, sowohl die linke als auch die rechte Seite einer Abbildung nach den Spaltenrändern auszurichten.

Entscheiden Sie sich jedoch für Formsatz, fließt der Text um eine Abbildung herum. Gerade, wenn im Formsatz der Grundtext linksbündig ausgerichtet ist, entstehen häufig links von der Abbildung, um die der Text herumfließt, unschöne Lücken. In diesem Fall wäre eine Blocksatzdarstellung innerhalb der Spalten auf jeden Fall angebrachter.

Bildunterschriften

Die Bildunterschrift ist ein wesentlicher Bestandteil einer Abbildung: Sie bringt den Bildinhalt auf den Punkt und stellt die Verbindung zwischen Abbildung und Text her. Setzen Sie die Bildunterschriften immer an die gleiche Position bezüglich der Abbildung - zum Beispiel immer unter die zugehörige Abbildung (und nicht mal drunter, mal drüber). Achten Sie auch darauf, daß die Ausrichtung des Textes und die Verwendung der Schriftart und -größe einheitlich sind. Dabei empfiehlt es sich, durch Verwendung einer entsprechenden Schriftart und -größe dafür zu sorgen, daß sich die Bildunterschriften deutlich vom umgebenden Grundtext abheben. Daher werden Bildunterschriften häufig zum Beispiel in *kursiver* Schrift gesetzt.

Linien und Rahmen

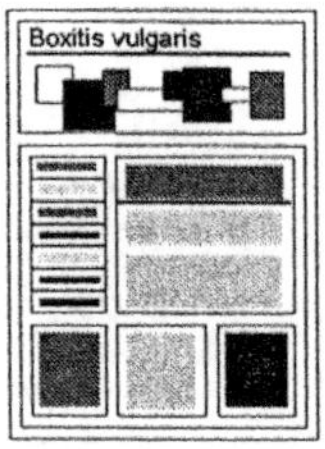

Grafische Elemente wie Linien und Umrahmungen sollten entsprechend dem Charakter und Inhalt der Drucksache verwendet werden. Breite Linien und Umrahmungen machen eine Seite dunkler, während dünne Umrahmungen um eine Seite oft ein allzu formelles Aussehen erzeugen. Es kann wirkungsvoll sein, Linien am oberen und unteren Seitenende in unterschiedlicher Stärke zu verwenden. Außerdem müssen Linien, die zur Umrahmung der Seite dienen, nicht unbedingt die gesamte Blattbreite einnehmen. Allerdings besteht auch hier die Gefahr, Linien und Rahmen zu häufig zu verwenden. Achten Sie darauf, daß Sie nicht in die 'Boxitis' verfallen, die im Desktop Publishing-Bereich leicht zur Berufskrankheit werden kann. Das Beispiel am Seitenrand zeigt, wie man es nicht machen sollte.

Ebenso werden Vertikale Linien zwischen Spalten oft unnötigerweise verwendet. So sollten Spaltentrennlinien nur dort eingesetzt werden, wo sie unbedingt erforderlich sind. Zum Beispiel um Spalten zu trennen, die unterschiedliche Informationen enthalten. Allerdings ist es in so einem Fall auch möglich den Spaltenabstand geringfügig zu vergrößern, um auf den unterschiedlichen Informationsgehalt hinzuweisen. Ansonsten sollten Sie Unregelmäßigkeiten in Abständen vermeiden. Das Auge des Lesers reagiert hier nämlich besonders empfindlich. Kleine Unregelmäßigkeiten in den Abständen zwischen Überschriften und dem Grundtext oder zwischen dem Text und Abbildungen werden als störend registriert.

Die Texte

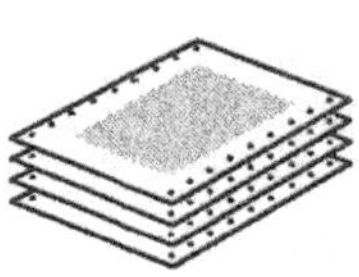

Textdateien, die Sie in Ihr DTP-Programm übernehmen, sollten sorgfältig in der Textverarbeitung bearbeitet werden. Sorgen Sie dafür, daß in dem zu übernehmenden Text nicht an jedem Absatzende die Taste RETURN zweimal betätigt wurde, um einen Absatz zu beenden. Für die reine Textverarbeitung mag diese Vorgehensweise sinnvoll sein. Im Desktop Publishing-Programm legen Sie allerdings die Abstände zwischen Absätzen über entsprechende Befehle fest, so daß zu viele 'Absatzendezeichen' sich in Ihrer Drucksache als störend erweisen, weil dadurch einfach zu viele Weißflächen entstehen.

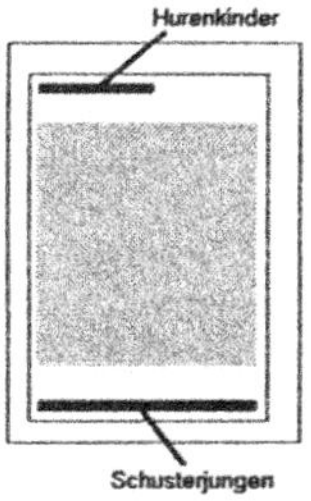

Weiterhin sollten Sie darauf achten, daß Ihre Textdatei keine 'Schusterjungen' und 'Hurenkinder' enthält. Als 'Schusterjungen' bezeichnet man in der Sprache des Setzers die erste Zeile eines Absatzes, die am Ende einer Seite bzw. Spalte steht. 'Hurenkind' wird die letzte Zeile eines Absatzes, die am Anfang einer neuen Seite bzw. Spalte steht, genannt. Erscheinungen dieser Art behindern den Lesefluß und verunstalten das Aussehen eines ansonsten kompakten Seitenlayouts. Achten Sie auch darauf, daß Überschriften nicht vom nachfolgenden zugehörigen Text getrennt werden.

Neben der Vielzahl hier besprochener gestalterischer Möglichkeiten sollten Sie vor allen Dingen auf eins achten: Korrekte Schreibweise, korrekte Silbentrennung. Obwohl die meisten Textverarbeitungsprogramme bei diesen Aufgaben Hilfestellung anbieten, arbeiten Sie jedoch alle nicht nach deutschen Grammatikregeln, sondern nach Algorithmen, die einfach nicht jeden Fehler als solchen erkennen. Mit die wichtigste Aufgabe entfällt bei der Erstellung jeder Publikation somit auf denjenigen, der Ihren Text korrekturliest. Versuchen Sie nicht diese Aufgabe selbst zu meistern. Die Praxis zeigt, daß man seine eigenen Fehler nur schwer (wenn überhaupt) findet.

So gerüstet, steht der Erstellung Ihrer eigenen Publikationen nichts mehr im Wege. Bevor wir jedoch dazu kommen:

HALTEN WIR NOCH EINMAL FEST:

- Sie haben die Bedeutung des Wortes Desktop Publishing kennengelernt.
- Sie haben sich mit wichtigen Techniken bezüglich des Aufbaus von Drucksachen vertraut gemacht.
- Sie haben Wissenswertes über die Wirkung von Schriften erfahren.
- Sie haben sich über den Einsatz grafischer Elemente informiert.
- Sie haben Anregungen zur Bearbeitung der Texte erhalten, die in Ihr Desktop Publishing-Programm überführt werden sollen.

4. Der Publisher stellt sich vor

Überblick

Der Publisher von Microsoft ist ein Desktop Publishing-Programm ganz anderer Art. Er zeichnet sich aus durch Bedienerfreundlichkeit und schnell erlernbare Befehle. Da ist es nicht verwunderlich, daß Sie sich bei Ihrer Arbeit von Assistenten helfen lassen oder mitgelieferte Vorlagen verwenden können, um zuverlässig Ihre eigenen Drucksachen Schritt für Schritt zu gestalten. Sprechende, aussagekräftige Dialoge sorgen für einfaches Arbeiten in jeder Lage. Ob Sie nun einen Briefbogen, eine Visitenkarte, ein Formular, eine Zeitung oder etwas anderes entwerfen, Publisher unterstützt Sie tatkräftig dabei. Welche Möglichkeiten Ihnen Publisher bietet die notwendigen Objekte zu plazieren, um somit Ihre eigenen Publikationen professionell zu gestalten ist, ebenso Inhalt dieses Kapitels wie ein Überblick über die mitgelieferten Vorlagen.

Der Assistent

Jedesmal, wenn Sie den Publisher starten, meldet sich folgender Dialog, der von Ihnen wissen möchte, in welcher Art und Weise Sie Ihre Arbeit mit Publisher aufnehmen wollen.

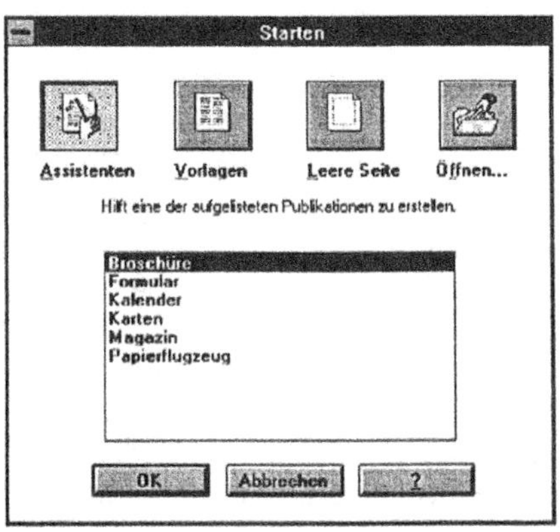

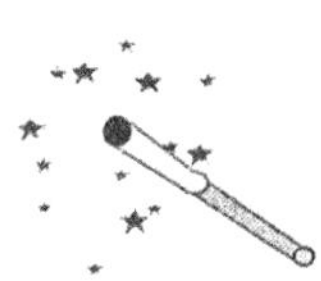

Abb. 4-1 Einstieg in den Publisher

Wie nicht zu übersehen ist, läßt Publisher Ihnen vier Wahlmöglichkeiten:

- Assistenten
- Vorlagen
- Leere Seite
- Öffnen

Abhängig davon, wie geübt Sie im Gestalten von Drucksachen sind, treffen Sie hier Ihre Wahl. Assistenten erstellen eine Publikation automatisch für Sie. In einem Frage- und Antwortverfahren geben Sie die gewünschten Details bekannt. Danach erstellt der Assistent dann die Publikation. Und dabei können Sie sogar zuschauen, wie der Assistent das macht. Ist die Publikation erstellt, können alle Objekte mit Ihren Informationen versehen werden. Selbstverständlich läßt sich nachträglich auch die Anordnung und Formatierung der Objekte noch verändern. Jedesmal, wenn Sie Publisher starten, bieten folgende Assistenten ihre Hilfe an:

- Broschüre
- Formular
- Kalender
- Karten
- Magazin
- Papierflugzeug

Jeder Assistent verfügt dabei über weitere Varianten. So ist es mit dem Formular-Assistenten beispielsweise möglich, unterschiedlichste Geschäftsformulare zu gestalten, wie FAX-Formulare, Rechnungsformulare, Spesenabrechnungen, Bestellformulare und vieles mehr. Am Beispiel des Assistenten **Formular** sollen Sie nun die grundsätzliche Arbeitsweise von Assistenten kennenlernen. Dazu starten Sie zunächst Publisher, so daß der Startbildschirm aufgerufen wird. Hier wählen Sie **Formular**, indem Sie mit der Taste PFEIL-NACH-UNTEN den schwarzen Balken (genannt Cursor) auf die Auswahl **Formular** stellen und anschließend die Taste RETURN einmal betätigen. Publisher führt Sie daraufhin in den **Formular-**Assistenten:

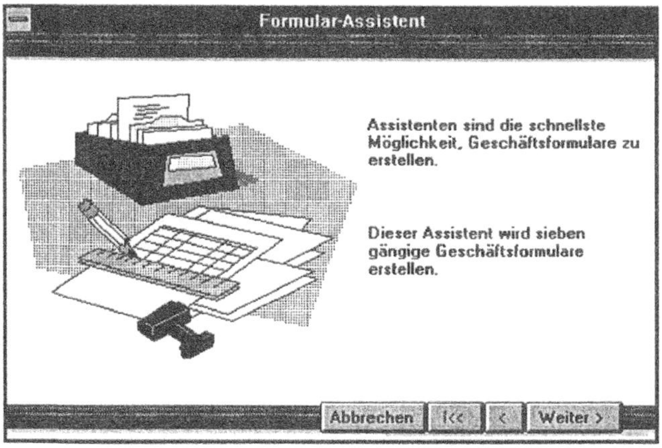

*Abb. 4-2 Der **Formular-Assistent***

Jede notwendige Eingabe wird vom Assistenten genau erläutert. Am unteren Rand des Bildschirms stellt der Assistent Ihnen sogenannte Schaltflächen zur Verfügung. Sie dienen zur Steuerung des Ablaufs. Haben Sie den Assistenten beispielsweise versehentlich aufgerufen und wollen ihn nun beenden ohne weitere Eingaben, so steht Ihnen dazu die Schaltfläche [Abbrechen] zur Verfügung. Um Seite für Seite des Assistenten abzurufen, verwenden Sie die Schaltfläche [Weiter >] Sie führt Sie nach und nach durch den Fragenkatalog. Sind Sie einmal zu schnell weiter gegangen, macht das auch nichts. Der Schalter [<] ermöglicht es Ihnen natürlich auch seitenweise zurückzublättern. Die Schaltfläche [|<<] führt Sie wieder ganz an den Anfang des Assistenten. Verwenden Sie Ihre Maus, um die notwendigen Schalter zu aktivieren. Fahren Sie dazu den Mauszeiger auf die gewünschte Schaltfläche und KLICKEN einmal die linke Maustaste. Nachdem Sie der ersten Seite des Assistenten alle Informationen entnommen haben, KLICKEN Sie auf den Schalter [Weiter >] :

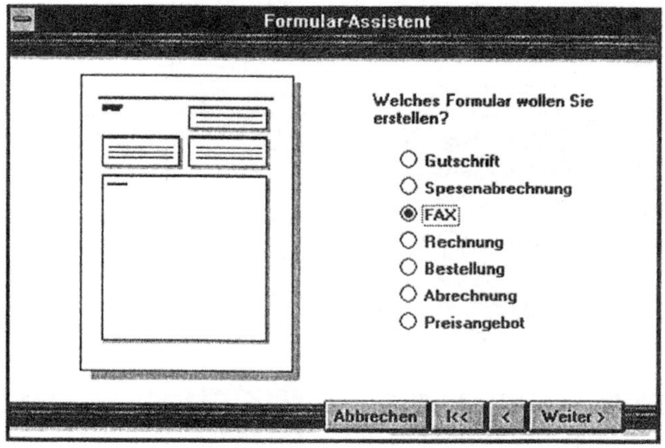

Abb. 4-3 Formular festlegen

Hier entscheiden Sie, welche Art von Formular Sie erstellen wollen. Zeigen Sie mit dem Mauszeiger auf die gewünschte Formularart und KLICKEN die linke Maustaste. Augenblicklich erscheint vor dem Formular der Punkt, was nichts anderes heißt, als daß dieses (und kein anderes) Formular erstellt werden wird. Im Anschluß an diese Wahl betätigen Sie die Schaltfläche Weiter >. Die nächste Frage, die der Formular-Assistent jetzt an Sie richtet, bezieht sich auf den Ausdruck Ihres Formulars:

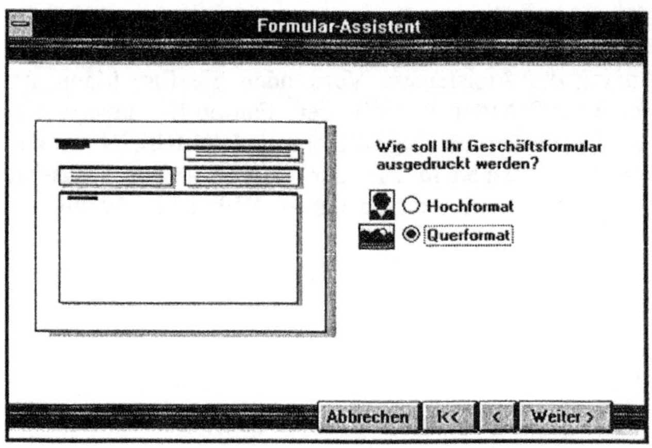

Abb. 4-4 Format des Ausdrucks festlegen

Wie zuvor, wählen Sie mit der Maus die gewünschte Option. Anschließend KLICKEN Sie auf die Schaltfläche Weiter > :

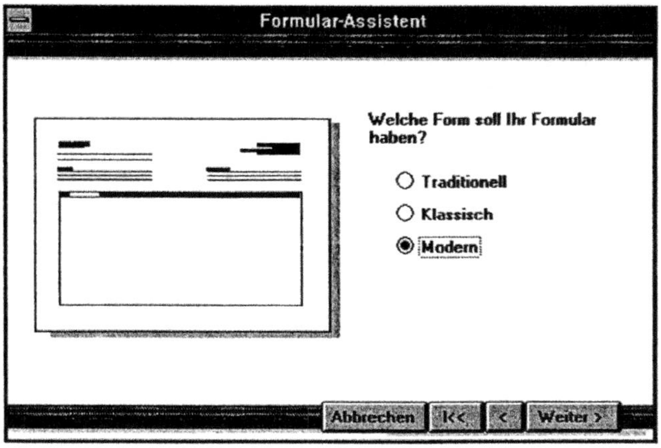

Abb. 4-5 Formularform wählen

Legen Sie nun fest, welche Form Ihr Formular haben soll. Publisher stellt Ihnen drei Varianten zur Verfügung. Ein KLICK auf die gewünschte Form und diese wird im Formular links auf dem Bildschirm dargestellt. So können Sie getrost alle Varianten einsehen, bevor Sie sich durch einen Mausklick auf den  -Schalter für eine Form entscheiden. Die nächste Frage, die der Assistent beantwortet haben möchte, bezieht sich auf das spätere Ausfüllen des Formulars:

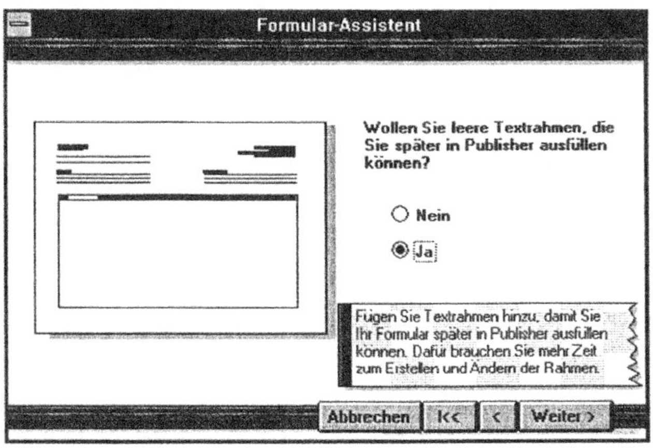

Abb. 4-6 Textrahmen festlegen

Beachten Sie, daß bei einigen Bildschirmen am unteren rechten Ende zusätzliche Informationen eingeblendet werden, die weitere Hilfen anbieten. So werden Sie hier dazu aufgefordert dem Assistenten mitzuteilen, ob Ihr Formular zukünftig mit der Hand oder mit Publisher ausgefüllt werden soll. Wollen Sie Ihr Formular später mit Publisher schreiben, so ist es notwendig Textrahmen an den Stellen unterzubringen, an denen Informationen nachträglich eingetragen werden. Nur wenn ein Textrahmen vorliegt, kann (mit Publisher) in den betreffenden Bereich Text geschrieben oder eingefügt werden. Ein KLICK auf den Weiter > -Schalter führt Sie zur nächsten Frage:

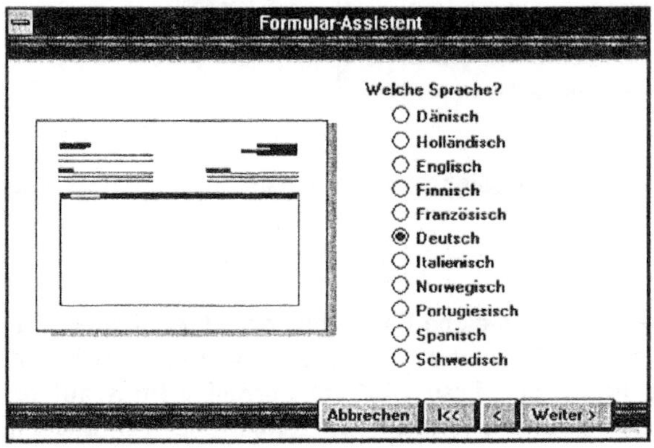

Abb. 4-7 Sprache wählen

Publisher läßt Sie zwischen elf Sprachen wählen. So können Sie nicht nur deutsche, sondern auch fremdsprachige Beschriftungen für das Formular wählen. Damit lassen sich Formulare leicht auch für Filialen im Ausland aufbauen, ohne daß man gleich die Fremdsprache beherrschen muß. Steht die Sprache fest, führt sie die Schaltfläche Weiter > zum letzten Bildschirm dieses Assistenten:

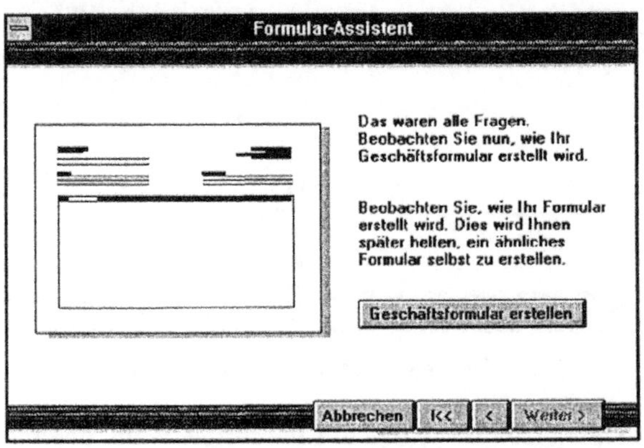

Abb. 4-8 Abschlußbildschirm des 'FAX-Assistenten'

Der Assistent beendet das Frage- und Antwortspiel. Beobachten Sie ihn ruhig, während er das Formular erstellen wird. Dies ist - wie wir glauben - der schnellste Weg, die mannigfaltigen Techniken zur Gestaltung eigener Publikationen herauszufinden. Der Assistent erklärt dabei genau, welches Objekt wofür verwendet wird. Sie erhalten so schnell einen Überblick über mögliche Objekte und vor allem deren Einsatz. Um das Formular erstellen zu lassen, KLICKEN Sie nun einmal auf die Schaltfläche **Geschäftsformular erstellen**:

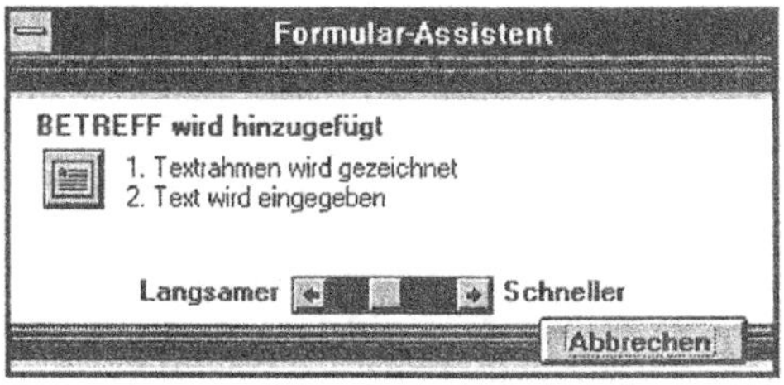

Abb. 4-9 Kommentar zur Formularerstellung

Jedes Objekt, das Publisher nun einfügt, wird vom Formular-Assistenten kommentiert. Über die Laufleiste **'Langsamer ⇔ Schneller'** können Sie die Geschwindigkeit des Aufbaus der Publikation steuern. Dazu zeigen Sie mit dem Mauszeiger auf den viereckigen Schieberegler in der Laufleiste, drücken die linke Maustaste und halten Sie gedrückt, während Sie die Maus entweder nach links oder nach rechts ZIEHEN. Außerdem ist es auch hier noch möglich, die Arbeit mit dem Assistenten abzubrechen. Ein Mausklick auf die Schaltfläche **Abbrechen** macht's möglich. Ist die Publikation erstellt, so meldet der Assistent das natürlich:

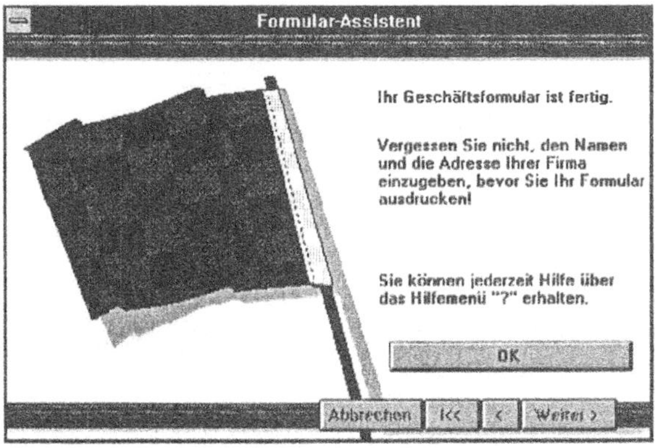

Abb. 4-10 Meldung zu fertiggestelltem Formular

Neben der Information, daß Ihr Formular erstellt wurde, hält der Assistent - wie man sieht - noch weitere nützliche Tips bereit. Eine Besonderheit findet sich in diesem Bildschirm: Sämtliche Schaltflächen, die Sie zuvor bei der Beantwortung des Fragenkatalogs verwenden konnten. funktionieren nun nicht mehr. Die Schalter sind in grau dargestellt und selbst, wenn Sie noch so lange KLICKEN, es passiert nichts. Dieses Phänomen werden Sie in Windows-Programmen immer wieder finden: Was grau dargestellt wird, kann nicht verwendet werden, ist - sozusagen - inaktiv. Da die Publikation bereits erstellt wurde, ist es nicht mehr möglich an den Anfang des Assistenten zurückzukehren, um für diese Publikation andere Auswahlen festzulegen oder getroffene Auswahlen einer Vorseite zu korrigieren. Und genau aus diesem Grunde funktionieren auch die Schaltflächen nicht mehr. Betrachten Sie diesen Bildschirm lediglich als Hinweis, daß Ihre gewünschte Publikation durch den Assistenten aufgebaut wurde und KLICKEN den Schalter OK, um ihn zu verlassen:

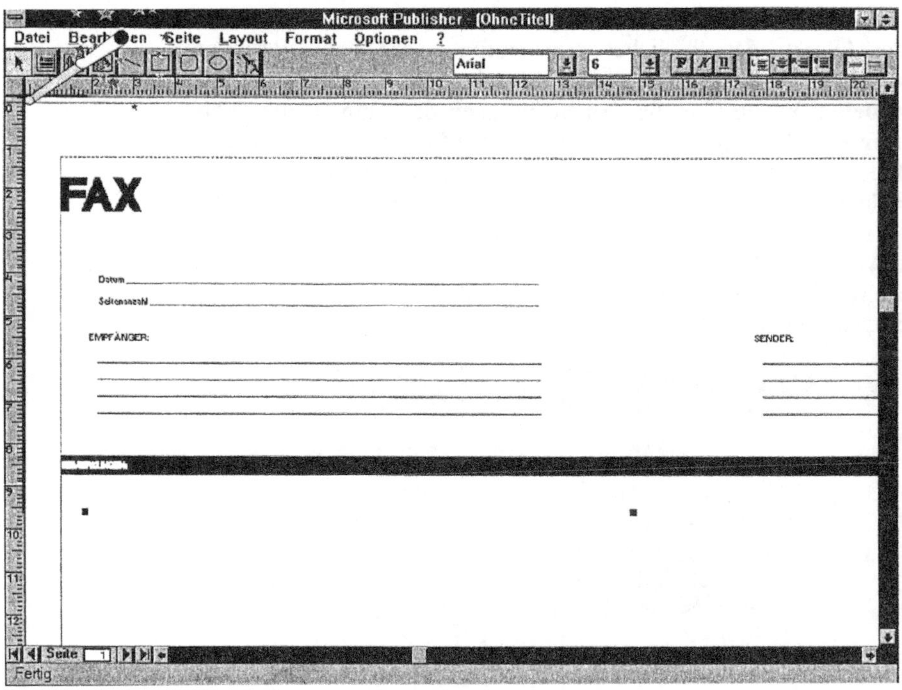

Abb. 4-11 Faxformular durch Assistenten erstellt

Der Assistent verabschiedet sich damit von Ihnen. Sie kehren zurück zu Publisher, in dem die Publikation nun gespeichert, bearbeitet oder ergänzt werden kann. Alle zuvor angegebenen Auswahlen wurden berücksichtigt und in entsprechenden Objekten in der Publikation untergebracht.

Je nachdem, welchen Assistenten Sie verwenden, müssen Sie mal mehr, mal weniger Fragen beantworten. Abhängig davon ist auch die Seitenzahl Ihrer fertigen Publikation. So wird eine Grußkarte vermutlich mehr Seiten (mindestens Vorder- und Rückseite) haben als ein Faxformular. Wichtig ist jedoch die generelle Arbeitsweise mit Assistenten. Und da spielt es keine Rolle welchen Assistenten Sie bemühen:

- Sie werden immer wieder durch einen Fragenkatalog geführt.
- Sie werden immer wieder die bekannten Schaltflächen finden.
- Sie werden immer wieder zuschauen können, wie der Assistent Ihre Publikation aufbaut.

Der schnellste Einstieg zum erfolgreichen Arbeiten mit Publisher ist also der Assistent. Wie die Publikation weiter bearbeitet werden kann, erfahren Sie in **Kapitel 6**.

Die Vorlagen

Vorlagen sind Publikationen mit einem fertigen Layout und Design. Sie können diese Vorlagen verwenden, um die Grafiken und Texte durch Ihre eigenen zu ersetzen, indem Sie die jeweiligen Objekte mit neuen Inhalten füllen. Im Gegensatz zum Assistenten werden Sie hier allerdings nicht Schritt für Schritt gefragt, sondern müssen sich selbst die Objekte wählen, die einer Veränderung bedürfen und diese dann auch selbst durchführen. Publisher liefert eine Reihe von Vorlagen mit, die entweder beim Start von Publisher oder beim Erstellen einer neuen Publikation gewählt werden können. Nachdem Publisher gestartet wurde, KLICKEN Sie auf das Symbol **Vorlagen**:

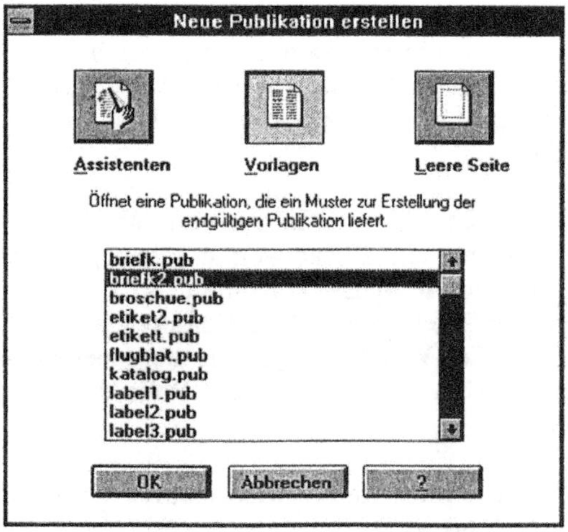

Abb. 4-12 Publisher mit Vorlage starten

In der darunterliegenden Liste werden daraufhin alle Vorlagen angezeigt, die mit Publisher geliefert wurden und die Sie bereits erstellt haben. Die rechte Laufleiste ermöglicht es Ihnen, die Vorlagen anzusteuern, die derzeit nicht in der Liste angezeigt werden. Dazu fahren Sie den Mauszeiger auf den Schieberegler, drücken die linke Maustaste und halten diese gedrückt, während Sie den Schieber nach unter ZIEHEN. Augenblicklich erscheinen weitere Vorlagen in der Liste. Möchten Sie eine Vorlage auswählen, ZEIGEN Sie auf dieselbe mit dem Mauszeiger und KLICKEN einmal die linke Maustaste. Anschließend KLICKEN Sie auf die Schaltfläche **OK**. Die ausgewählte Publikation wird aufgerufen und kann von Ihnen bearbeitet werden. Wie, verrät **Kapitel 6**.

Bestehende Publikationen

Bestehende Publikationen sind von Ihnen zuvor fix und fertig gestaltet worden. Hier stimmt nicht nur das Layout und Design, hier stimmt auch der Text und alle Formatierungen für denselben. Da fragt man sich natürlich, wann bestehende Publikationen wieder aufgerufen werden. Hierzu ein ganz einfaches Beispiel. Stellen Sie sich vor, Sie haben Ihre Visitenkarten neu gestaltet. Alle Texte, alle Objekte, das gesamte Layout liegt in der Publikation vor. Sie wollen Ihre Visitenkarte nun drucken. Aber halt! Da finden Sie im Briefkasten eine Information der Deutschen Bundespost, daß sich die Vorwahlnummer Ihrer Ortschaft in einer Woche ändern wird. In diesem Fall muß nun nicht die gesamte Karte noch einmal neu konzipiert, sondern lediglich die bestehende Publikation geöffnet werden, um die geänderte Vorwahl einzutragen. Wie beim Assistenten oder bei den Vorlagen kann eine bestehende Publikation sofort beim Programmstart des Publisher ausgewählt werden. Dazu ist es erforderlich, das **Öffnen**-Symbol auszuwählen. In der Liste der Publikationen werden daraufhin alle diejenigen angezeigt, die Sie bereits zuvor mit Publisher erstellt haben, z. B.:

Abb. 4-13 Bestehende Publikation zum Programmstart öffnen

ZEIGEN Sie nun mit dem Mauszeiger auf die gewünschte Publikation und KLICKEN die linke Maustaste, so ist die Publikation zum erneuten Öffnen ausgewählt. Ein KLICK auf den **OK**-Schalter ruft sie im Publisher auf. Auch hier können jetzt weitere Bearbeitungen von Ihnen vorgenommen werden. Und auch diesmal finden Sie das Wie in **Kapitel 6**.

Leere Publikationen

Die vierte und letzte Möglichkeit, Publisher zu starten, ist die **Leere Seite**, ein Programmstart ohne alle Hilfsmittel. In diesem Fall präsentiert Ihnen Publisher ein weißes Blatt Papier, das nun von Ihnen bezüglich seiner Maße und zu verwendenden Objekte gestaltet werden muß. Das ist allerdings nur halb so schwer wie es sich zunächst anhört. Drei Dinge sollten Sie für sich grundsätzlich klären, damit jede Publikation auch so wird, daß Sie den Empfänger anspricht:

- Informieren Sie sich über die Wirkung der im DTP-Bereich einzusetzenden Mittel (z. B. in **Kapitel 2** dieser Lektüre).

- Machen Sie sich mit dem Bearbeitungsbildschirm von Publisher vertraut, damit Sie dieses Handwerkszeug optimal einsetzen (siehe dazu **Kapitel 5**).

- Informieren Sie sich, welche Aufgaben der Reihe nach durchgeführt werden sollten, um die gewünschte Publikation zu erhalten (siehe hierzu **Kapitel 6**).

So gerüstet, kann die 'Création' Ihrer Publikationen dann schnell und zielsicher erfolgen.

HALTEN WIR NOCH EINMAL FEST:

- Sie haben erfahren, daß beim Programmstart von Publisher sofort entschieden werden kann, ob eine Publikation wieder geöffnet, eine Vorlage oder ein Assistent zu Hilfe genommen werden soll.

- Sie haben die Arbeit mit Assistenten kennengelernt.

- Sie haben Kenntnis von Vorlagen erhalten: Was sie sind und wie sie verwendet werden. Außerdem haben Sie sich den Unterschied zwischen Vorlagen und bestehenden Publikationen deutlich gemacht.

- Sie haben sich außerdem verdeutlicht, welche Schritte notwendig sind, wenn eine Publikation ohne Hilfsmittel von Grund auf neu gestaltet wird.

5. Erste Schritte

Überblick

Dieses Kapitel geht davon aus, daß Publisher mit einer leeren Publikation gestartet wurde und Sie sich im 'Publisher-Fenster' befinden. Wie in Windows-Programmen üblich, verfügt dieses Fenster über ganz bestimmte Symbole, die ganz bestimmte Aufgaben übernehmen. Das Kapitel vermittelt Ihnen daher wichtige Grundlagen zum Bildschirmaufbau sowie zum sicheren Einsatz der angebotenen Hilfsmittel. Dazu gehören zunächst einmal die Symbolleiste, aber natürlich auch die Menüs, die Dialoge und die Hilfefunktion. Nicht unterschätzt werden darf in DTP-Programmen die Maus. So gibt es Aktionen, die sich nur mit der Maus erledigen lassen. Aus diesem Grund ist ein Teilabschnitt des Kapitels der Mausbedienung gewidmet. Abschließen werden wir dieses Kapitel mit der 'Einführung in Publisher', die wichtige Begriffe klärt.

Der Bildschirmaufbau

Nachdem Sie den Publisher gestartet und sich entweder für eine Vorlage, eine bestehende oder eine leere Publikation entschieden haben, heißt Publisher Sie herzlich willkommen. Nehmen wir an, Sie haben eine leere Publikation gewählt. So sieht nun der Bildschirm aus:

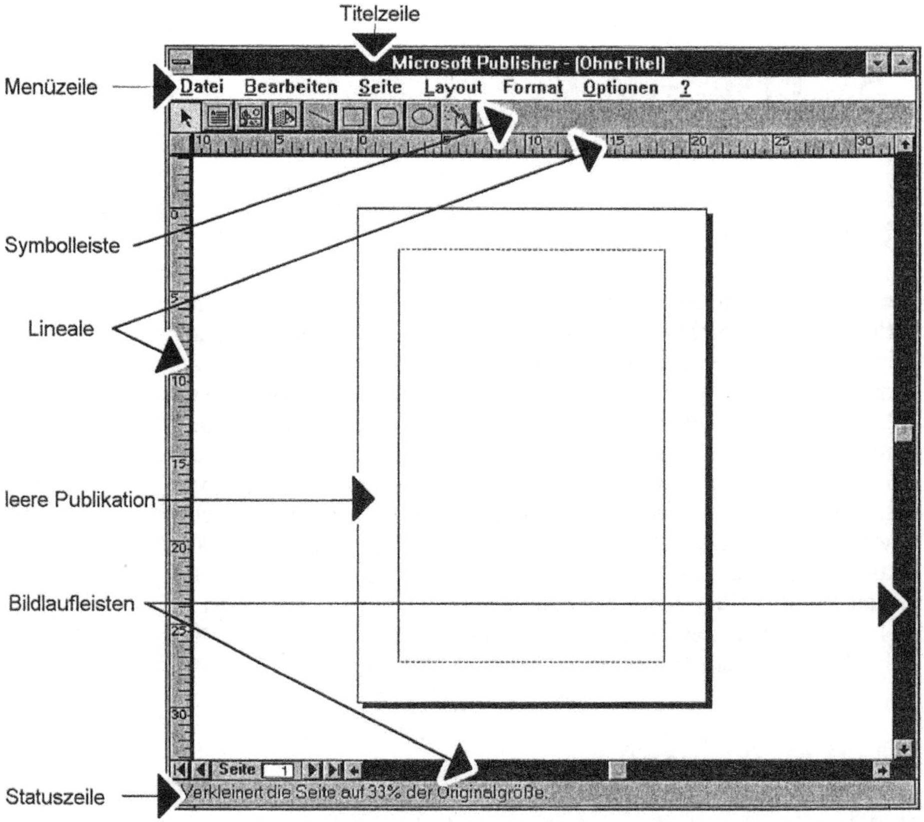

Abb. 5-1 Die Elemente des Publisher-Bildschirms

Vielleicht kennen Sie einen ähnlichen Bildschirmaufbau bereits aus anderen Windows-Anwendungen. Wenn nicht, sei an dieser Stelle gesagt, jede Windows-Anwendung läuft in einem eigenen Fenster. Dadurch ist es möglich, mehrere Programme unter Windows gleichzeitig zu öffnen. Der Wechsel von einer geöffneten Anwendung zur nächsten erfolgt dann per Tastenkombination oder auf Mausklick. Alle Windows-Programme haben ein ähnliches Aussehen. So wird beispielsweise die erste Bildschirmzeile grundsätzlich als **Titelzeile** bezeichnet. Warum? Ganz einfach, weil sie unter anderem den Programmnamen (oder Programmtitel) trägt. Gleich darunter befindet sich die **Menüleiste**. Alle Funktionen von Publisher lassen sich über diese Leiste an- bzw. auswählen. Im Anschluß daran wurde die **Symbolleiste** untergebracht, über die Sie per Mausklick die notwendigen Objekte für Ihre Publikation wählen. Auf dem **Bearbeitungsbereich** wird ein weißes Blatt dargestellt. Auf dieses Blatt werden die Objekte angeordnet. An der linken sowie oberen Kante des Bearbeitungsbereichs findet sich ein **Lineal**. An der rechten und unteren Kante stehen **Bildlaufleisten** zur Verfügung, die ein müheloses m a u s g e s t e u e r t e s Bewegen nach oben bzw. unten und rechts bzw. links ermöglichen. Die letzte Zeile Ihres Bildschirms gehört der **Statuszeile**. Die **Statuszeile** hält für Sie wichtige Zusatzinformationen bereit. So gibt sie beispielsweise zusätzliche Auskünfte zu angewählten Menüpunkten.

Mit den wichtigsten Bildschirmelementen haben Sie jetzt schon einmal Bekanntschaft geschlossen. Bevor wir nun die einzelnen Elemente genauer betrachten, sollten Sie sich mit der Mausbedienung vertraut machen, da es einige Funktionen gibt, die nicht über die Tastatur aufgerufen werden können.

Die Bedienung der Maus

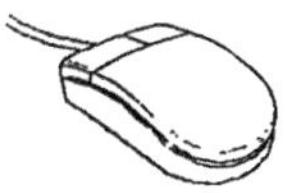

Die Maus ist ein zusätzlich an Ihren Rechner angeschlossenes Gerät, das mit 2 oder 3 Knöpfen ausgestattet sein kann. Für Ihre Arbeit mit Publisher werden Sie allerdings in der Regel meistens den linken Mausknopf verwenden. Für folgende Aufgabenbereiche können Sie die Maus in Publisher einsetzen:

- Zur Steuerung des Cursors
- Zur Auswahl von Objekten
- Zur Auswahl von Befehlen
- Zum Markieren von Bereichen
- Zur Änderung der Größen von Objekten und Fenstern

Um die Maus zu bewegen reicht es aus, sie auf einer kleinen Fläche Ihres Schreibtisches hin und her zu fahren. Bewegungen nach oben, nach unten, nach links und nach rechts sind dabei erlaubt. Abhängig davon, in welche Richtung Sie die Maus auf Ihrem Schreibtisch bewegen, wird der Mauszeiger nach oben, nach unten, nach links oder nach rechts über den Bildschirm bewegt. Er kann dabei unterschiedliche Darstellungsformen annehmen:

Maussymbol	Kurz-beschreibung	Beschreibung
	Zeigen	Diese Darstellungsform ist die Häufigste. Sie wird beispielsweise verwendet, um ein Objekt zu markieren, ein Menü auszuwählen oder die Bildlaufleiste zu benutzen.
	Zeichnen	Ein KLICK auf ein beliebiges Symbol der Symbolleiste verändert das Aussehen des Cursors vom Zeiger zum Zeichencursor.
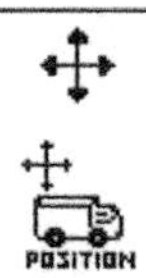	Bewegen	Wird durch einen Mausklick ein Objekt markiert, ändert der Cursor sein Aussehen in diese Form. Das Objekt kann nun verschoben werden.
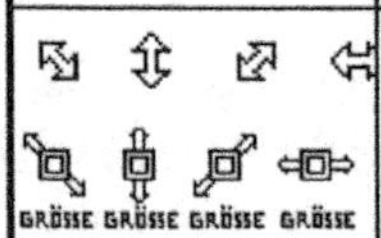	Größe ändern	Diese Zeigerform erlaubt es die Fenstergröße des Publishers sowie die Größe einzelner Objekte festzulegen.
	Lineal bewegen	Außerdem erlauben diese Zeiger das Lineal an eine andere Stelle zu positionieren.
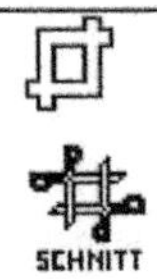	Grafik zuschneiden	Möchten Sie nur einen Teil einer Grafik in der Publikation aufnehmen, ermöglicht dieser Mauszeiger das Zuschneiden der Grafik, so als würden Sie mit der Schere ein Bild zurechtschneiden.
	Text einfügen und markieren	Befinden Sie sich in einem Textrahmen, stellt sich der Cursor als Einfügecursor dar und kann somit positioniert oder Markierungen können im Text vorgenommen werden.
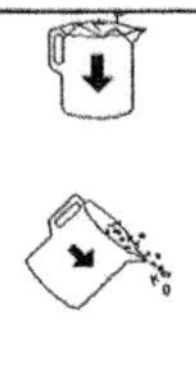	Langen Text-abschnitt anzeigen	Ist einmal zuviel Text in einem Textrahmen untergebracht worden, so nimmt dieser Cursor den überflüssigen Text auf und bringt ihn in einem anderen Textrahmen unter.

Wichtig für Ihre Arbeit mit der Maus ist demnach die Position des Mauszeigers. Stellen Sie also immer zuerst sicher, daß Sie die Maus an die richtige Stelle bewegt haben, bevor Sie die Maustaste drücken.

Haben Sie den Mauszeiger in Position gebracht, müssen Sie nun entscheiden, welche Maustaste Sie drücken müssen, und wie. Gehen wir zunächst der Frage auf den Grund, welche Maustaste Sie verwenden müssen. Die Antwort ist einfach: es ist meistens die linke. Bleibt also die Frage, wie diese Taste benutzt wird. Auch hierbei unterscheiden wir zwischen drei Verwendungsmöglichkeiten:

Verwendung	**Beschreibung**
KLICKEN	Kurzes Drücken und Loslassen der Maustaste.
DOPPELKLICKEN	Zweimal kurz hintereinander die Maustaste drücken.
ZIEHEN	Maustaste drücken und festhalten. Dabei die Maus in eine gewünschte Richtung ziehen.

Haben Sie den Mauszeiger an die gewünschte Stelle gefahren, entscheiden Sie nun, ob Sie KLICKEN, DOPPELKLICKEN oder ZIEHEN müssen, um eine bestimmte Aktion mit der Maus durchzuführen. Um beispielsweise ein Objekt auszuwählen, ist KLICKEN erforderlich. Um ein Wort in einem Textrahmen zu markieren ein DOPPELKLICK. Möchten Sie einem Objekt (z. B. einer Grafik) eine neue Position oder eine neue Größe zuweisen, so erreichen Sie das durch ZIEHEN.

Die Titelzeile

Nachdem Sie den Einsatz der Maus kennengelernt haben, wollen wir jetzt Schritt für Schritt die Elemente des Publisher-Bildschirms noch einmal unter die Lupe nehmen. Die erste Zeile wird als **Titelzeile** bezeichnet. Hier finden Sie immer den Programmnamen sowie einige Symbole am linken und rechten Rand, die für das Aussehen des Publisher-Fensters zuständig sind:

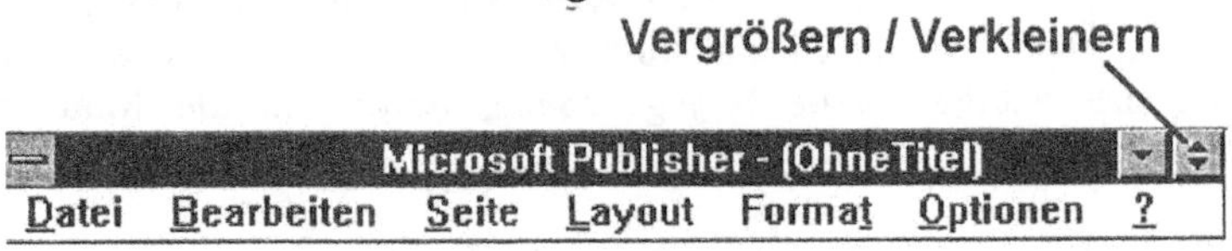

Abb. 5-2 Die Titelzeile

Fenster

Um die **Titelzeile** genauer zu ergründen, schlagen wir vor diese von rechts nach links zu erforschen. Der äußerste rechte Knopf dient dazu, das Publisher-Fenster zu verkleinern, sofern es die volle Bildschirmgröße beansprucht.

1. Bringen Sie den Mauszeiger auf dem äußersten rechten Knopf in Position.

2. KLICKEN Sie die linke Maustaste. Das Publisher-Fenster hat nun folgendes Aussehen:

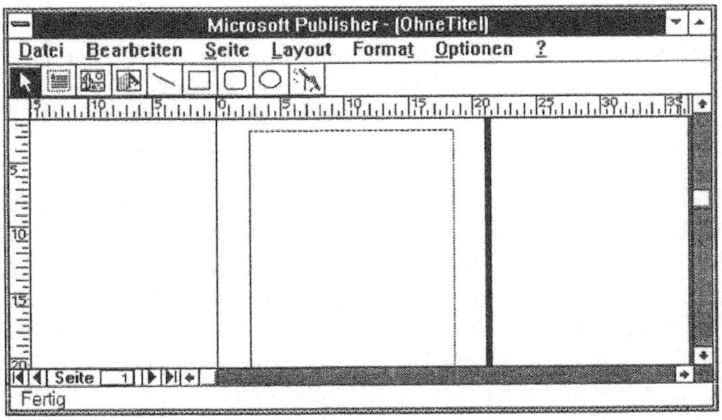

Abb. 5-3 Verkleinertes Publisher-Fenster

Das hat den Vorteil, daß nicht mehr der gesamte Bildschirm von Publisher in Anspruch genommen wird. Mühelos könnten Sie jetzt eine weitere Windows-Anwendung am Bildschirm darstellen, ein Grafikprogramm vielleicht. Bedenken Sie wie wichtig Grafiken in Drucksachen sind. Denkbar wäre es auch, ein Textverarbeitungs-programm aufzurufen. Sind die Texte in Ihrer Drucksache sehr lang

(wie zum Beispiel bei einer Zeitung), ist die Texteingabe über ein Textprogramm schneller erledigt.
Haben Sie schon bemerkt, daß sich der Knopf durch das Verkleinern des Fensters ebenfalls verändert hat?

*Abb. 5-4 Geänderte **Titelzeile***

Vollbild

Die **Titelzeile** macht Sie so darauf aufmerksam, daß Ihr Publisher-Fenster derzeit keine volle Bildschirmdarstellung in Anspruch nimmt. Dieses Symbol verrät Ihnen: 'Es geht noch größer'. Fahren Sie den Mauszeiger auf diesen Knopf und KLICKEN die linke Maustaste, so erlauben Sie Publisher wieder den gesamten Bildschirm zu benutzen. Zwei wichtige Begriffe haben Sie damit soeben kennengelernt, die Darstellung eines Windows-Programms

im Fenster

sowie

im Vollbild (über den gesamten Bildschirm).

Symbol

Eine dritte Variante, in der Sie eine geöffnete Windows-Anwendung darstellen können, ist die sogenannte Symbolgröße. Ihr Programm wird im wahrsten Sinne des Wortes in diesem Fall nur noch als Symbol angezeigt:

Abb. 5-5 Publisher in Symbolgröße

Statt 'Symbol' wird auch häufig der Ausdruck 'Ikone' verwendet.

Fahren Sie den Mauszeiger in die **Titelzeile** auf das abwärtsweisende Dreieck und KLICKEN die linke Maustaste, so haben Sie Publisher auf Symbolgröße verkleinert. Auch diese Art der Verkleinerung eignet sich gut, wenn Sie mit mehreren Programmen gleichzeitig arbeiten wollen (oder müssen). Bleibt jetzt natürlich noch die Frage zu klären, wie vergrößern Sie diese Symbolbild wieder? Das ist gar nicht schwierig:

Symbolgröße aufheben

1. Bewegen Sie den Mauszeiger auf das Publisher-Symbol.
2. Führen Sie einen DOPPELKLICK durch.

Sie erkennen bestimmt schon deutlich, wie wirksam die Maus Ihre Arbeit mit Windows-Programmen unterstützt. Aus diesem Grunde wollen wir Ihnen auch nicht vorenthalten, daß sich die Fenstergröße von Publisher selbstverständlich auch nach Ihren eigenen Wünschen anpassen läßt. Wieder ganz bequem mit der Maus.

Dazu ist es zunächst einmal erforderlich, daß sich Publisher n i c h t im Vollbild befindet. Am einfachsten feststellen läßt sich das über den äußersten rechten Knopf der **Titelzeile**. Wird dieser als aufwärtsweisendes Dreieck dargestellt, befindet sich Publisher im Fenster. Sie werden feststellen, daß dieses Fenster jetzt Ränder aufweist. Über diese Ränder können Sie das Fenster auf die gewünschte Größe anpassen. Sie haben die Möglichkeit das Fenster nach unten bzw. oben zu verlängern oder zu verkleinern. Gleiches gilt für den linken und rechten Fensterrand. Windows bietet Ihnen allerdings auch die Möglichkeit, ein Fenster gleichzeitig sowohl in der Höhe als auch in der Breite anzupassen. Ausschlaggebend für die Größenänderung ist die Position des Mauszeigers. Abhängig davon, auf welchen Rand Sie den Mauszeiger bewegen, wird ein Doppelpfeil in entsprechender Richtung angezeigt. Möchten Sie also Ihr Fenster sowohl in der Höhe als auch in der Breite verändern, gehen Sie einfach folgendermaßen vor:

1. Bringen Sie den Mauszeiger auf eine der vier Ecken in Position, damit sich dieser in einen Doppelpfeil verwandelt.
2. Drücken Sie die linke Maustaste und halten Sie gedrückt, während Sie die Maus in die gewünschte Richtung ZIEHEN:

um das Fenster zu verkleinern: in Richtung Fenstermitte

um das Fenster zu vergrößern: in die andere Richtung.

Name der Publikation

Sie besitzen nun das Handwerkszeug, um in jeder Windows-Applikation die unterschiedlichen Fenstereinstellungen vorzunehmen. Wenden wir uns daher den weiteren Elementen der **Titelzeile** zu. Im Anschluß an die soeben vorgestellten Knöpfe rechts in der Titelzeile findet sich in deren Mitte der **Name der Publikation**, d. h. zunächst einmal findet sich dort der Eintrag **[Ohne Titel]**, was aber einzig darauf hinweist, daß dieser Publikation bislang noch kein Name gegeben wurde und sie auch noch nicht dauerhaft auf einem Datenträger (zum Beispiel der Festplatte) abgelegt (oder gespeichert) wurde. Haben Sie eine bestehende Publikation oder eine Vorlage geöffnet, so ist deren Name selbstverständlich auch in der **Titelzeile** zu lesen, zum Beispiel:

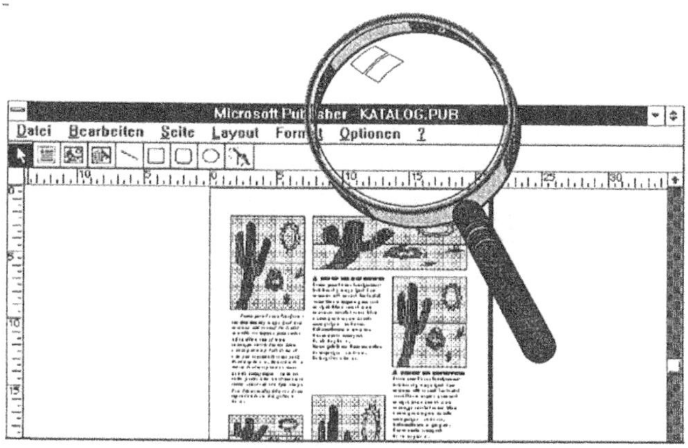

Abb. 5-6 Name einer Publikation

Links vom Namen der Publikation finden Sie den **Programmnamen** der Windows-Anwendung, mit der Sie gerade arbeiten. In unserem Fall ist das Publisher.

Bleibt jetzt nur noch ein Element zu ergründen, das **Systemmenü**. Auch im **Systemmenü** finden Sie Befehle, die es Ihnen ermöglichen die Fenstergröße Ihrer Windows-Anwendung zu verändern. Außerdem enthält dieses Menü den Befehl [Schließen], um die Arbeit mit Publisher ordnungsgemäß zu beenden. Im Gegensatz zu den beiden Schaltflächen für Symbol- und Fenstergröße (am rechten Rand der Titelzeile), die sich ausschließlich mit der Maus bedienen lassen, läßt sich das **Systemmenü** auch über die Tastatur steuern. Wir werden uns daher jetzt die Möglichkeiten ansehen das Systemmenü zu öffnen:

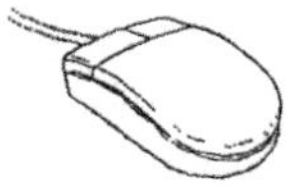

1. Fahren Sie den Mauszeiger auf das 'große Minuszeichen' in der Titelzeile. (Es symbolisiert übrigens die LEERTASTE.)

2. KLICKEN Sie die linke Maustaste.

Verwenden Sie für dererlei Aufgaben allerdings lieber die Tastatur, so führen Sie folgende Schritte durch:

1. Betätigen Sie die Taste ALT und halten diese fest.

2. Jetzt drücken Sie gleichzeitig die LEERTASTE.

In jedem Fall (er)öffnet sich Ihnen das **Systemmenü**:

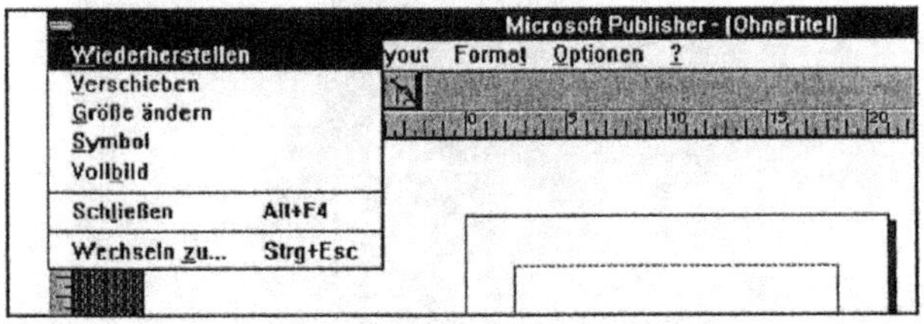

Abb. 5-7 Das Systemmenü

Sie können nun die gewünschten Auswahlen entweder mit der Maus vornehmen, indem Sie auf den Befehl zeigen und die linke Maustaste KLICKEN. Natürlich können Sie diese Befehle auch über die Tastatur auswählen. Dazu stehen zwei unterschiedliche Möglichkeiten zur Verfügung:

Geben Sie den unterstrichenen Buchstaben des Befehls ein, den Sie auswählen möchten.

Sie werden feststellen, daß bei dieser Vorgehensweise der angewählte Befehl sofort ausgeführt wird. Und damit zur zweiten Möglichkeit:

1. Bewegen Sie den Cursor mit der Taste PFEIL-NACH-UNTEN auf den Befehl, den Sie auswählen wollen.

2. Bestätigen Sie mit RETURN.

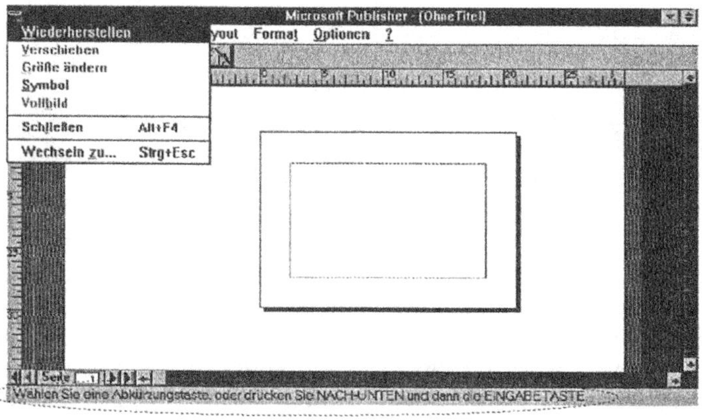

Abb. 5-8 Zusatzinformationen

Schauen Sie sich das **Systemmenü** nun einmal genau an, so werden Sie einige 'alte Bekannte' treffen. Das, was Sie zuvor mit der Maus realisiert haben, läßt sich hier über die Tastatur einstellen. Die Menüpunkte [Schließen] und [Wechseln zu...] haben Sie bereits in **Kapitel 2** kennengelernt.

Dennoch möchten wir an dieser Stelle noch einmal an die Tastenkombinationen hinter den Befehlen erinnern. Immer dann, wenn Sie hinter einem Befehl eine Tastenkombination entdecken, so bedeutet diese: Sie können den gewünschten Befehl aufrufen ohne das Menü öffnen zu müssen. Stattdessen verwenden Sie einfach den 'Tastenkurzcode'. Demnach gibt es also zwei Wege die Task-Liste von Windows aufzurufen:

a. Das **Systemmenü** öffnen, und dort die Auswahl [Wechseln zu...] treffen.

b. Die Tastenkombination STRG + ESC betätigen.

Sie erhalten ein Element, über das jedes Windows-Programm verfügt und das Sie auch bereits in **Kapitel 2** kurz kennengelernt haben, die **Task-Liste**:

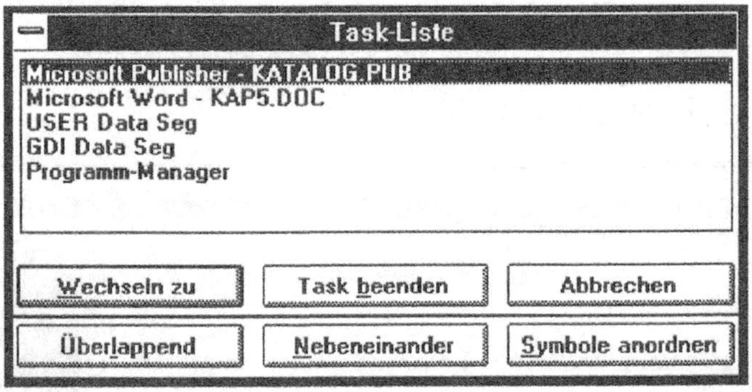

*Abb. 5-9 Die Windows-**Task-Liste***

Der Ausdruck Task ist englisch und bedeutet Aufgabe. Angezeigt werden alle Anwendungsprogramme, die derzeit geöffnet sind. Über diese Liste haben Sie also die Möglichkeit von Aufgabe zu Aufgabe (oder besser gesagt von Anwendungsprogramm zu Anwendungsprogramm) zu wechseln. Dazu bringen Sie den Cursor auf dem gewünschten Programm in Position und aktivieren anschließend die Schaltfläche **Wechseln zu**. Auch für diese Aufgabe hält Windows zwei Lösungswege bereit. Macht Ihnen das Arbeiten mit der Maus Spaß, dann müssen Sie

den Mauszeiger auf die Schaltfläche **Wechseln zu** zeigen und die linke Maustaste KLICKEN.

Sind Sie allerdings ein Tastaturfan, gehen Sie so vor:

Drücken Sie die Taste ALT und halten sie gedrückt, während Sie *w* (das ist der unterstrichene Buchstabe dieses Schalters) eingeben.

Im einzelnen haben die Schaltflächen folgende Bedeutung:

Schaltfläche	Beschreibung
Task beenden	Das zuvor ausgewählte Windows-Programm schließen.
Abbrechen	Die Task-Liste beenden ohne weitere Auswahlen zu treffen.
Überlappend	Alle Anwendungen, die auf Fenstergröße gebracht wurden, wie Karteikarten hintereinander anordnen.
Nebeneinander	Alle Anwendungen, die auf Fenstergröße gebracht wurden, nebeneinander anordnen.
Symbole anordnen	Alle Anwendungen, die auf Symbolgröße gebracht wurden, am unteren Bildschirmrand anordnen.

Die **Titelzeile** haben Sie jetzt rundherum kennengelernt. Zeit, sich des nächsten Bildschirmelements, der **Menüleiste**, zu widmen.

Die Menüleiste

Alle Befehle, die Publisher bietet, sind in der **Menüleiste** in sogenannten Pull-Down-Menüs untergebracht. Geöffnet werden diese Menüs über besagte **Menüleiste**. Ob Sie eine bestehende Publikation noch einmal öffnen oder ausdrucken wollen, sie bearbeiten oder eine komplett neue Publikation entwickeln wollen, die **Menüleiste** steht für solche Aufgaben mit Rat und Tat zur Seite. Dabei wurde auf eine übersichtliche Einordnung der einzelnen Befehle in die vorhandenen Menüs größter Wert gelegt. So sieht die Menüleiste von Publisher also aus:

*Abb. 5-10 Die **Menüleiste***

Sieben Menüs werden Ihnen in Zukunft bei der Gestaltung Ihrer Drucksachen behilflich sein:

Publisher-Menü	**Hier finden Sie Befehle zum...**
[Datei]	Neuanlegen, Speichern und Drucken von Publikationen.
[Bearbeiten]	Einfügen, Kopieren und Versetzen von Objekten.
[Seite]	Einrichten einer Seite sowie Zoomen der Seite am Bildschirm.
[Layout]	Gestalten der Seite samt der Objekte.
[Format]	Formatieren von Texten und Grafiken.
[Optionen]	Einstellen der individuellen Arbeitsumgebung
[?]	Nachschlagen von Hilfeinformationen.

Nun müssen Sie nur noch erfahren, wie die **Menüleiste** angewählt wird. Aber auch das ist - wie Sie sicher schon vermuten - gar kein Problem. Sie entscheiden einfach, ob Sie die Tastatur oder die Maus bevorzugen und schon kann es losgehen:

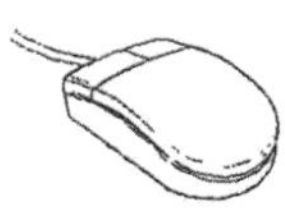

Zeigen Sie auf das gewünschte Menü und KLICKEN die linke Maustaste.

Halten Sie die Taste ALT gedrückt, während Sie den unterstrichenen Buchstaben des Menüs eingeben, das Sie öffnen wollen. (Zum Beispiel: ALT + *d*, um das [Datei]-Menü zu öffnen.)

Ein einmal geöffnetes Menü läßt sich selbstverständlich jederzeit schließen, ohne daß eine weitere Auswahl getroffen werden muß.

Dazu betätigen Sie entweder die Taste ESC oder KLICKEN mit der Maus irgendwo in den Bearbeitungsbereich.

Die Pull-Down-Menüs

Sicher haben Sie beim Öffnen der Menüs bemerkt, daß diese vom oberen Bildschirmrand in Richtung Bildschirmmitte 'fallen'. Diese Menüs werden - im wahrsten Sinne des Wortes - ausgehend von der Menüleiste heruntergeklappt. Daher haben Sie auch ihren Namen: Pull-Down-Menü (frei übersetzt: Menüs zum 'Herunterziehen'). Wir wollen uns in diesem Abschnitt mit den einzelnen Elementen innerhalb dieser Menüs beschäftigen. Stellvertretend dafür werden wir das [Bearbeiten]-Menü bemühen:

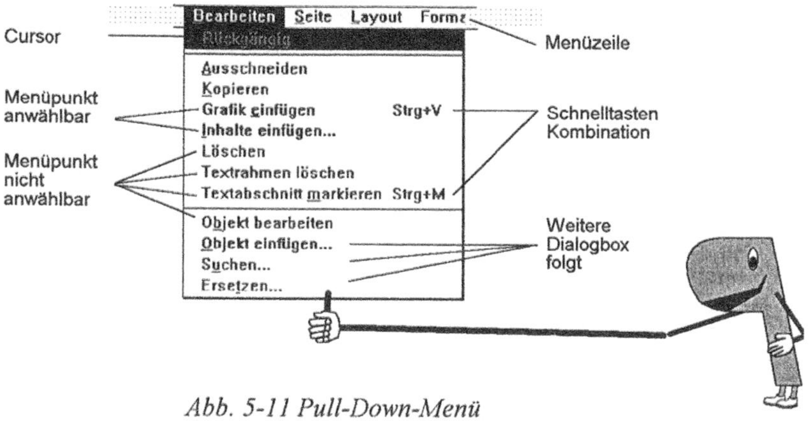

Abb. 5-11 Pull-Down-Menü

Jedesmal, wenn Sie ein Pull-Down-Menü öffnen, steht der Cursor auf dem ersten Befehl innerhalb des Menüs. Diesen Cursor können Sie mit der Taste PFEIL-NACH-UNTEN bzw. PFEIL-NACH-OBEN auf den gewünschten Befehl bewegen. Sobald der Cursor in Position gebracht ist, wird in der **Statuszeile** (letzte Zeile des Publisher-Bildschirms) ein zusätzlicher Hilfetext zum derzeit gewählten Befehl angezeigt.

Wie zu erkennen ist, sind einige Menüpunkte schwarz, andere grau dargestellt. Alle schwarzen Menüpunkte können derzeit ausgewählt werden, die grauen nicht. Abhängig von der Arbeit, die Sie gerade durchführen, stehen demnach mal mehr, mal weniger Befehle zur Verfügung. Die unterschiedliche, farbliche Darstellung bietet somit von vornherein eine weitere Hilfestellung an, indem sich nämlich für die Aufgabe nicht relevante Menüpunkte erst gar nicht auswählen lassen.

Es könnte sein, daß Ihre schwarzen Menüpunkte rot, grün oder farblich noch anders dargestellt werden. Die Farbe der aktiven Menüpunkte sowie der gesamten Bildschirmumgebung läßt sich in Windows 3.x über die **Systemsteuerung** unter dem Symbol **Farben** einstellen. Die **Systemsteuerung** befindet sich, sofern Sie sie nicht anders untergebracht haben, in der **Hauptgruppe**.

Für viele Befehle in Publisher stehen sogenannte Schnelltasten bzw. Schnelltastenkombinationen zur Verfügung. Sie haben diese Tasten bereits im **Systemmenü** kennengelernt. Die Schnelltasten ermöglichen Ihnen die Auswahl eines Befehls, ohne vorher das Pull-Down-Menü aufrufen zu müssen. Sie werden bei Ihrer Arbeit mit Publisher feststellen, daß diese Tastenkombinationen die Arbeit oft beschleunigen helfen, erst recht bei Befehlen, die immer wieder verwendet werden.

Rechts neben den Menüpunkten finden sich aber nicht nur Schnelltasten, sondern manchmal auch drei Punkte. Diese sogenannten Fortführungspunkte (...) deuten darauf hin, daß nach Anwahl des Befehls eine Dialogbox geöffnet wird. Dialogboxen bestehen ihrerseits aus unterschiedlichen Elementen, wie beispielsweise Eingabefeldern, Auswahllisten und Schaltflächen, über die Sie ganz bequem 'einen Dialog' mit Publisher führen können. Bevor wir uns aber den Dialogboxen widmen, wollen wir uns zunächst anschauen, wie Auswahlen in Pull-Down-Menüs getroffen werden. Wie fast immer können Sie wählen zwischen der Maus bzw. der Tastatur:

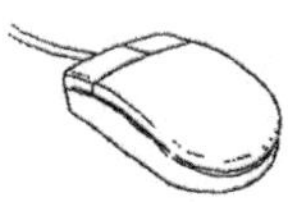

1. Zeigen Sie auf den gewünschten Befehl.

2. KLICKEN Sie die linke Maustaste.

Geben Sie den unterstrichenen Buchstaben des Befehls ein, den Sie öffnen möchten.

oder:

1. Verwenden Sie die Tasten PFEIL-NACH-UNTEN bzw. PFEIL-NACH-OBEN, um den gewünschten Befehl anzusteuern.

2. Wählen Sie den Befehl durch Betätigen der Taste RETURN aus.

Haben Sie einen Befehl angewählt, der eine Dialogbox öffnet, so läßt sich diese Dialogbox jederzeit durch Drücken der Taste ESC schließen, ohne daß eine weitere Auswahl getroffen werden muß. Die Dialogbox wird in diesem Fall abgebrochen.

Die Dialogboxen

Dialogboxen spielen in Windows-Programmen eine ganz zentrale Rolle. Sie ermöglichen dem Anwender, mit dem Programm, in unserem Fall mit Publisher, in Kommunikation zu treten. Alle Aufgaben, die über die reine Positionierung von Objekten hinausgehen, lassen sich über Dialogboxen bequem erledigen. Dialogboxen verfügen - wie Pull-Down-Menüs - über ganz bestimmte Elemente. Abhängig davon, welche Dialogbox Sie aufgerufen haben, kann diese mehr oder weniger Elemente enthalten. Sehen wir uns also die Elemente von Dialogen nach und nach an. Beginnen wollen wir mit einer Dialogbox aus dem [Datei]-Menü, dem **Drucken**-Dialog.

1. Wählen Sie das Menü [Datei] auf eine der zuvor beschriebenen Arten.

2. Anschließend aktivieren Sie den Befehl [Drucken].

Selbstverständlich hätten Sie diesen Befehl auch über die Tastenkombination STRG + *D* aufrufen können. Und wenn Ihnen die Schnelltasten erst einmal in Fleisch und Blut übergegangen sind, kann Sie natürlich niemand davon abhalten diese zu verwenden. Beachten Sie jedoch, daß in diesem Fall die Dialogbox nicht mehr angezeigt, sondern stattdessen der Befehl (in diesem Beispiel der Ausdruck einer Publikation) sofort ausgeführt wird.

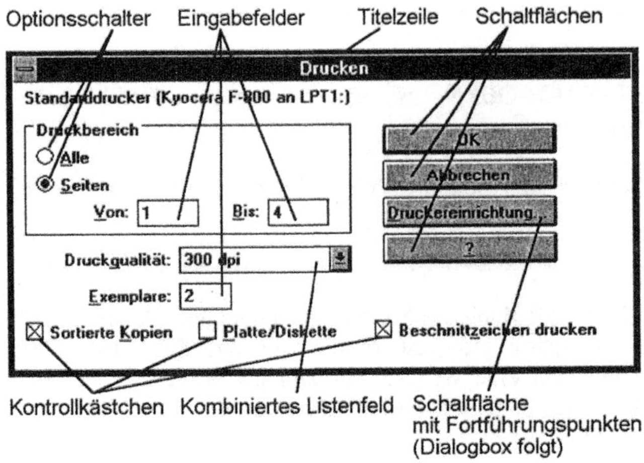

Abb. 5-12 Mögliche Elemente einer Dialogbox

Wie Sie sehen, gibt es in so einer Dialogbox nicht nur neue Elemente. Die **Titelzeile** beispielsweise haben Sie bereits kennengelernt. Auch hier gibt sie wieder den Namen, diesmal der Dialogbox, an. Wichtige Bestandteile der meisten Dialogboxen sind Eingabefelder, Optionsschalter, Kontrollkästchen, Listen und Schaltflächen. Die Eingabefelder verwenden Sie zur Texteingabe. Dies können Buchstaben oder auch Zahlen sein. In unserem Beispiel dienen die Eingabefelder dazu, die gewünschten Seitenzahlen für den Ausdruck aufzunehmen. Um in das Eingabefeld Informationen zu erfassen, haben Sie folgende Möglichkeiten:

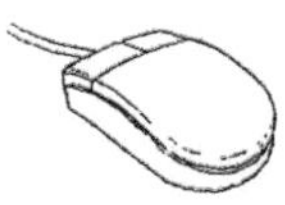

1. Zeigen Sie auf das Eingabefeld und führen einen DOPPEL-KLICK aus. Der Inhalt des Eingabefelds wird unterlegt angezeigt.

Ist im Eingabefeld mehr als ein Wort untergebracht, fahren Sie den Mauszeiger vor den ersten Buchstaben, drücken die linke Maustaste und halten diese fest, während Sie den Zeiger bis hinter den letzten Buchstaben ZIEHEN.

2. Erfassen Sie Ihre Eingaben. Der zuvor markierte Text wird überschrieben.

Wollen Sie allerdings die Eingabe in einem Textfeld lediglich bearbeiten, zum Beispiel weitere Buchstaben oder Zahlen hinzufügen, ist das natürlich auch möglich:

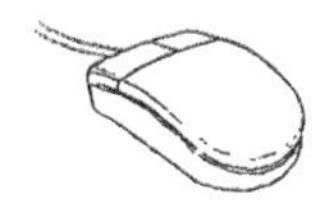

1. Zeigen Sie vor den Buchstaben oder die Zahl, vor die Sie eine zusätzliche Eingabe machen wollen und KLICKEN die linke Maustaste.

2. Ergänzen Sie die Angaben.

Selbstverständlich kann auch die Tastatur verwendet werden, um in ein Textfeld zu gelangen. Dazu ist es erforderlich,

1. die Taste TAB solange zu drücken, bis sich der Cursor in dem gewünschten Eingabefeld befindet.

2. Die Position des Cursors im Textfeld kann über die Tasten PFEIL-NACH-LINKS und PFEIL-NACH-RECHTS gesteuert werden.

Optionsschalter sind immer dann erforderlich, wenn aus unterschiedlichen Auswahlmöglichkeiten nur eine einzige Wahl getroffen werden darf. Sehen Sie sich unseren Beispieldialog noch einmal an, werden Sie feststellen, daß Sie mittels Optionsschalter entscheiden müssen, ob alle Seiten der Publikation ausgedruckt werden sollen oder eben nur ganz bestimmte. Immer dann, wenn Sie sich also entscheiden müssen, werden Sie Optionsschaltflächen in den Dialogen finden, die entweder die eine oder die andere Auswahl zulassen. KLICKEN Sie eine gewünschte Option an, so erhält diese den 'schwarzen Punkt' (◉) und ist damit die aktive. Alle anderen Optionen können nicht zusätzlich gewählt werden und verfügen aus diesem Grund lediglich über einen leeren Kreis (○). Um eine Option mit der Maus zu aktivieren, müssen Sie

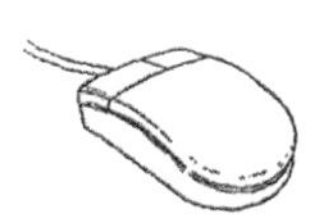

in den Kreis der gewünschten Option zeigen und anschließend die linke Maustaste KLICKEN.

Natürlich läßt sich das auch über die Tastatur bewältigen:

Halten Sie die Taste ALT gedrückt und geben den unterstrichenen Buchstaben der Option ein, die Sie auswählen wollen.

Ein weiteres sehr häufig eingesetztes Element in Dialogen sind die sogenannten Kontrollkästchen. Kontrollkästchen ermöglichen Ihnen eine Mehrfachauswahl, d. h. mehrere Kontrollkästchen könnten in einem Dialog ausgewählt worden sein. Dabei können Sie dieses Feld mit einem Ein-/Ausschalter vergleichen. Alle Auswahlen, die über ein Kontrollkästchen gesteuert werden, lassen sich also entweder ein- oder ausschalten. Aktivieren Sie ein Kontrollkästchen, so erhält es ein Kreuz (☒) und signalisiert dadurch, daß die Auswahl eingeschaltet ist. Deaktivieren Sie ein Kontrollkästchen, verschwindet das Kreuz wieder (☐). Um Kontrollkästchen zu aktivieren bzw. zu deaktivieren gehen Sie so vor:

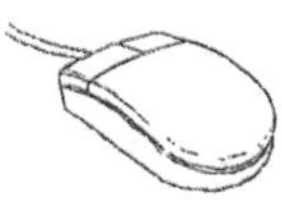

Zeigen Sie in das gewünschte Kontrollkästchen und KLICKEN anschließend die linke Maustaste.

Natürlich läßt sich das ebenfalls über die Tastatur erledigen:

Halten Sie die Taste ALT gedrückt und geben den unterstrichenen Buchstaben des Kontrollkästchens ein, das Sie auswählen wollen.

Weitere Hilfen bieten in Dialogen sogenannte Listen an. Listen ermöglichen Ihnen - wie Optionsschaltflächen - eine 'Entweder/Oder-Auswahl'. Listen enthalten zumeist eine Reihe von Vorschlägen, aus der Sie Ihre Wahl treffen. Um eine Liste einzusehen, ist es erforderlich diese zu öffnen. Anschließend entscheiden Sie, welche Auswahl Sie zu treffen wünschen. Und das können Sie selbstverständlich entweder über die Tastatur oder unter Zuhilfenahme der Maus erledigen.

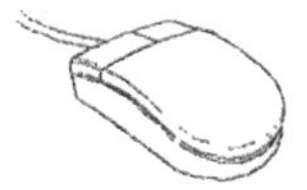

1. Zeigen Sie auf den abwärtsweisenden Pfeil der Liste und KLICKEN die linke Maustaste.

2. Zeigen Sie auf die gewünschte Auswahl und KLICKEN erneut die linke Maustaste.

Aber auch für diese Aufgabe kann die Tastatur herangezogen werden.

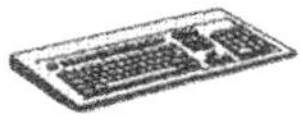

1. Halten Sie die Taste ALT gedrückt und geben den unterstrichenen Buchstaben der Liste ein, die Sie auswählen wollen. Dadurch wird die Liste angesteuert.

2. Um die Liste zu öffnen, betätigen Sie einmal die Taste PFEIL-NACH-UNTEN.

3. Ihre Auswahl treffen Sie ebenfalls unter Zuhilfenahme der Tasten PFEIL-NACH-OBEN bzw. PFEIL-NACH-UNTEN.

4. Ist die Auswahl markiert, bewegen Sie sich mit der Taste TAB zum nächsten Element innerhalb der Dialogbox.

Bestätigen Sie Ihre Wahl mit RETURN, beenden Sie damit die Eingaben in den Dialog und lösen seine Verarbeitung aus!

Sind alle Auswahlen des Dialogs nach Ihren Wünschen eingestellt, dienen Schaltflächen dazu diese Anweisungen auszuführen bzw. in weitere Dialoge zu verzweigen, um weitere Anweisungen zu geben. Dazu stehen Ihnen verschiedene Schaltflächen zur Verfügung. Man unterscheidet

Schaltflächen, die in weitere Dialoge verzweigen.
Schaltflächen, die einen Vorgang auslösen oder abbrechen.

Schaltflächen, die in weitere Dialoge verzweigen sind mit Fortführungspunkten (...) gekennzeichnet. Diese Technik kennen Sie bereits aus den Pull-Down-Menüs. Eine solche Schaltfläche ruft dann ihrerseits einen weiteren Dialog auf.

Eine Sonderstellung nimmt die Schaltfläche **Abbrechen** ein. Auch sie haben Sie bereits kennengelernt, erinnern Sie sich? Na klar, in der **Task-Liste**. Über diese Schaltfläche kann eine Dialogbox jederzeit vom Bildschirm 'entfernt' werden, ohne das die Anweisungen der Dialogbox ausgeführt werden. Diese Schaltfläche finden Sie in jeder Dialogbox.

Die gleiche Wirkung hat übrigens das Betätigen der Taste ESC!

Eine weitere Schaltfläche, die sich in jeder Dialogbox findet, ist mit einem Fragezeichen (?) gekennzeichnet. Diese Schaltfläche hält Hilfeinformationen zum jeweiligen Dialog bereit. Falls Sie mal nicht weiter wissen, verzweigt diese Schaltfläche in einen erklärenden Text zu diesem Dialog. (Weitere Informationen zum Einsatz der Bedienerhilfe erhalten Sie weiter unten in diesem Kapitel.)

Last not least sind da noch die Schaltflächen, die Sie zum Ausführen Ihrer Anweisungen verwenden. Sie sind schlichtweg mit **OK** beschriftet. Ganz einfach: Ist alles OK, kann der Vorgang ausgelöst werden, über einen **OK**-Schalter, versteht sich.

Auch die Schaltflächen lassen sich per Mausklick oder über die Tastatur bedienen:

Zeigen Sie auf die gewünschte Schaltfläche und KLICKEN anschließend die linke Maustaste.

Und damit zur Tastatur. Entweder...

Halten Sie die Taste ALT gedrückt und geben den unterstrichenen Buchstaben der Schaltfläche ein, die Sie auswählen wollen, sofern vorhanden.

... oder

1. Betätigen Sie die Taste TAB solange, bis die gewünschte Schaltfläche mit einem schwarzen Rahmen versehen ist.

2. Bestätigen Sie mit RETURN.

Erwähnenswert ist jetzt noch, daß sich Dialogboxen ganz leicht an eine andere Bildschirmposition verschieben lassen. Sollte also eine Dialogbox einmal Ihre Publikation oder Teile Ihrer Publikation überlagern, müssen Sie die Dialogbox deshalb nicht schließen, sondern sie einfach in einen anderen Bildschirmbereich 'schieben'. Dahin, wo sie nicht stört. Dazu verwenden Sie die Maus:

1. Zeigen Sie mit dem Mauszeiger in die **Titelzeile** der Dialogbox.

2. Halten Sie die linke Maustaste gedrückt, während Sie die Dialogbox an eine andere Bildschirmposition 'schieben'.

Die Symbolleiste

Eine ebenso wichtige Einrichtung wie die **Menüleiste** und die Dialogboxen ist zweifellos die **Symbolleiste**. Sie erlaubt es Ihnen die notwendigen Text- und Grafikrahmen sowie andere grafische Elemente für die Publikation zu erzeugen. Denken Sie daran, daß Text in einem DTP-Programm (anders als bei der Textverarbeitung) erst dann erfaßt oder importiert werden kann, wenn dafür ein Textrahmen vorliegt. Und damit das Einfügen solcher Objekte keine Mühe macht, stellt die **Symbolleiste** alle notwendigen Symbole für dererlei Aufgaben zur Verfügung:

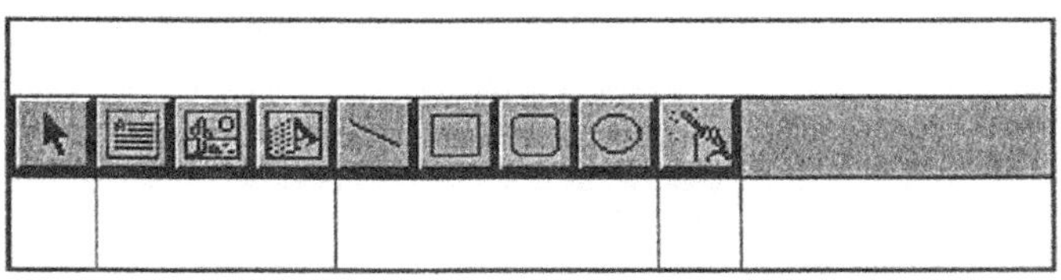

*Abb. 5-13 Die **Symbolleiste***

Die **Symbolleiste** läßt sich in Gruppen aufteilen. Die erste Gruppe besteht aus nur einem Symbol, dem Zeiger.

Symbol	Funktion
	Wird verwendet, um ein Objekt auszuwählen

Die zweite Gruppe umfaßt die nächsten drei Symbole. Sie dienen zur Erzeugung der in Publisher notwendigen Rahmen, und zwar:

Symbol	Funktion
	Erzeugt einen Textrahmen
	Erzeugt einen Grafikrahmen
	Erzeugt einen Rahmen für Zierschriften

Gleich daran schließt sich die dritte Gruppe an, die sogenannten 'Malwerkzeuge':

Symbol	Funktion
	Zeichnet eine Linie
	Zeichnet einen Kasten
	Zeichnet einen abgerundeten Kasten
	Zeichnet einen Kreis

Als vierte und letzte Gruppe steht Ihnen ein Assistentsymbol zur Verfügung:

Symbol	Funktion
	Ruft Assistenten für einen Teil der Publikation auf.

Zur Anlage dieser Objekte ist grundsätzlich folgende Vorgehensweise notwendig:

---

1. Durch einen Mausklick das gewünschte Symbol aktivieren. Das Symbol wird dann dunkel hinterlegt.
2. Anschließend die Maus auf dem Arbeitsblatt in Position bringen. Der Mauszeiger wird jetzt als Kreuz (+) dargestellt. Die linke Maustaste drücken und gedrückt halten.
3. Die Maus solange in Richtung Bildschirmmitte ziehen, bis der gewünschte Rahmen die nötige Größe hat.
4. Maustaste wieder loslassen.

Und noch eins haben all diese Objekte gemein: sogenannte Anfasser, sobald das Objekt mittels Mauszeiger erstellt oder ausgewählt wurde:

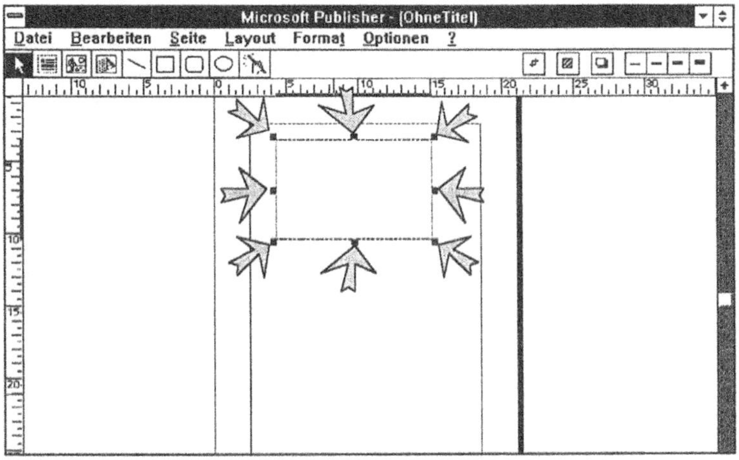

Abb. 5-14 Anfasser, bei ausgewählten Objekten

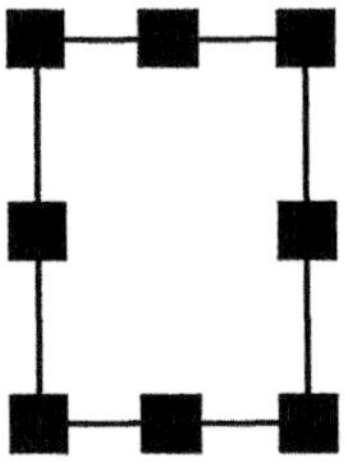

Um zu unterscheiden, welches Objekt denn nun eigentlich das ausgewählte ist, erhält das aktuelle Objekt besagte Anfasser, schwarze 'Blöcke', die das gesamte Objekt umgeben. Das hat gleich einen doppelten Vorteil. Das ausgewählte Objekt ist als solches sofort zu erkennen und kann bearbeitet werden. Die Anfasser können aber vor allem dazu verwendet werden, die Größe des Objekts anzupassen. Je nachdem, welche Anfasser sie verwenden, verbreitern oder verlängern Sie ihr Objekt. Selbstverständlich ist es auch möglich die Größe des Objekts proportional, d. h. sowohl in der Höhe als auch in der Breite zu verändern. Es kommt eben darauf an, auf welchen Anfasser Sie den Mauszeiger plazieren. Betrachten Sie das ausgewählte Objekt noch einmal genau, so wird Ihnen auffallen, daß neben Anfassern in jeder Ecke auch in der Mitte einer jeden Linien zur Verfügung stehen. Wie gesagt, um das Objekt in die gewünschte Größe zu bringen, müssen Sie den richtigen Anfasser erwischen. Aber das ist gar nicht schwer:

Sie wollen das Objekt	Sie verwenden den Anfasser
verlängern oder verkürzen	in der Mitte der oberen oder unteren Linie
verbreitern oder schmaler gestalten	in der Mitte der linken oder rechten Linie
proportional vergrößern oder verkleinern	in irgendeiner Ecke und drücken zusätzlich die Taste UMSCHALTEN

Haben Sie den richtigen Anfasser 'erwischt', erledigt die Maus den Rest. Um ein Objekt zu verkleinern,

1. bewegen Sie den Mauszeiger auf den entsprechenden Anfasser.

2. Dann ZIEHEN Sie die Maus in Richtung Objektmitte.

Um das Objekt zu vergrößern, ZIEHEN Sie die Maus kurzerhand in die andere Richtung. Unterstützt werden Sie bei dieser Aufgabe vom Aussehen des Mauszeigers, der sofort erkennen läßt, wann er bereit ist, die Größenänderung vorzunehmen.

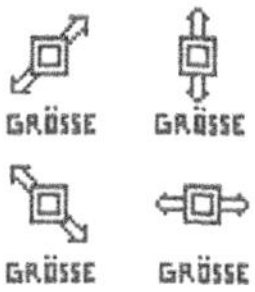

Ihrer vermutlich brennenden Frage, wie man die Objektgröße zentimetergenau festlegen kann, werden wir im nächsten Teilabschnitt auf den Grund gehen.

Das Lineal

Nachdem Sie nun wissen, wie Objekte auf dem Arbeitsblatt untergebracht werden, müssen wir Ihnen natürlich noch verraten, wie Sie ganz bestimmte Größen festlegen. Dabei hilft Ihnen das Lineal. Es befindet sich gleich unter der **Symbolleiste** sowie am linken Bildschirmrand. Damit lassen sich sowohl horizontale als auch vertikale Größen exakt bestimmen. Die Standardeinstellung für das Lineal ist die Zentimetereinteilung, die sich aber selbstverständlich auch in Zoll oder Punkte darstellen läßt. (Wie, erfahren Sie im Abschnitt **Individuelle Einstellungen** in **Kapitel 6**.) Wollen Sie beispielsweise einen Grafikrahmen erzeugen, der 5 cm breit und 10 Zentimeter lang ist, gehen Sie so vor:

---

1. KLICKEN Sie zuerst auf das Symbol für den Grafikrahmen.

2. Bringen Sie dann den Mauszeiger auf dem Arbeitsblatt in Position, für unser Beispiel bei Zentimeter Null (0) des horizontalen und vertikalen Lineals. Das Fadenkreuz (+) des Mauszeigers hilft Ihnen bei der Positionierung.

3. Nun ZIEHEN Sie bei gedrückter linker Maustaste die Maus um 10 Zentimeter nach unten. Im Lineal an der linken Bildschirmseite erscheint eine schwarze Linie, an der Sie ablesen können, wieviel Zentimeter Sie die Maus bereits nach unten gezogen haben. Halten Sie unbedingt die linke Maustaste gedrückt.

4. Steht die vertikale Position fest, ZIEHEN Sie nun die Maus um 5 Zentimeter nach rechts. Auch diesmal wird eine schwarze Linie im Lineal gezeichnet, allerdings im horizontalen.

5. Dort angekommen, lassen Sie die Maustaste wieder los.

So einfach geht das in Publisher, es läßt sich alles ablesen. Und so sollte Ihr Grafikrahmen nun angeordnet sein:

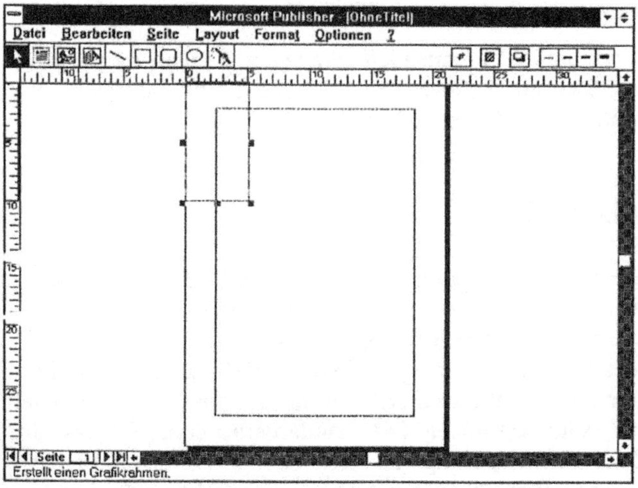

Abb. 5-15 Objekt mit bestimmter Größe

Damit nicht genug, können Sie die Lineale nun auch noch mitten auf ihr Arbeitsblatt ziehen - falls gewünscht - und das sogar unabhängig voneinander oder insgesamt. Zunächst einmal sollten Sie jedoch den Mauszeiger auf das Lineal fahren, um zu sehen, wie dieser sein Aussehen verändert:

Form des Mauszeigers	**Mauszeiger befindet sich**
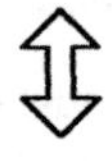	auf dem Lineal unterhalb der Symbolleiste (horizontales Lineal)
	auf dem Lineal am linken Bildschirmrand (vertikales Lineal)
	auf dem Schnittpunkt der beiden Lineale

Wollen Sie nun das obere Lineal weiter in die Bildschirmmitte ziehen, gehen Sie so vor:

1. Zeigen Sie auf das obere Lineal, so daß der Mauszeiger das entsprechende Aussehen annimmt.
2. Drücken Sie die linke Maustaste und halten sie gedrückt, während Sie das Lineal in die Bildschirmmitte ZIEHEN.
3. Dort angekommen, lassen Sie die Maustaste wieder los.

Wünschen Sie nun auch noch das linke Lineal in der Mitte zu positionieren, funktioniert das fast genauso:

1. Zeigen Sie auf das linke Lineal, so daß der Mauszeiger das entsprechende Aussehen annimmt.
2. Drücken Sie die linke Maustaste und halten sie gedrückt, während Sie das Lineal in die Bildschirmmitte ZIEHEN.
3. Dort angekommen, lassen Sie die Maustaste wieder los.

KLICKEN Sie die r e c h t e Maustaste auf dem verschobenen Lineal, um es - nachdem Sie es verschoben haben - wieder auf Null (0) zu stellen.

Ganz so, wie auf einem Reißbrett. Publisher erwartet eben nicht von Ihnen, daß Sie sich an neue Arbeitsweisen gewöhnen, sondern paßt sich Ihren Arbeitsgewohnheiten an. Es ist auch möglich, beide Lineale auf einmal zu bewegen, dazu

1. Zeigen Sie auf den Schnittpunkt der beiden Lineale, so daß auch diesmal der Mauszeiger das entsprechende Aussehen annimmt.
2. Drücken Sie die linke Maustaste und halten sie gedrückt, während Sie beide Lineale in die gewünschte Richtung ZIEHEN.
3. Anschließend lassen Sie die Maustaste wieder los.

Die Statuszeile

Ein weiteres Hilfsmittel Ihres Publisherbildschirms stellt die **Statuszeile** dar. Sie befindet sich ganz am unteren Ende des Publisherfensters. Sie haben die **Statuszeile** schon beäugt, als Sie sich über einen bestimmten Befehl innerhalb der Pull-Down-Menüs genauer informiert haben. Die **Statuszeile** sollten Sie auch in Zukunft nicht aus dem Auge verlieren, denn Sie erklärt in Kurzform, was zu tun ist, wenn beispielsweise ein Symbol der Symbolleiste ausgewählt wurde. Oder wenn ein Objekt von Ihnen ausgewählt wurde, um dessen Größe zu verändern. Alles in allem kann man sie als schnellen Ratgeber immer hinzuziehen. Sie sehen, Publisher läßt Sie einfach nicht im Stich.

Die Bildlaufleiste

Ein ebenso nützliches wie hilfreiches Instrument in Windows-Programmen ist die Bildlaufleiste. Publisher verfügt über eine am rechten sowie eine am unteren (gleich über der Statuszeile) Bildschirmrand. Die Bildlaufleiste kann verwendet werden, um sich horizontal oder vertikal durch die Publikationsseite zu bewegen. Dieser sogenannte Bildlauf kann nur mit der Maus durchgeführt werden. Schauen wir uns die Bildlaufleiste jedoch einmal genauer an:

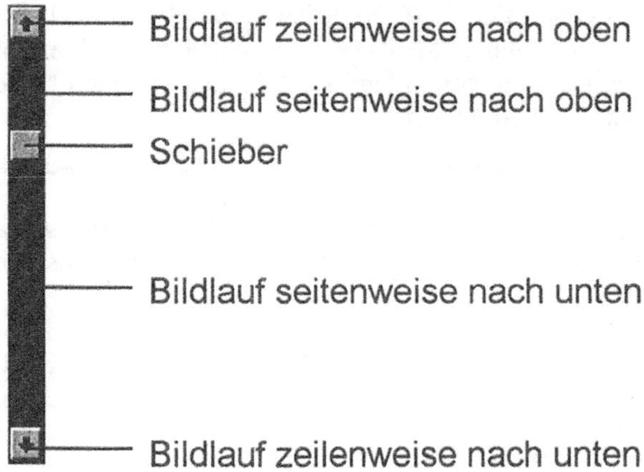

Abb. 5-16 Vertikale Bildlaufleiste

Diese Bildlaufleiste besteht aus einem nach oben und einem nach unten weisenden Pfeil. Dazwischen liegt ein grauer Bereich, in dem sich der Schieber befindet. Gesetzt den Fall. Sie haben für Ihre Publikation eine so große Ansicht gewählt, die eine vollständige Anzeige derselben auf der Bildschirmseite nicht mehr erlaubt. Nun benötigen Sie diese Ansicht aber, da Sie Detailarbeiten durchführen, zum Beispiel so:

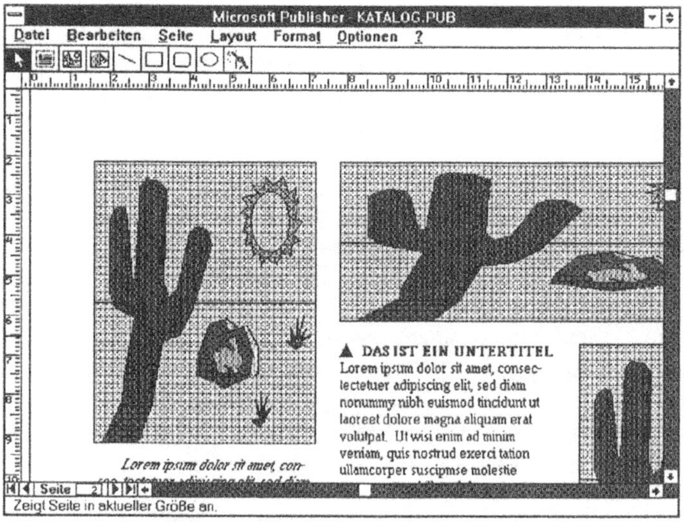

Abb. 5-17 Originalgröße der Publikation

Was tun, um den derzeit nicht angezeigten Teil der Publikation am Bildschirm einzublenden? Nicht verzagen, Bildlaufleiste fragen! Um den nicht sichtbaren unteren Teil Ihrer Publikation sichtbar zu machen, zeigen Sie mit dem Mauszeiger auf den unteren abwärtsweisenden Pfeil (🡇) und verwenden die linke Maustaste wie folgt:

Mausaktion	Bildschirmaktion
KLICKEN	Zeilenweises Blättern
Maustaste festhalten	Bildlauf

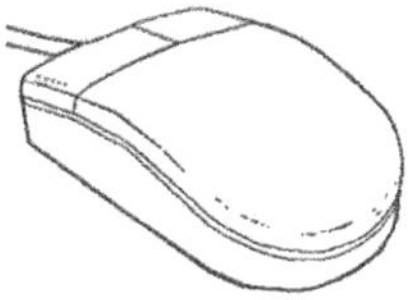

Wollen Sie in die andere Richtung blättern, verwenden Sie einfach den aufwärtsweisenden Pfeil (🡅), um die zuvor beschriebenen Mausaktionen durchzuführen. Eine weitere Möglichkeit, sich mit der Maus durch den Text zu bewegen, bietet der Schieber an:

1. Zeigen Sie auf den Schieber.

2. ZIEHEN Sie den Schieber dann nach oben bzw. nach unten, abhängig davon, wohin Sie blättern wollen.

Befindet sich der Schieber am oberen Ende der Bildlaufleiste, so wird der Anfang der aktuellen Seite angezeigt. Bewegen Sie den Schieber in die Mitte, können Sie den Mittelteil der aktuellen Seite einsehen. Am Ende der Bildlaufleiste angekommen, zeigt Publisher dann ordnungsgemäß das Ende dieser Seite an.

Eine dritte und letzte Möglichkeit hält der Mausklick mitten in die Bildlaufleiste für Sie bereit. Abhängig davon, ob Sie den Mauszeiger oberhalb oder unterhalb des Schiebers plazieren, wandern Sie nun durch KLICKEN in der aktuellen Seite um eine Bildschirmseite nach oben bzw. nach unten. Hieran ist deutlich zu erkennen, daß Publisher einen Unterschied macht zwischen der tatsächlich gedruckten Seite und der am Schirm angezeigten Bildschirmseite. Ist doch klar: Die gedruckte Seite ist meist so lang, daß sie - sofern Sie diese in Originalgröße darstellen lassen - niemals insgesamt Platz auf der viel kleineren Bildschirmseite findet.

Nachdem Sie nun die Elemente des Publisher-Bildschirms und deren Verwendung kennengelernt haben, sollen Sie im nächsten Abschnitt erfahren, wie Sie die Bedienerhilfe einsetzen können, wenn sich während der Arbeit einmal Fragen ergeben.

Die Hilfefunktion

Publisher bietet eine umfangreiche, für den Anwender leicht verständliche Hilfe an. Wenn also mal etwas nicht gleich funktioniert, weiß die Bedienerhilfe Rat. Sie kann auf zwei Arten genutzt werden: Als allgemeines Nachschlagewerk oder bezogen auf ein ganz bestimmtes Problem.

Beschäftigen wir uns jedoch zunächst mit der allgemeinen Hilfestellung. Sollte während der Arbeit mit Publisher eine Aufgabe einmal ein großes Fragezeichen entstehen lassen, sorgt das Fragezeichen-Menü für Hilfe. Öffnen Sie dieses Menü, erhalten Sie einen ersten Eindruck von den angebotenen Hilfebefehlen.

Abb. 5-18 Das Hilfe-Menü

Da ist zunächst einmal der Punkt [Hilfe benutzen]. Er informiert Sie ganz genau, wie die Bedienerhilfe eingesetzt wird. Wählen Sie diesen Befehl aus, erhalten Sie die Hilfetexte zur Publisher-Hilfe:

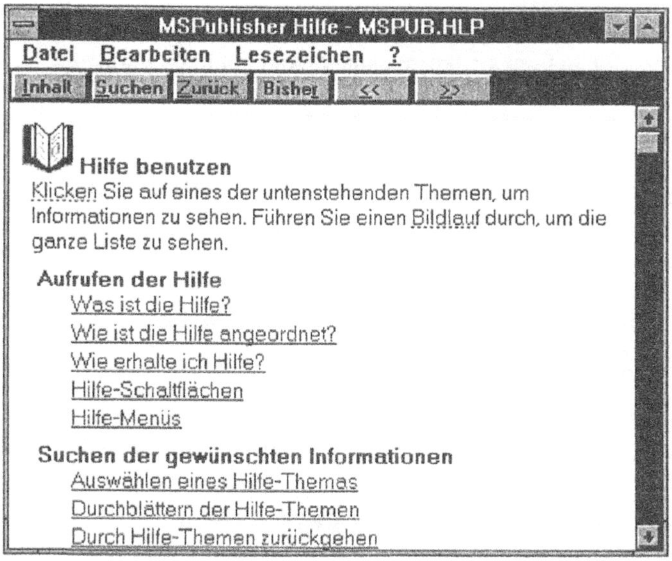

Abb. 5-19 Publisher-Hilfetext

Sollte Ihr Hilfebildschirm geringfügig anders aussehen, so arbeiten Sie vermutlich noch unter Windows in der Version 3.0.

Der Hilfebildschirm hat - wie jedes Windows-Fenster - zunächst eine **Titelzeile**. Hier steht geschrieben, in welchem Hilfetext Sie sich befinden. Da Sie mit Publisher arbeiten, ist dort **MSPublisher-Hilfe** eingetragen. An die **Titelzeile** schließt sich dann eine **Menüleiste** an, über die Befehle ausgewählt werden können, um beispielsweise ein bestimmtes Hilfethema zu drucken. Wieder darunter befindet sich eine Leiste mit Schaltflächen. Sie helfen Ihnen, sich schnell und zuverlässig in der Hilfe zu bewegen. Der gesamte übrige Bildschirmbereich ist dem Hilfetext gewidmet.

Wie die meisten Windows-Fenster verfügt auch das Hilfefenster über eine Bildlaufleiste am rechten Fensterrand. Auch im Hilfefenster wird sie dazu verwendet Texte einzublenden, die derzeit weiter unten im Fenster stehen. Darüber hinaus gibt es einige Textstellen, die entweder unterstrichen oder gebrochen unterstrichen sind. Die gebrochen unterstrichenen Textstellen liefern weitere Informationen zu dem jeweiligen Begriff. Um diese abzurufen,

1. zeigen Sie auf die Textstelle. Der Mauszeiger verwandelt sich in eine Hand.

2. Anschließend KLICKEN Sie einmal die linke Maustaste.

Eine Box informiert Sie jetzt genauer zu dem Begriff. Um die Informationsbox zu schließen, reicht es aus, irgendwo außerhalb der Box einen Mausklick auszulösen.

> Arbeiten Sie noch unter Windows 3.0, müssen Sie die linke Maustaste gedrückt halten, da die Informationsbox ansonsten sofort wieder zuklappt.

Die durchgehend unterstrichenen Textstellen verzweigen in ein Unterthema. Um dieses Unterthema abzurufen, gehen Sie wie folgt vor:

1. Zeigen Sie auf die Textstelle. Der Mauszeiger verwandelt sich in eine Hand.

2. Anschließend KLICKEN Sie einmal die linke Maustaste.

Diesmal verzweigen Sie in einen anderen Hilfebildschirm. Ist so etwas einmal versehentlich geschehen, KLICKEN Sie einfach auf die Schaltfläche **Zurück**. Augenblicklich führt die Hilfe dahin zurück, wo Sie hergekommen sind. In der Regel besteht jedes Hilfethema aus mehreren Hilfebildschirmen. Ein Hilfethema erkennen

Sie an der fett dargestellten Überschrift. Betrachten wir dazu noch einmal den Hilfebildschirm aus der vorherigen Abbildung:

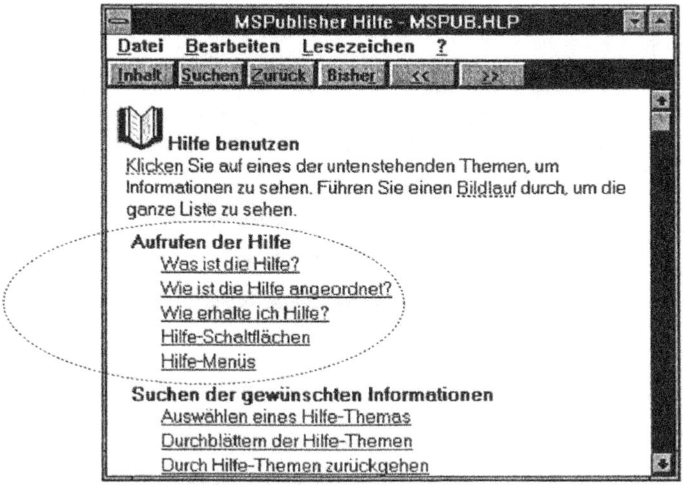

Abb. 5-20 Komponenten eines Hilfethemas

Alle zum Hilfethema 'Aufruf der Hilfe' gehörenden Unterthemen stehen eingerückt unter der Überschrift. Außerdem ist jedes Hilfethema durchgehend unterstrichen, was darauf hinweist, daß in diese Themen von hieraus verzweigt werden kann. Gesetzt den Fall, Sie wollen das gesamte Hilfethema der Reihe nach durcharbeiten. Wie gehen Sie vor?

---

1. Wählen Sie das erste unterstrichene Unterthema durch einen Mausklick, für unser Beispiel: Was ist Hilfe? Sie verzweigen dadurch in dieses Thema und können es nun durchlesen.

2. Anschließend möchten Sie das nächste Unterthema, hier: Wie ist die Hilfe angeordnet? durchlesen. Um nicht wieder zum Ausgangsbildschirm zurückkehren zu müssen, ermöglicht Ihnen der Schalter jetzt direkt das nächste  Unterthema anzusteuern.

Haben Sie im Eifer des Gefechts einmal zu weit 'gespult', verwenden Sie den Schalter , um sich themenweise zurückzubewegen.

Möglicherweise müssen Sie ein zuvor erarbeitetes Thema noch einmal durchlesen. Wie finden Sie es wieder? Solange Sie die Hilfe nicht zwischendurch verlassen haben, ganz einfach:

---

1. KLICKEN Sie die Schaltfläche **Bisher**. Die Hilfe zeigt nun ein weiteres kleines Fenster an, das alle Hilfethemen, die Sie seit Öffnen der Hilfe gelesen haben, auflistet:

Abb. 5-21 Fenster Bisherige Hilfethemen

2. Wählen Sie das gewünschte Hilfethema durch einen Mausklick.

Automatisch führt Sie die Bedienerhilfe zurück in diesen Hilfetext. Das heißt allerdings nicht, daß Sie ein Thema nur dann schnell wieder finden können, solange die Hilfe noch geöffnet ist. Womöglich hegen Sie den Wunsch ein Hilfethema, über das Sie sich gerade informiert haben, beim nächsten Aufruf der Hilfe schnell wiederzufinden. Ihr Wunsch ist der Publisher-Hilfe Befehl. Legen Sie einfach ein Lesezeichen ein. Genau so wie in ein Buch, um die zuletzt gelesene Seite schnell wieder zu finden. Der Menüpunkt [Lesezeichen] unterstützt Sie dabei:

---

1. Öffnen Sie das Menü [Lesezeichen], um ein Lesezeichen zu [Definieren...]:

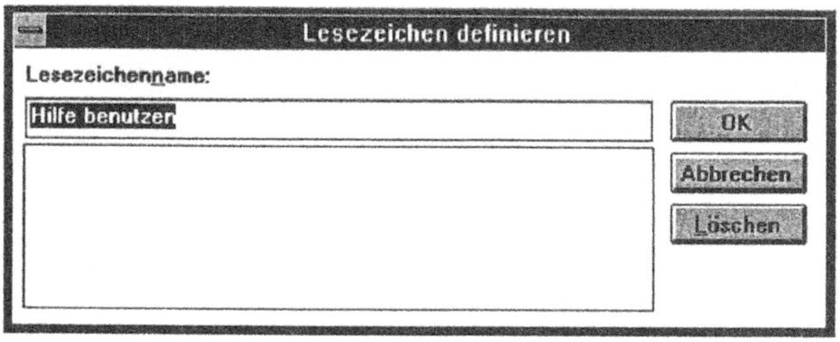

Abb. 5-22 Lesezeichen-Dialog

2. Im Feld **Lesezeichenname** wird automatisch die Überschrift des Hilfethemas angeboten. Gefällt Ihnen dieser Name nicht, tragen Sie einfach einen eigenen ein.

3. Anschließend bestätigen Sie die Dialogbox mit **OK** oder RETURN.

Ihr Lesezeichen ist damit angelegt. Öffnen Sie nun noch einmal das Menü [Lesezeichen], finden Sie Ihr Lesezeichen als Menüpunkt wieder, der ausgewählt werden kann. Dieses Lesezeichen bleibt solange erhalten, bis Sie es irgendwann wieder löschen. Es wird nicht gelöscht, wenn Sie die Bedienerhilfe schließen. Um ein Lesezeichen zu löschen, rufen Sie die Dialogbox **Lesezeichen definieren** wieder auf, wählen das Lesezeichen aus, das entfernt werden soll und fordern den Löschvorgang über den Schalter **Löschen** an.

Es ist natürlich auch möglich, jederzeit in die Hilfeinhaltsübersicht, den sogenannten Hilfeindex, zu verzweigen. Ein KLICK auf die Schaltfläche **Inhalt** macht's möglich. Schritt für Schritt erhalten Sie nun zu sämtlichen Aufgaben, die sich mit Publisher erledigen lassen, Informationen.

Dieser Bildschirm wird ebenfalls angezeigt, wenn Sie aus dem [?]-Menü den Befehl [Index] wählen.

Bevorzugen Sie allerdings die Suche nach Stichworten, so ist auch daran gedacht. Die Schaltfläche **Suchen** bietet dazu einen Dialog an, in dem die zu suchenden Begriffe eingegeben werden können:

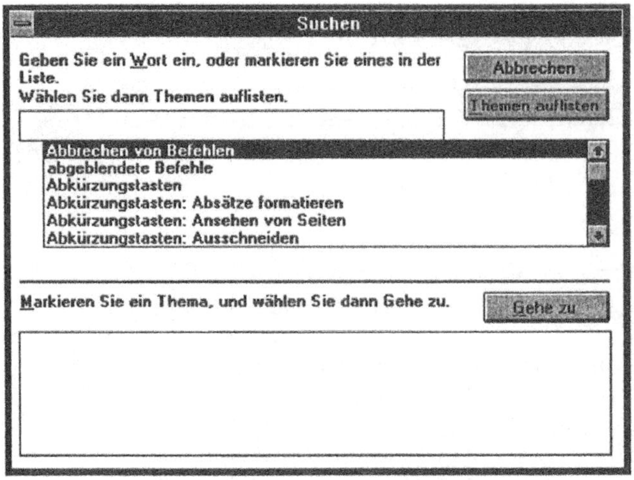

Abb. 5-23 Suchen-Dialog der Bedienerhilfe

Der Cursor steht in dem einzigen Eingabefeld dieses Dialog. Hier geben Sie entweder den Suchbegriff ein, oder Sie wählen ihn aus der darunterliegenden Liste (die übrigens von A - Z sortiert ist) aus. Steht Ihr Suchbegriff fest, verwandelt sich die zunächst graue, nicht wählbare Schaltfläche **Themen auflisten** in eine schwarze. Ein KLICK auf diesen Schalter und im unteren Teil der Dialogbox werden die gefundenen Themen angezeigt, zum Beispiel:

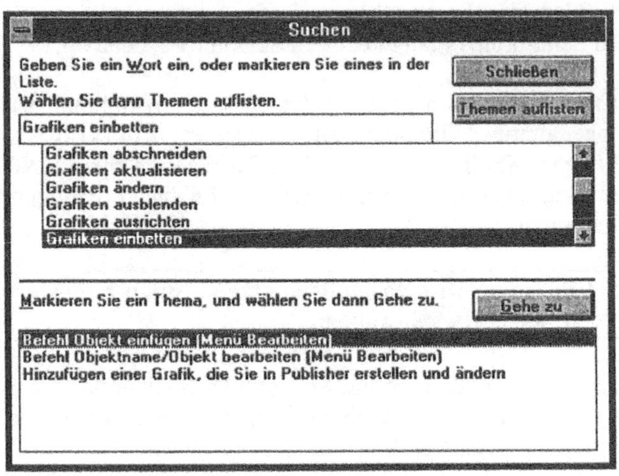

Abb. 5-24 Aufgelistete Hilfethemen

KLICKEN Sie jetzt noch auf das gewünschte Thema und anschließend auf den Schalter **Gehe zu**, werden Sie Schritt für Schritt zu diesem Thema informiert. Möchten Sie das Thema zu Papier bringen,

---

wählen Sie aus dem Menü [Datei] der Bedienerhilfe den Befehl [Thema drucken].

Sorgen Sie dafür, daß der Drucker eingeschaltet und auch ONLINE ist, denn Sie erhalten bei diesem Befehl keinen weiteren Dialog. Das Thema wird sofort zum Ausdruck geschickt.

Nachdem Sie sich rundrum informiert haben, können Sie die Hilfe jederzeit über den Befehl [Beenden] des [Datei]-Menüs verlassen. Damit wissen Sie nun, wie Sie sich innerhalb der Bedienerhilfe bewegen. Das [?]-Menü gibt Ihnen allerdings auch die Möglichkeit, Hilfe speziell für die Tastatur anzufordern. Wünschen Sie diese Art von Unterstützung, so

---

wählen Sie den Befehl [Abkürzungstasten] aus dem [?]-Menü:

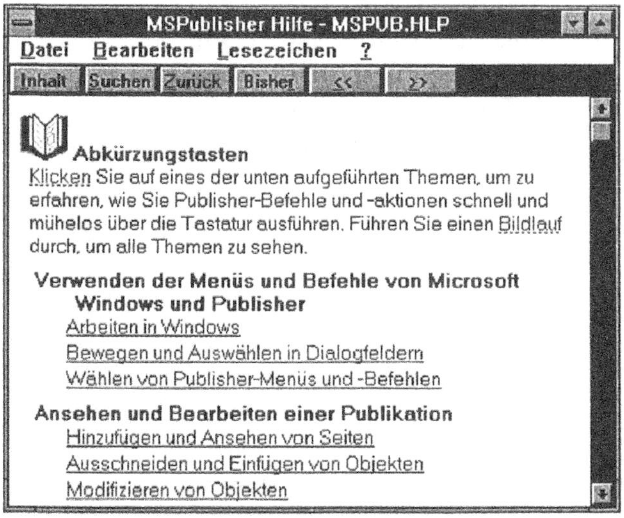

Abb. 5-25 Hilfe zur Tastatur

Die Verwendung der Hilfe erfolgt wie zuvor beschrieben. Sie steigen nur in ein ganz bestimmtes Hilfethema ein. Zu guter Letzt sei noch erwähnt, daß Sie über den Befehl [Info...] des [?]-Menüs erfahren können, mit welcher Version von Publisher Sie derzeit arbeiten:

Abb. 5-26 Publisher-Info

Neben dem Hilfemenü bietet Publisher aber auch noch eine kontextsensitive Hilfe an. Diese Hilfestellung bezieht sich explizit auf einen Menüpunkt oder eine Dialogbox. Nehmen wir einmal an, Sie wollen sich in der Hilfe informieren über den Befehl [Grafik abschneiden] aus dem [Format]-Menü:

---

1. **Öffnen Sie das Menü [Format].**

2. **Bewegen Sie sich mit der Taste PFEIL-NACH-UNTEN auf den Befehl [Grafik abschneiden].**

3. **Betätigen Sie einmal die Funktionstaste F1:**

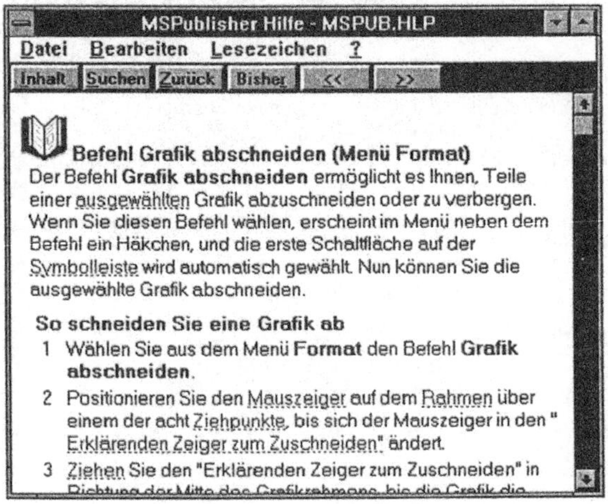

Abb. 5-27 Problembezogene Hilfe in Pull-Down-Menüs

Ohne lange in der Hilfe suchen zu müssen, erhalten Sie sofort alle Informationen zum Befehl [Grafik abschneiden]. Was für Befehle gilt, gilt selbstverständlich auch für Dialogboxen. Diesmal setzen wir den Fall, Sie hätten eine Frage zur **Drucken**-Dialogbox:

1. Öffnen Sie das Menü [Datei] in Publisher.

2. Wählen Sie [Drucken...], um den **Drucken**-Dialog anzuzeigen.

3. KLICKEN Sie einmal mit der linken Maustaste auf die Schaltfläche, die mit einem Fragezeichen (?) beschriftet ist:

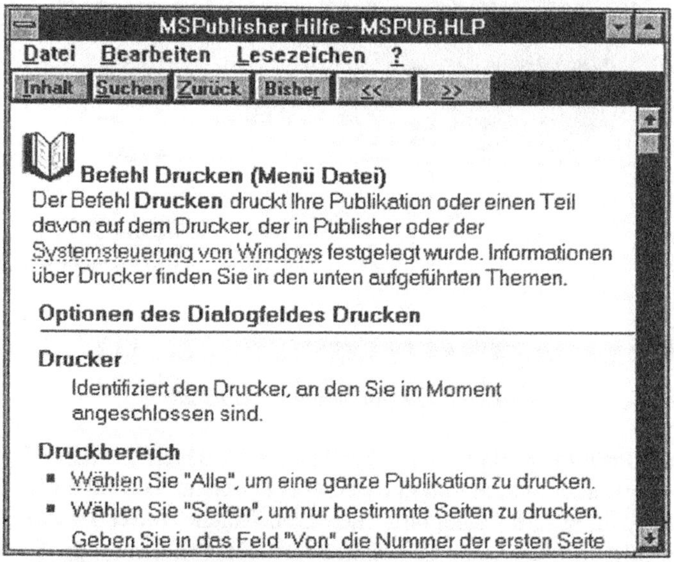

*Abb. 5-28 Problembezogene Hilfe zur Dialogbox **Drucken***

Auch diesmal verzweigt die Hilfe sofort in das entsprechende Hilfethema. Stecken Sie also demnächst einmal in einer Dialogbox fest und wissen überhaupt nicht mehr, was die Eingabefelder bzw. Listen und Knöpfe zu bedeuten haben, fordern Sie kurzerhand Hilfe über den **?**-Schalter an. So gerüstet, steht der Arbeit mit Publisher nun nichts mehr im Wege. Einen ersten Überblick zum Einstieg in die Publikationsgestaltung hält die Publisher-Einführung für Sie bereit, die Sie im nächsten Teilabschnitt kennenlernen werden.

Einführung in Publisher

Einen Menüpunkt des [?]-Menüs haben Sie noch nicht kennengelernt, die [Einführung in Publisher...]. Wählen Sie diesen Punkt aus, meldet sich ein Lernprogramm, das ähnlich arbeitet wie die Assistenten, die Sie bereits in **Kapitel 4** kennengelernt haben:

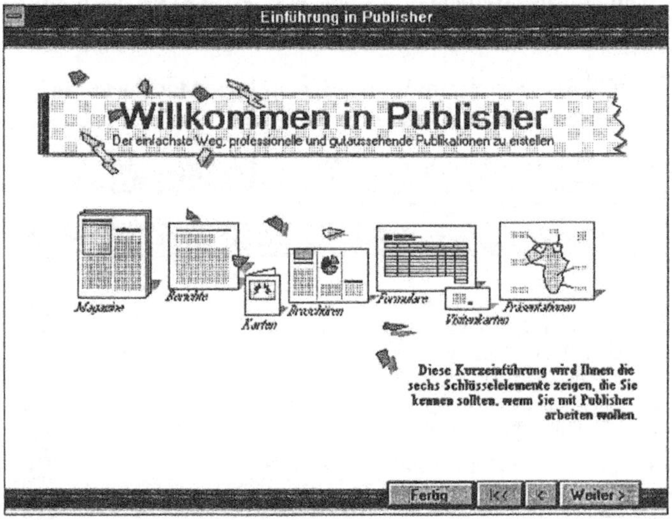

Abb. 5-29 Einführung in Publisher

Diese Einführung klärt ganz grundsätzliche Begriffe. Alle Erklärungen werden textlich und grafisch eingeblendet. Die Schaltflächen erlauben Ihnen die Steuerung. Die Schaltfläche **Weiter>** führt Sie von Bildschirmseite zu Bildschirmseite. Der Schalter < geht eine Bildschirmseite zurück, der Schalter |<< hingegen zum Anfang dieser Einführung. Über die Schaltfläche **Fertig** kann diese jederzeit beendet werden. Auch wir KLICKEN in diesem Kapitel nun auf die 'Schaltfläche Fertig', aber - wie immer -:

HALTEN WIR NOCH EINMAL FEST:

- Sie haben den Bildschirmaufbau von Publisher und damit verbunden die Elemente Titelzeile, Menüleiste, Symbolleiste, Lineal, Statuszeile und Bildlaufleiste sowie deren Handhabung kennengelernt.

- Sie haben Informationen zu den in Windows-Programmen verwendeten Pull-Down-Menüs und Dialogboxen erhalten.

- Sie haben sich mit der Bedienung der Maus in Publisher vertraut gemacht.

- Sie haben Erfahrungen mit der Hilfefunktion gemacht und herausgefunden, daß sich diese als Nachschlagewerk, aber auch für ganz bestimmte Probleme einsetzen läßt.

- Sie haben die Einführung in Publisher aufgerufen und Informationen über wichtige Begriffe erhalten.

6. Eine einseitige Publikation

Überblick

Nun ist es soweit. In diesem Kapitel werden Sie Ihre erste eigene Publikation erstellen: Eine einseitige Einladung, in der zunächst eine Grafik sowie der notwendige Text untergebracht wird. Nachdem Sie Publisher auf Ihre individuellen Anpassungswünsche eingestellt und erfahren haben, welche 'Vorarbeiten' für eine erfolgreiche Publikation zu leisten sind, erhalten Sie Informationen über die zu verwendenden Objekte. Im Anschluß daran geht es um das Erstellen bzw. Importieren von Texten und Grafiken, die auf dem Arbeitsblatt angeordnet werden. Damit die wertvolle Arbeit nicht verloren geht, werden Sie zwei Verfahren zum Speichern Ihrer Eingaben kennenlernen. Und weil Pause auch mal sein muß, verrät Ihnen dieses Kapitel, wie Sie die aktuelle Publikation schließen. Den Abschluß des Kapitels wird das Öffnen bestehender Publikationen sowie den Ausdruck derselben bilden. Viel Spaß!

Individuelle Einstellungen

Die Publikation, die Sie in diesem Kapitel erstellen werden, soll eine einseitige Einladung werden, die später einmal so aussehen soll:

Abb. 6-1 Einseitige Publikation

Doch keine Angst, wir machen selbstverständlich einen Schritt nach dem anderen und deshalb sollte Ihre Publikation am Ende dieses Kapitels folgendes Aussehen haben:

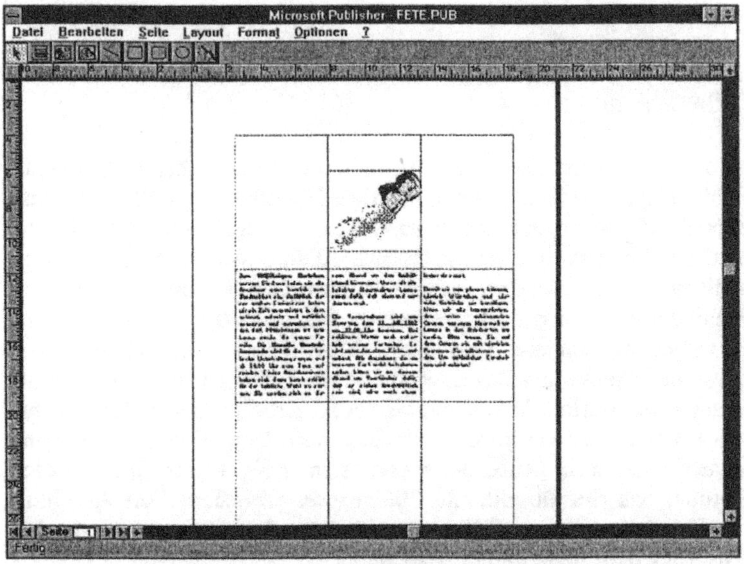

Abb. 6-2 Aussehen der Publikation am Ende des Kapitels

Publikation mit leerer Seite öffnen

Nachdem Sie nun wissen, welche Aufgaben auf Sie zukommen, können wir uns daran machen sie zu lösen. Zunächst öffnen Sie dazu Publisher und wählen eine **Leere Seite**:

---

1. DOPPELKLICK auf das Symbol von Publisher. (Es befindet sich in der Gruppe **Microsoft Produktreihe.**)

2. Im Einstiegsbild wählen Sie **Leere Seite** durch einen Mausklick auf das Symbol:

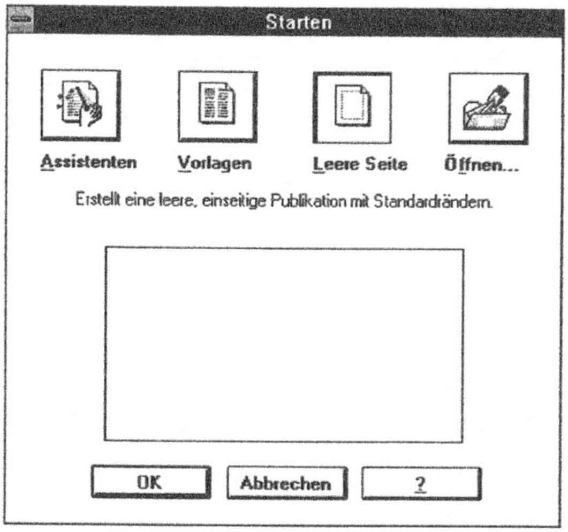

Abb. 6-3 Publisher-Einstiegsbild

3. Bestätigen Sie mit **OK**.

Publisher präsentiert einen Bildschirm mit einer weißen Seite, die nun darauf wartet, von Ihnen gestaltet zu werden:

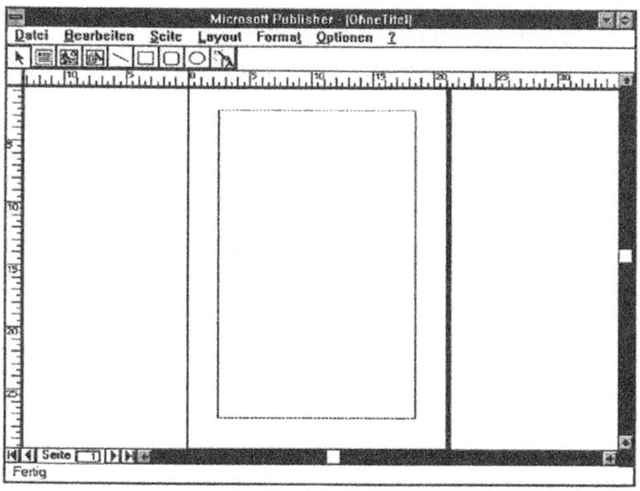

Abb. 6-4 Leere Seite in Publisher

individuelle Einstellung

Bevor es jedoch soweit ist, sollen Sie erfahren, wie Sie individuelle Einstellungen in Publisher vornehmen. Sie können beispielsweise die Maßeinheit festlegen, in der gearbeitet werden soll. Und wenn Sie die Publikation in Zoll statt in Zentimetern bearbeiten wollen, so läßt sich das einstellen. Außerdem legen Sie hier auch die Darstellungsart des Mauszeigers fest. Um diese Einstellungen zu ändern, sind grundsätzlich folgende Eingaben notwendig:

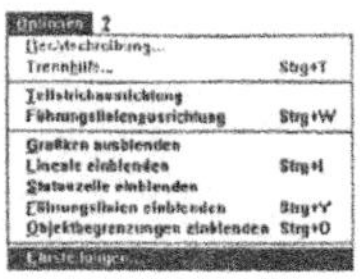

1. Öffnen Sie das Menü [Optionen].
2. Wählen Sie den Befehl [Einstellungen...]:

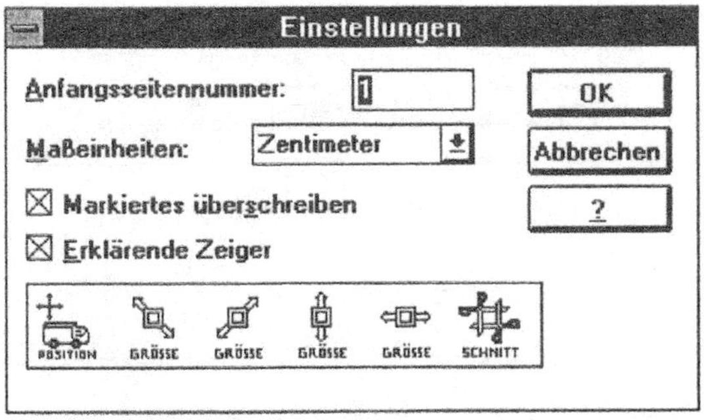

Abb. 6-5 Dialog ***Einstellungen***

3. Treffen Sie Ihre Wahl und bestätigen mit **OK**.

In diesem Dialog können Sie nun ihre grundsätzlichen Einstellungen vornehmen. Ändern Sie diese Werte, bleiben die Änderungen solange erhalten, bis Sie irgendwann den Dialog erneut aufrufen, um die Werte noch einmal zu modifizieren. Darüber hinaus gelten die Modifikationen nicht nur für die aktuelle Publikation, sondern auch für jede weitere, die Sie öffnen werden. Was bedeuten jetzt die Eingaben im einzelnen?

Feldname	Element	Bedeutung
Anfangs-seitennummer	Eingabe-feld	Hier wird die Zahl eingetragen, mit der die Seitennumerierung der Publikationen beginnen soll.

Feldname	Element	Bedeutung
Maßeinheiten	Liste	Vier Maßeinheiten lassen sich einstellen: Zentimeter, Zoll, Pica und Punkte. Dazu KLICKEN Sie auf den abwärtsweisenden Pfeil und zeigen anschließend mit dem Mauszeiger auf das gewünschte Maß. Verwenden Sie lieber die Tastatur, steuern Sie die Liste Maßeinheiten mit der Taste TAB an. Dort angekommen, drücken Sie solange den ersten Buchstaben der gewünschten Maßeinheit, bis diese in der Liste angezeigt wird.
Markiertes überschreiben	Kontroll-kästchen	Haben Sie einen Textbereich markiert und schreiben nun neuen Text in den markierten Bereich, fügt Publisher den hinzugekommenen Text vor den markierten ein, d. h. der markierte Text wird nicht überschrieben. Wünschen Sie jedoch gerade diesen Effekt, KLICKEN Sie in dieses Kontrollkästchen.
Erklärende Zeiger	Kontroll-kästchen	Publisher bietet als Standardeinstellung die 'erklärenden Zeiger' an. Arbeiten Sie allerdings lieber mit den 'ganz normalen' Zeigern, deaktivieren Sie dieses Kontrollkästchen durch einen Mausklick. Augenblicklich verändern die Zeiger ihr Aussehen:

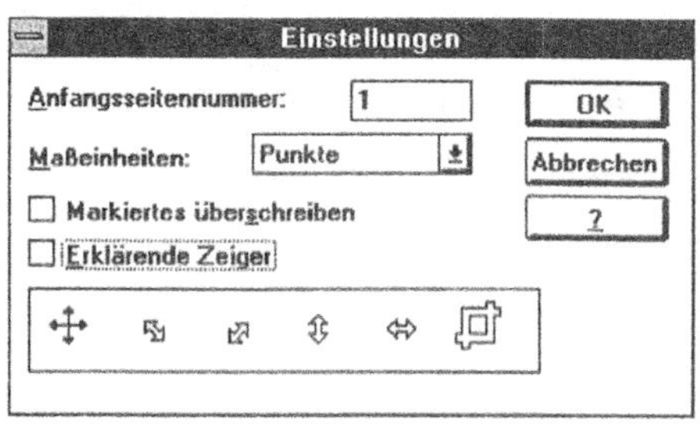

Abb. 6-6 Normale Mauszeiger

> Denken Sie daran, daß die Schaltfläche **?** jederzeit Hilfe zum gewählten Dialog anbietet. Ein Mausklick auf diesen Schalter und die Zusatzinformationen eröffnen sich.

Bildschirm-Optionen

Neben diesen generellen Einstellungen können Sie entscheiden, welche Elemente des Publisher-Fensters angezeigt werden sollen. An die Bildschirmelemente von Publisher erinnern Sie sich vermutlich bestens, denn diese haben Sie im vorangegangenen Kapitel in aller Ausführlichkeit kennengelernt. Nun sollen Sie erfahren, welche dieser Bildschirmelemente sich ausschalten lassen, um mehr Platz für die Publikation zu erhalten. Auch diese Anweisungen erteilen Sie über den Menüpunkt [Optionen]:

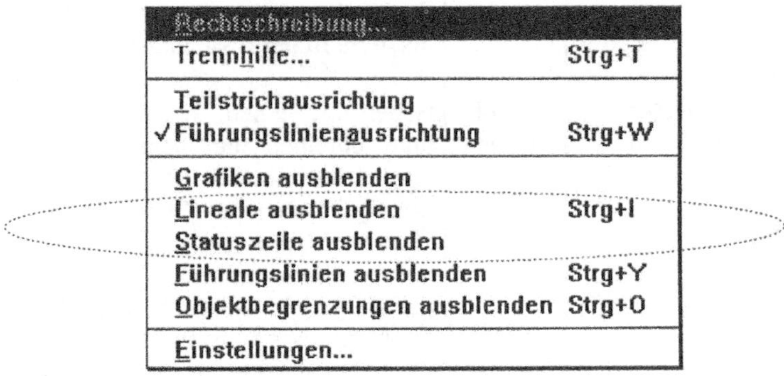

Abb. 6-7 Menü [Optionen]

Hier finden sich zwei Befehle, die es Ihnen erlauben, das Lineal wie auch die Statuszeile abzuschalten. Wollen (und können!) Sie beispielsweise auf die Statuszeile verzichten, wählen Sie wie folgt:

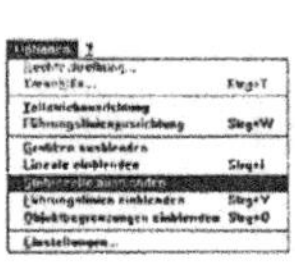

1. Öffnen Sie das Menü [Optionen].

2. Wählen Sie [Statuszeile ausblenden].

Da dieser Befehl keine Fortführungspunkte (...) hat, passiert auch sofort etwas, nachdem er ausgewählt wurde. Genauer gesagt passieren zwei Dinge:

Die Statuszeile wird vom Bildschirm entfernt.
Der Befehl [Statuszeile ausblenden] wurde zu [Statuszeile einblenden].

Sollte Ihnen also die Statuszeile doch fehlen, so kann sie nun über [Optionen/Statuszeile einblenden] wieder sichtbar gemacht werden. Gleiches gilt für die Lineale.

Diese Technik trifft auf alle Befehle zu, die es erlauben, gewisse Elemente (wie beispielsweise die Statuszeile oder die Lineale) auszublenden. Über den im [Optionen]-Menü angezeigten Befehl kann das Element entweder ausgeblendet (sofern es sichtbar ist) oder eingeblendet (sofern es nicht sichtbar ist) werden.

Die Publikation einrichten

Haben Sie Publisher Ihre individuellen Einrichtungswünsche bekannt gegeben, machen Sie sich nun daran, die leere Seite zu gestalten. Bevor Sie Texte und Grafiken anordnen, muß die Seite eingerichtet werden:

Seite einrichten

1. Öffnen Sie das Menü [Seite].

2. Wählen Sie [Seite einrichten...]:

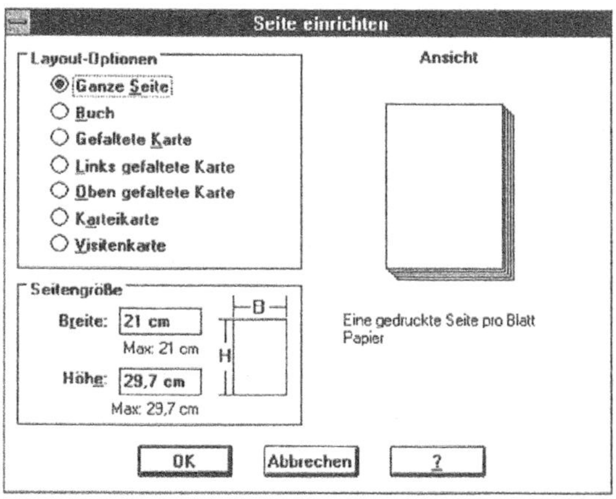

Abb. 6-8 Dialog ***Seite einrichten***

3. Treffen Sie Ihre Wahl und bestätigen mit **OK**.

Über die **Layout-Optionen** legen Sie fest, welche Art von Publikation Sie erstellen wollen. Rechts neben den **Layout-Optionen** können Sie die gewählte **Ansicht** mitverfolgen. Hier wird je nach Option die Musterseite in der Vorschau angezeigt. Ein erklärender Text unterhalb informiert Sie, was auf der gewählten Seite untergebracht werden kann. Die erforderlichen Seitengrößen werden dabei in der zuvor von Ihnen festgelegten Maßeinheit unterhalb der **Layout-Optionen** im Feld **Seitengröße** eingetragen. Sehen Sie sich beispielsweise die Musterseite und deren Seitengrößen für eine Visitenkarte an:

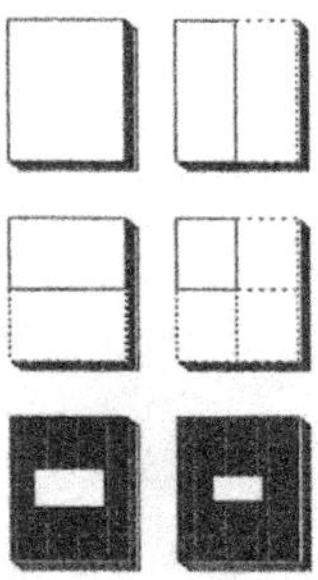

1. KLICKEN Sie in die Layout-Option **Visitenkarte**:

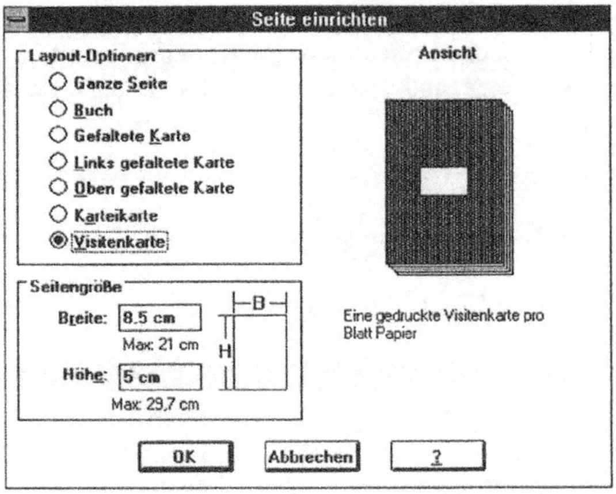

Abb. 6-9 Seiteneinrichtung für Visitenkarte

2. Sehen Sie sich in der **Ansicht** die Musterseite sowie in der **Seitengröße** die vorgeschlagenen Maße für eine Visitenkarte an.

Abhängig davon, was Sie 'layouten' wollen, bietet Publisher hier die Möglichkeit erste grundsätzliche Kriterien festzulegen. Eine **Ganze Seite** benötigen Sie beispielsweise für Flugblätter, Zeitungen, Prospekte und Berichte. Sollten Sie ein Buch mit Publisher setzen wollen, KLICKEN Sie auf den dafür vorgesehenen Optionsschalter. Um Einladungskarten zu gestalten, eignen sich die Optionen **Gefaltete Karte**, **Links gefaltete Karte** und **Oben gefaltete Karte** hervorragend. Es ist allerdings zu beachten, daß sowohl bei Büchern als auch bei Karten mehrere Bildschirmseiten erforderlich sind, um die gewünschte Publikation (Buch oder Karte) zu gestalten. (Weitere Informationen zum Verarbeiten von mehrseitigen Publikationen erhalten Sie in **Kapitel 8**.) Selbstverständlich eignet sich eine **Karteikarte** ebenfalls als Einladungskarte, aber auch als Anzeige (z. B. Autoverkauf), die sich mühelos an 'einschlägigen' Pinnwänden anheften läßt. Na und wofür Sie eine **Visitenkarte** benötigen, wissen Sie selbst am allerbesten. Die Visitenkarte soll dem Empfänger einerseits Information bieten (Ihren Namen, Telefonnummer, Adresse usw.), andererseits aber auch an Ihre Person erinnern, also etwas Typisches sein. In diesem Kapitel wollen wir nun ein Flugblatt entwickeln, das die Einladung zu einem Stadtteilfest enthält. Dafür benötigen wir eine **Ganze Seite**.

---

1. KLICKEN Sie auf die Option **Ganze Seite**.

2. Anschließend KLICKEN Sie auf **OK**.

Führungslinien

Damit ist die Seite eingerichtet. Legen Sie nun die Seitenränder sowie erforderliche Führungslinien fest. Führungslinien helfen, die 'riesige' weiße Seite in einzelne Zonen zu unterteilen. Das können Spalten...

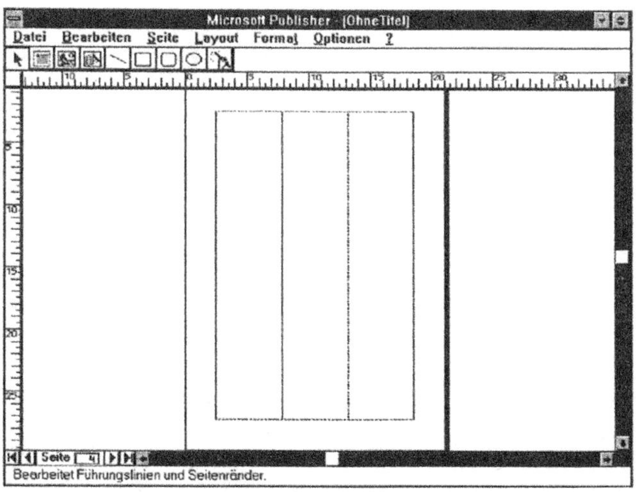

Abb. 6-10 Führungslinien für Spalten

... oder Zeilen sein:

Zeilen Führungslinien

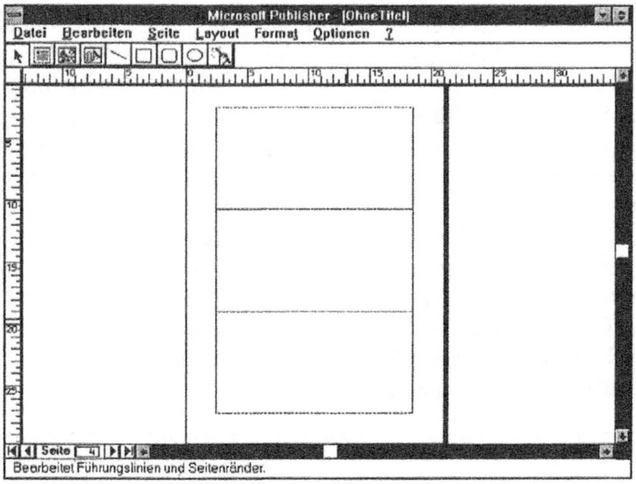

Abb. 6-11 Führungslinien für Zeilen

Das kann aber auch beides sein:

Spalten und Zeilen Führungslinien

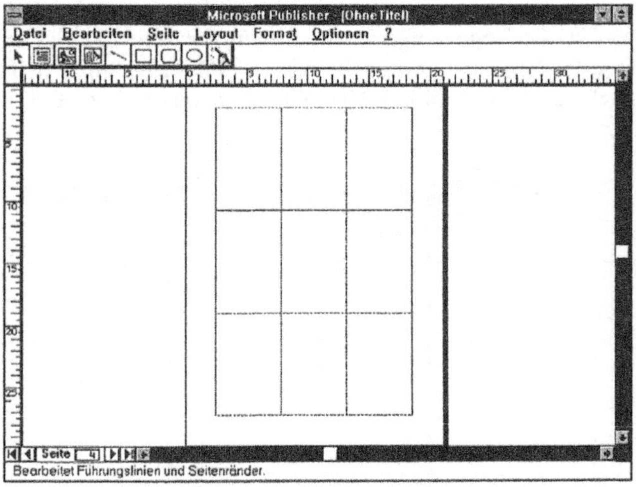

Abb. 6-12 Führungslinien für Spalten und Zeilen

Sie werden bei Ihrer Arbeit mit Publisher feststellen, daß diese Führungslinien Ihnen das 'Gestaltungsleben' ganz schön erleichtern. Sie gewinnen so einen besseren Überblick über die Seite und können ganz gezielt bestimmte Objekte in bestimmte Zonen plazieren. Für unsere Publikation benötigen wir Führungslinien sowohl für Spalten als auch für Zeilen:

Führungslinien und Seitenränder...

1. Öffnen Sie das Menü [Layout].

2. Wählen Sie [Führungslinien und Seitenränder...]:

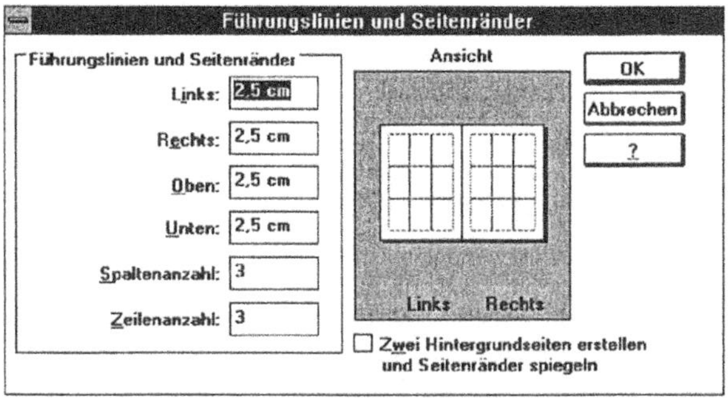

Abb. 6-13 Dialog ***Führungslinien und Seitenränder***

3. Treffen Sie Ihre Wahl und bestätigen mit **OK**.

Wie zuvor im Dialog **Seite einrichten**, finden Sie die Auswahlen wieder links im Dialogfeld. Rechts daneben die **Ansicht**, die in diesem Fall eine Vorschau auf die gewählten Ränder sowie Führungslinien bietet.

Führungslinien und Seitenränder werden durch Einträge in die entsprechenden Eingabefelder festgelegt. Bedrucken Sie beispielsweise Papier, auf dem bereits am oberen Rand ein Logo gedruckt ist, ist es meistens erforderlich den oberen Rand zu verändern. Zu diesem Zweck nehmen Sie ein Lineal zur Hand und messen den Bereich zwischen der oberen Papierkante und der Weißfläche unterhalb des Logos, in die gedruckt werden darf. Die so ermittelte Angabe tragen Sie in das Eingabefeld **Oben** ein.

Auch hier richtet sich die angezeigte Maßangabe nach den von Ihnen eingestellten Werten unter [Optionen/Einstellungen...].

Um beispielsweise den oberen Rand auf 4 Zentimeter zu verändern und diese Änderung in der **Ansicht** angezeigt zu bekommen, gehen Sie so vor:

Rand ändern

1. KLICKEN Sie in das Eingabefeld **Oben** und entfernen dessen Inhalt über die Taste ENTF, wenn der Cursor v o r den zu löschenden Zeichen steht oder RÜCK, sofern er sich d a h i n t e r befindet. Selbstverständlich läßt sich das Eingabefeld auch über die Taste TAB ansteuern.

2. Tragen Sie *4* ein.

3. KLICKEN Sie in irgendein anderes Eingabefeld oder steuern das nächste Feld mit der Taste TAB an. Augenblicklich zeigt der **Ansicht**-Monitor den veränderten oberen Rand an.

3 x 3

4. Legen Sie nun noch sowohl *3* Spalten als auch *3* Zeilen fest.

5. Bestätigen Sie mit **OK**.

Ihre Publikation sollte jetzt über eine Einteilung in drei Spalten und drei Zeilen verfügen. Auf der leeren Seite ist dies an blauen Linien zu erkennen, vorausgesetzt Sie arbeiten mit einem Farbmonitor. Andernfalls stellen sich diese Linien grau dar. Außerdem haben Sie den Abstand zur oberen Papierkante auf 4 Zentimeter gesetzt. Die magentafarbenen Linien zeichnen den Satzspiegel in Ihre Seite ein, die oberen und unteren, sowie linken und rechten Ränder also:

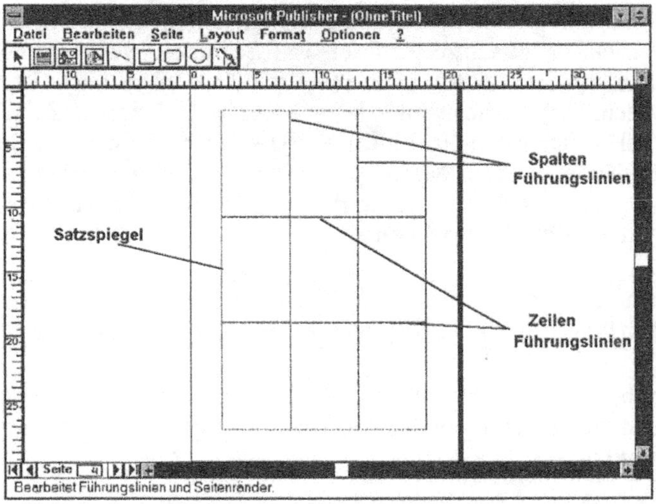

Abb. 6-14 Satzspiegel und Führungslinien der Publikation

Damit haben Sie die Publikation eingerichtet und können nun damit beginnen, die benötigten Objekte zu plazieren.

Objekte, Objekte

Gehen wir also der Frage auf den Grund, was Objekte sind und wie sie auf die leere Seite kommen. Wir sollten uns dazu noch einmal verdeutlichen, wie Publikationen erstellt wurden, als es noch keine Computer gab:

Man nehme ein leeres weißes Blatt. Außerdem schneide man die Texte und Grafiken sowie die plakativen Überschriften (z. B. aus Zeitungen), aus denen die Publikation bestehen soll, aus. So gerüstet, geht es auch schon daran, diese 'Schnipsel', die wir übrigens heute Objekte nennen, auf dem weißen Blatt aufzukleben. Natürlich benötigen Sie nun noch einen Klebestift und ein Lineal. Zentimetergenau werden also die Teilstücke der Publikation auf der Seite aufgeklebt. Ist das geschehen, kann die Publikation noch verfeinert werden. Möglicherweise benötigen einige Überschriften Rahmen. Dazu muß ein Bleistift her und natürlich wieder das Lineal. Die Strichstärke der Rahmen beeinflussen Sie dadurch, daß Sie entsprechend oft über ein und dieselbe Stelle 'malen'.

Abb. 6-14 Objekte einer Publikation

Instrumente

Auch Publisher verwendet Objekte zur Gestaltung der Publikation. Für jedes Objekt steht ein eigenes Instrument zur Verfügung, sieben an der Zahl:

Instrument	Objekt
	Zeichnet Textrahmen
	Zeichnet Grafikrahmen
	Zeichnet Rahmen für Zierschriften
	Zeichnet Linie
	Zeichnet eckigen Kasten
	Zeichnet abgerundeten Kasten
	Zeichnet Kreis

Objekte plazieren

Im Gegensatz zu früher benötigen Sie in Publisher keinen Klebestift mehr, sondern lediglich Ihre Maus, die Ihnen dabei behilflich ist, die Objekte an die richtigen Stellen zu 'kleben'. Das Plazieren von Objekten ist kinderleicht. Trauen Sie sich ruhig einmal ein Grafikobjekt auf der Seite unterzubringen:

1. KLICKEN Sie auf das Grafikinstrument. Es wird nun 'heruntergedrückt' dargestellt. Der Mauszeiger verwandelt sich in ein Kreuz (+).

2. Setzen Sie den Mauszeiger auf die leere Seite an den Anfang der Zone, in die der Grafikrahmen untergebracht werden soll. Für unsere Übung setzen Sie ihn in der oberen linken Ecke des Satzspiegels an.

3. Drücken Sie jetzt die linke Maustaste und halten sie gedrückt, während Sie die Maus in Richtung Seitenmitte ZIEHEN. Für unser Beispiel ziehen Sie mit der Maus einen Rahmen, der die erste Zelle ausfüllt.

4. Anschließend lassen Sie die Maustaste wieder los.

So sollte der Grafikrahmen jetzt plaziert sein:

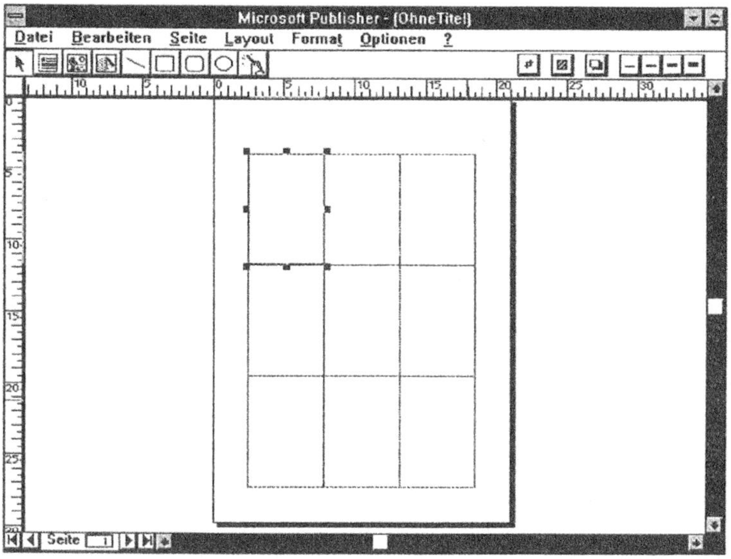

Abb. 6-15 Objekt Grafikrahmen

Objekt wählen

Der Grafikrahmen ist erstellt und damit ein Grafikobjekt eingerichtet. In dieses Objekt kann jetzt eine Grafik geladen werden. Wie Sie das bewerkstelligen, erfahren Sie weiter unten in diesem Kapitel. Jedes Objekt kann nachträglich wieder bearbeitet werden. Einzige Voraussetzung: Das Objekt muß angewählt worden sein. Das ist allerdings denkbar einfach:

---

1. Zeigen Sie in das gewünschte Objekt.

2. KLICKEN Sie die linke Maustaste.

Objektgröße ändern

Das Objekt erhält die Ihnen bereits bekannten Anfasser. Darüber hinaus haben alle Objekte bestimmte Gemeinsamkeiten. So lassen sie sich vergrößern und verkleinern. Wissen Sie noch wie?

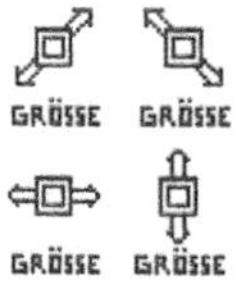

1. Mauszeiger auf den gewünschten Anfasser setzen. Der Mauszeiger ändert sein Aussehen.

2. Linke Maustaste drücken und gedrückt halten, während die Maus in die gewünschte Richtung gezogen wird.

Objekt verschieben

Bravo! Doch damit nicht genug, lassen sich Objekte natürlich auch verschieben. Wir wollen nun unseren Objektrahmen eine Zeile tiefer plazieren:

1. Bringen Sie den Mauszeiger auf einer der vier Linien des Objektrahmens in Position. Achten Sie jedoch darauf, daß Sie nicht auf einem Anfasser stehen! Der Mauszeiger muß das Aussehen eines Pfeils annehmen, der in vier Richtungen weist. Haben Sie im Menü [Optionen/Einstellungen...] die erklärenden Mauszeiger gewählt, wird zusätzlich ein kleiner LKW mit der Beschriftung 'Position' angezeigt.

2. ZIEHEN Sie jetzt die Maus bei gedrückter linker Maustaste an die neue Position. Für unser Beispiel ziehen Sie den Objektrahmen eine Zeile tiefer.

Die neue Position des Objekts ist also diese:

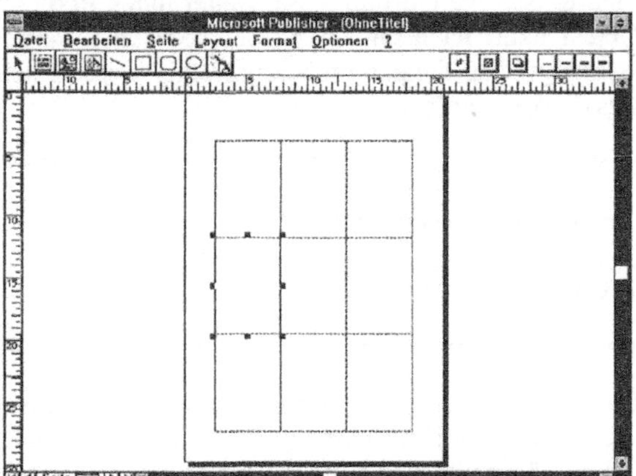

Abb. 6-16 Verschobenes Objekt

Objekt-ausrichtung

Vielleicht haben Sie bemerkt, daß es manchmal gar nicht so leicht ist, das Objekt genau an den Führungslinien auszurichten. Man braucht schon eine ruhige Hand. Aber auch dabei können Sie sich von Publisher - genauer gesagt von dessen Führungslinien - helfen lassen. Eine Aufgabe von Führungslinien haben Sie bereits kennengelernt: Führungslinien unterteilen die leere Seite in Zonen, in die die einzelnen Objekte angeordnet werden. Führungslinien können aber noch viel mehr für Sie tun. Beipielsweise können Sie Publisher veranlassen, die anzuordnenden Objekte an den Führungslinien auszurichten:

---

1. Öffnen Sie das Menü [Optionen].

2. Wählen Sie [Führungslinienausrichtung].

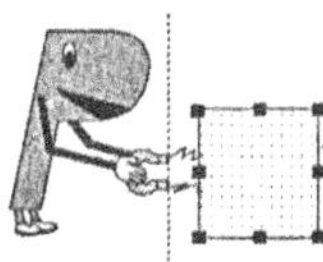

Diese Einstellung sorgt dafür, daß Ihre Objekte von den Führungslinien - im wahrsten Sinne des Wortes - 'magnetisch' angezogen werden. Immer dann, wenn Sie mit Ihrem Objekt in die Nähe einer Führungslinie kommen, wird das Objekt an die Führungslinie herangezogen, um das Positionieren zu erleichtern. Nachdem Sie die Führungslinienausrichtung eingeschaltet haben, verschieben Sie das Objekt ein Feld weiter nach rechts. Das Objekt sollte so auf der Seite angeordnet sein:

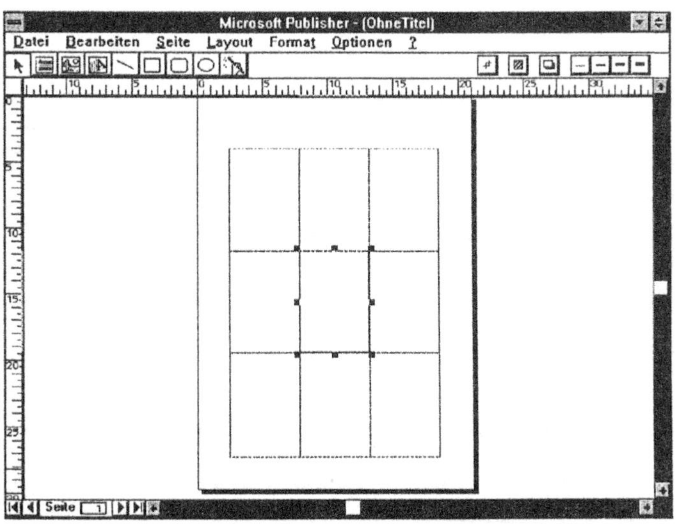

Abb. 6-17 Objekt an Führungslinien ausgerichtet

Na, was sagen Sie? Um eine noch feinere Rasterung beim Ausrichten von Objekten zu erhalten, erlaubt Publisher sogar die Ausrichtung an den Teilstrichen des Lineals:

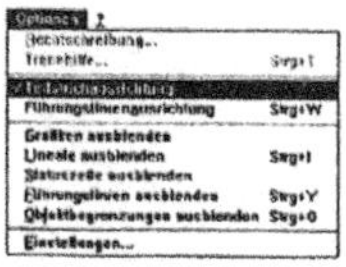

1. Öffnen Sie das Menü [Optionen].

2. Wählen Sie [Teilstrichausrichtung].

Ein erneutes Verschieben des Objekts nach dieser Einstellung vermittelt einem zunächst den Eindruck, daß das Bewegen nur noch 'ruckartig' vonstatten geht. Exakt so ist es. Publisher orientiert sich jetzt beim Verschieben an den Teilstrichen des Lineals. Ein Anordnen des Objekts zwischen zwei Teilstrichen ist nicht mehr möglich. Dazu muß der Befehl [Teilstrichausrichtung] aus dem Menü [Optionen] wieder abgeschaltet werden:

1. Öffnen Sie das Menü [Optionen]. Der Befehl [Teilstrichausrichtung] hat ein Häkchen erhalten, um anzudeuten, das er aktiv ist.

2. Wählen Sie den Befehl [Teilstrichausrichtung] erneut, um das Häkchen und somit die Wirkung dieses Befehls auszuschalten.

Ein Häkchen vor einem Befehl bedeutet demnach: Der Befehl ist derzeit angewählt. Um einen solchen Befehl abzuschalten, muß er erneut aufgerufen werden. Das Häkchen hat also eine Ein-/Ausschalter-Funktion, zu vergleichen mit einem Lichtschalter.

Eine Ausrichtung kann entweder für die Führungslinien oder für die Teilstriche des Lineals gewählt werden, nicht aber für beides.

Objekt entfernen

Eine weitere Gemeinsamkeit von Objekten besteht darin, daß sich diese natürlich auch wieder entfernen lassen:

1. Aktivieren Sie das Objekt, das entfernt werden soll durch einen Mausklick. In unserem Beispiel soll das Grafikobjekt entfernt werden.

2. Betätigen Sie einmal die Taste ENTF.

Fertig. So einfach ist das Arbeiten mit Publisher-Objekten. Als generelle Regel wollen wir an dieser Stelle festhalten:

Erst das gewünschte Objekt markieren, dann die notwendige Bearbeitung durchführen.

Und eben diese Bearbeitung kann - von den soeben kennengelernten Gemeinsamkeiten einmal abgesehen - je nach gewähltem Objekt Textformatierung, Grafikbearbeitung oder Gestaltung mit Malwerkzeugen bedeuten.

Einbinden von Texten

Sie wissen jetzt, wie Objekte auf der Publikation untergebracht werden. Dieser Abschnitt steht ganz im Zeichen des Textobjekts von Publisher. Im Gegensatz zu Textverarbeitungsprogrammen müssen Sie, um Text aufzunehmen, grundsätzlich zuerst einen Textrahmen einrichten. Dies geschieht mit Hilfe des Textinstruments. Legen Sie bitte zunächst drei Textrahmen für die Publikation fest. So sollen die Textrahmen angeordnet sein:

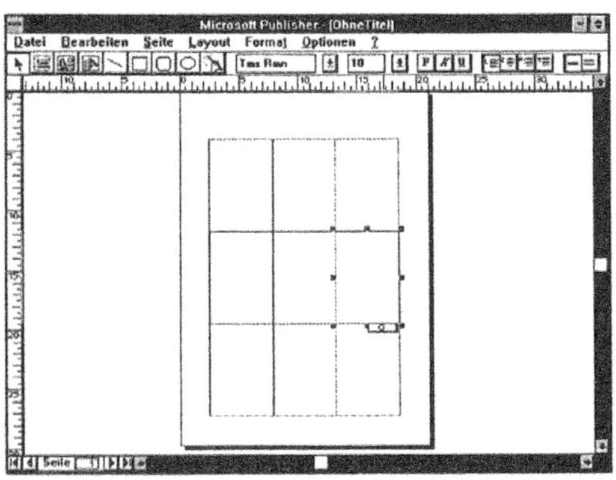

Abb. 6-18 Drei nebeneinander angeordnete Textrahmen

Und so legen Sie die Textrahmen nacheinander fest:

Damit die Positionierung einfacher vonstatten geht, schalten Sie die [Führungslinienausrichtung] aus dem Menü [Optionen] ein.

1. KLICKEN Sie auf das Textinstrument.

2. Ziehen Sie den Textrahmen an der gewünschten Position auf die erforderliche Größe.

3. Anschließend wiederholen Sie die Schritte eins und zwei für die weiteren Textrahmen.

Der dritte Textrahmen ist damit der aktive (zu erkennen an den Anfassern), weil er zuletzt angelegt wurde. Neben den vertrauten Anfassern ist Ihnen sicher ein neues Element nicht verborgen geblieben, eine kleine Raute am rechten unteren Ende des Textrahmens. Diese Raute signalisiert, daß der Text ins Textobjekt paßt, oder mit anderen Worten, daß kein Text übrig ist, der eventuell in einem weiteren Textrahmen untergebracht werden müßte. Das ist natürlich kein Wunder, da wir noch keinen Text in die Textbox eingetragen haben.

Dennoch wollen wir Sie an dieser Stelle mit dem sogenannten Textüberlauf bekannt machen.

Text-überlauf

1. Zeigen Sie auf die Raute. Der Mauszeiger verwandelt sich in eine Hand.

2. KLICKEN Sie die linke Maustaste. Der Mauszeiger verwandelt sich in eine Kanne.

3. Bewegen Sie die Maus in den Textrahmen, der den 'überschüssigen' Text aufnehmen soll. Bei dieser Operation ist es nicht notwendig die Maustaste zu drücken.

4. In der neuen Textbox angekommen, verwandelt sich die Kanne in eine Kanne, die Buchstaben ausschüttet. Ein KLICK auf die linke Maustaste und der Text wird in den neuen Textrahmen geschüttet.

KLICKEN Sie nun auf den äußeren rechten Textrahmen, so ist aus der Raute ein Symbol mit drei nach rechtszeigenden Pfeilen geworden. Publisher hat sich gemerkt, daß Sie eine (derzeit imaginäre) Textmenge des dritten Textrahmens in einen anderen Textrahmen untergebracht haben und zeigt dadurch an: Der Text dieses Textrahmens geht in einem anderen Textrahmen weiter. Die Kenntnis dieses Textüberlaufs ist von großer Bedeutung. Denn immer dann, wenn Sie Text in einen Textrahmen fließen lassen, der den 'Rahmen sprengt', fragt Publisher, ob Sie einen automatischen Textüberlauf wünschen.

Texte aufnehmen

Das führt uns nun gleich zum nächsten Thema: Wie kommt denn nun eigentlich der Text in den Textrahmen? Grundsätzlich haben Sie zwei Möglichkeiten:

Den Text in Publisher erfassen.
Den Text in Publisher importieren.

Wir möchten an dieser Stelle empfehlen, der zweiten Variante den Vorzug zu geben. Natürlich können Sie Texteingaben in Publisher vornehmen. Doch diese sollten Sie auf die Eingabe von Überschriften oder Schlagzeilen begrenzen, da Publisher eben ein DTP- und kein Textprogramm ist. Idealerweise erfassen Sie die notwendigen Texte in Ihrem vertrauten Textprogramm, weil das einfach bequemer ist. Wohlgemerkt, es geht lediglich um das Erfassen. Sämtliche Formatierungen (wie Fettschriften, Ausrichtungen, Unterstreichungen usw.) legen Sie später in Publisher fest. Für unser Flugblatt haben wir folgenden Text verwendet, den Sie, wenn Sie dazu Lust haben, in Ihrem Textverarbeitungsprogramm eingeben und speichern können: (Selbstverständlich können Sie auch einen Ihrer vermutlich bereits vorliegenden Texte verwenden!)

Zum 100jährigen Bestehen unserer Siedlung laden wir alle Anwohner ganz herzlich zum Stadtteilfest ein. Anläßlich dieses großen Ereignisses haben wir ein Zelt angemietet, in dem getanzt, gelacht und natürlich gegessen und getrunken werden darf. Mitzubringen ist gute Laune sowie die ganze Familie. Die Kapelle Quetschkommode wird für die musikalische Unterhaltung sorgen und ab 19.00 Uhr zum Tanz aufspielen. Einige Anwohnerinnen haben sich dazu bereit erklärt für das leibliche Wohl zu sorgen. Sie werden sich an diesem Abend um den Imbißstand kümmern. Unser allseits beliebter Hausmeister Lampe sorgt dafür, daß niemand verdursten muß.

Die Veranstaltung wird am Samstag, dem 11. Juli 1992 um 17.00 Uhr beginnen. Bei schönem Wetter auch außerhalb unseres Festzeltes. Es wird unter der alten Eiche aufgebaut. Alle Anwohner, die an unserem Fest nicht teilnehmen wollen, bitten wir an diesem Abend um Verständnis dafür, daß es sicher feuchtfröhlich sein wird, also auch etwas lauter als sonst.

Wir haben diesen Text in **Windows Write** erfaßt. Wollen Sie das ebenfalls tun, gehen Sie so vor:

1. Wechseln Sie in den **Programm-Manager** von Windows.
2. Wechseln Sie dann in die Gruppe **Zubehör**.
3. Öffnen Sie **Write** durch einen DOPPELKLICK. **Write** wird daraufhin mit einem leeren Dokument gestartet.
4. Erfassen Sie den Text.
5. Öffnen Sie das Menü [Datei].
6. Wählen Sie [Beenden].
7. **Write** fragt nun, ob Sie speichern möchten. Wählen Sie **Ja**.
8. Im Feld **Dateiname** tragen Sie einen Namen ein. (Nicht länger als 8 Zeichen!)
9. Bestätigen Sie mit **OK**.

Text importieren

Ihr Text wird nun im Windows-Verzeichnis abgelegt. Er erhält die Endung WRI. Damit steht der Text für die Publikation fest und kann in Publisher übernommen werden. Wechseln Sie zunächst zurück zum Publisher, am besten über die **Task-Liste** von Windows. Dort angekommen haben Sie nun folgende Aufgaben zu bewältigen:

---

1. KLICKEN Sie in den ersten Textrahmen.
2. Öffnen Sie das [Datei]-Menü.

3. Wählen Sie [Text importieren...]:

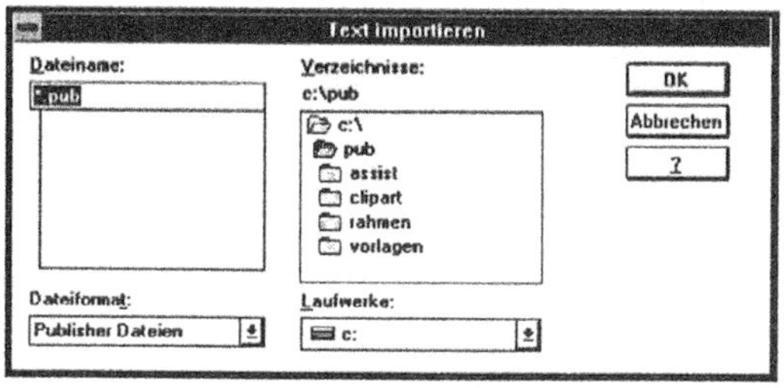

Abb. 6-19 Dialog ***Text importieren***

4. Wählen Sie zunächst das notwendige **Dateiformat**. Dazu KLICKEN Sie auf den abwärtsweisenden Pfeil, um die Auswahlen der Liste einsehen zu können. Anschließend zeigen Sie wieder auf den abwärtsweisenden Pfeil (diesmal in der Liste) und halten die linke Maustaste solange gedrückt, bis **Windows Write** zu lesen ist. Diese Auswahl markieren Sie durch einen Mausklick. Im Feld **Dateiname** wird daraufhin die Endung *.WRI eingetragen.

5. Anschließend kontrollieren Sie die Anzeige **Verzeichnisse**. Ihre Write-Datei wurde in das Windows-Verzeichnis abgespeichert. Vermutlich befinden Sie sich aber derzeit im Publisher-Verzeichnis (PUB), so daß Ihr Dokument nicht zu sehen ist. In so einem Fall sollten Sie grundsätzlich in das sogenannte 'Root'-Verzeichnis der Festplatte zurückkehren. Sie erkennen es an dem verkehrten Schrägstrich (\). Markieren Sie dieses Verzeichnis durch einen Mausklick:

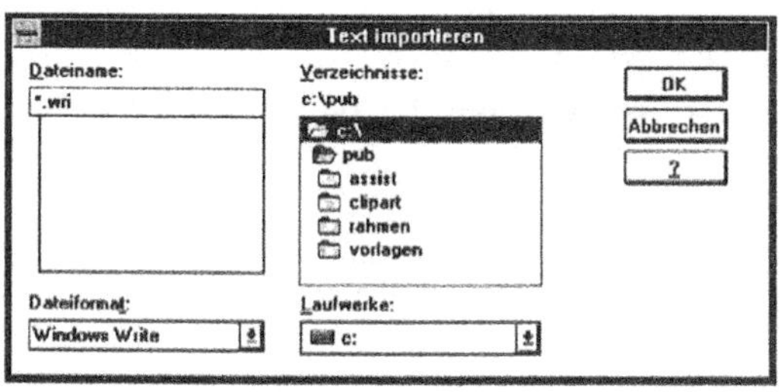

Abb. 6-20 Markiertes 'Root'-Verzeichnis

Bestätigen Sie mit **OK**, um in dieses Verzeichnis zu gelangen. Die Anzeige der Verzeichnisse ändert sich daraufhin. Unsere sieht nun beispielsweise so aus:

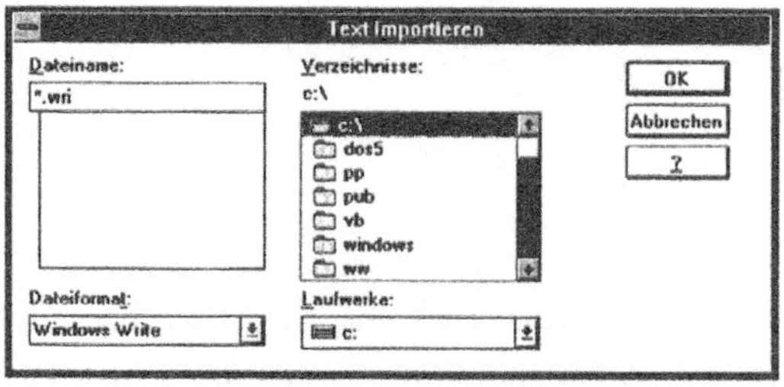

Abb. 6-21 Mögliches 'Root'-Verzeichnis einer Festplatte

Aus diesem Verzeichnis kann nun mühelos in das Verzeichnis Windows verzweigt werden. Markieren, **OK**-Schalter KLICKEN, erledigt. Hat alles geklappt, sollte nun in der Liste unter dem Feld **Dateinamen** Ihr Dokumentname angezeigt werden. Auf unserem Rechner sieht das so aus:

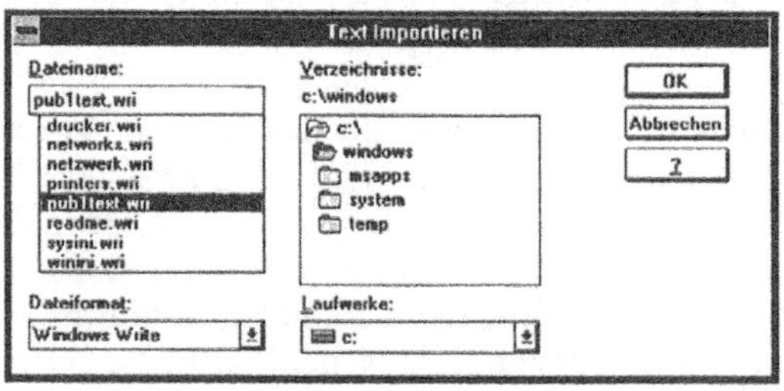

Abb. 6-22 Zu importierende Textdatei

6. Wählen Sie die Datei durch einen Mausklick aus, wird diese im Eingabefeld **Dateiname** eingetragen. Ein KLICK auf **OK** und schon beginnt Publisher damit den Text in den ersten Textrahmen zu importieren.

7. Publisher informiert Sie jetzt, daß die Datei in ein für ihn lesbares Format umgewandelt wird:

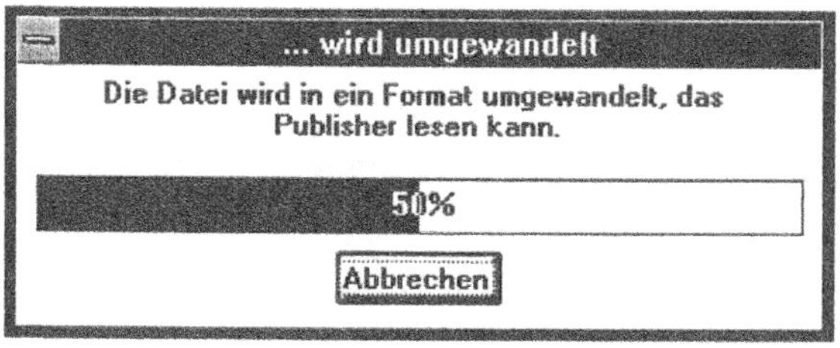

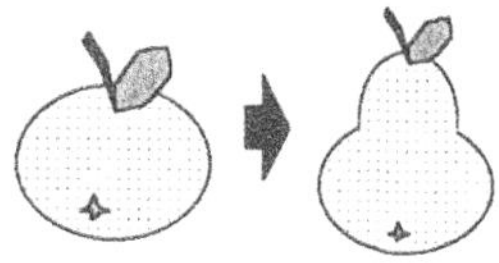

Abb. 6-23 Textumwandlung

8. Natürlich paßt dieser nicht vollständig in den Textrahmen und so meldet Publisher diesen Umstand ordnungsgemäß und fragt, was getan werden soll:

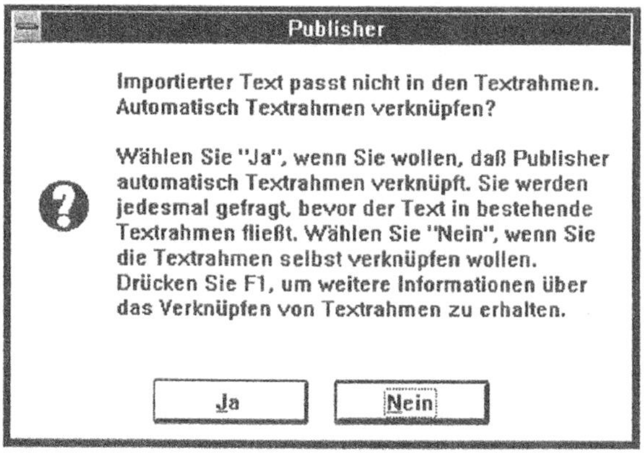

Abb. 6-24 Meldungsbox Automatischer Textüberlauf

9. Publisher bietet an, die Textboxen für Sie automatisch zu verknüpfen und macht gleichzeitig darauf aufmerksam, daß Sie jedesmal gefragt werden, ob ein Textüberlauf erwünscht ist, sofern Sie jetzt mit **Ja** antworten. Um diesen Vorgang kennenzulernen, sollten Sie das tun:

Abb. 6-25 Frage zum Textüberlauf

10. Wie angekündigt werden Sie also gefragt. Um den Text in den Textrahmen fließen zu lassen, wählen Sie **Ja**; wollen Sie einen Textrahmen auslassen, wählen Sie **Nein**. Publisher überträgt dann den Text in den nächsten vorgesehenen Textrahmen. Haben Sie keine Textrahmen mehr vorgesehen, erstellt Publisher selbst einen auf einer neuen Seite. Für unser Beispiel antworten Sie bitte jedesmal mit **Ja**.

Damit haben Sie den Text in Publisher einfließen lassen. Und so sollte das Ganze aussehen:

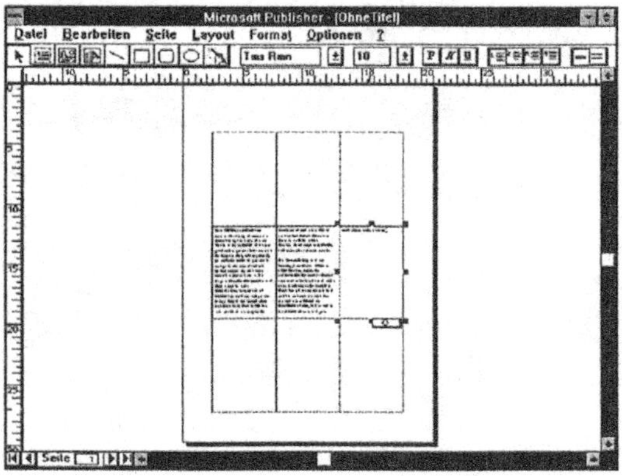

Abb. 6-26 In Publisher importierter Text

Der letzte Textrahmen ist der Aktive. Als 'alter Hase' erkennen Sie das jetzt sofort an den Anfassern. Aber etwas anderes erkennen Sie auch sofort. Die Raute unten rechts im Textrahmen, die anzeigt, daß der Text in dieser Textbox endet. KLICKEN Sie nun nacheinander zuerst auf den ersten und anschließend auf den zweiten Textrahmen, lassen diese durch die drei rechtsweisenden Pfeile erkennen: Der Text wird in einer anderen Textbox fortgesetzt. Wie nützlich, daß Sie sich mit diesen Elementen vorher bereits vertraut gemacht haben!

Bildschirmansichten

Und schon geht es an die Gestaltung des Textes. Zunächst einmal sollte dieser - damit er frei von Tipfehlern ist - rechtschreibgeprüft werden. Einige Textstellen sollen fett dargestellt werden. Außerdem wollen wir als Ausrichtung für den Text Blocksatz wählen. Dazu ist dann eine Silbentrennung unverzichtbar, da ansonsten häßliche Lücken im Text entstehen. Aber halt, Sie haben ja völlig recht. In dieser Ansicht läßt sich ein Text nur schwerlich bearbeiten. Sie sollen deshalb jetzt zunächst die Darstellungsarten der Bildschirmseite kennenlernen. Das Menü [Seite] hält acht verschiedene Ansichten bereit, die je nach Aufgabe gewählt werden können. Um Texte zu importieren und zu plazieren, ist die Ansicht der gesamten Seite mit Sicherheit die richtige. Muß allerdings Text bearbeitet werden, empfiehlt es sich diesen in Originalgröße darzustellen. Dazu:

---

1. markieren Sie den ersten Textrahmen.

2. Öffnen dann das Menü [Seite].

2. Und wählen dort [Originalgröße].

Die Originalgröße läßt sich auch über die Funktionstaste F9 einstellen. Dazu drücken Sie diese Taste einmal.

Sofort wird der Text in lesbarer Form dargestellt. Die Gesamtseite ist allerdings nicht mehr zu sehen. Stattdessen konzentriert sich derzeit alles auf die ersten beiden Textrahmen:

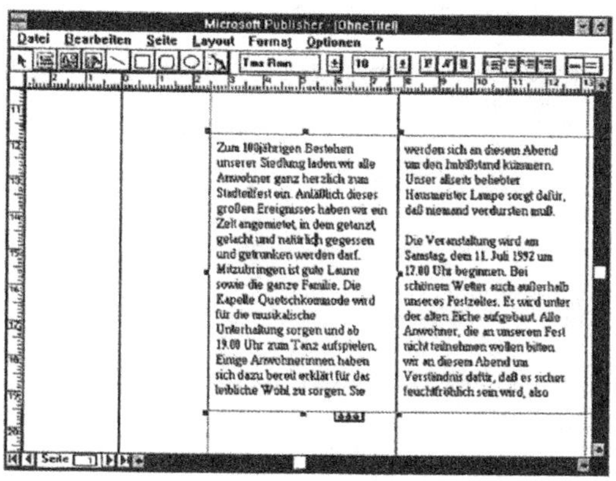

Abb. 6-27 Originalgröße des Textes

Um im Textrahmen nach unten zu 'rollen', verwenden Sie die rechte Bildlaufleiste. Wollen Sie sich nach rechts bewegen, erledigt dies die untere Bildlaufleiste.

Experimentieren Sie jetzt ruhig ein bißchen mit den möglichen Ansichten, die das Menü [Seite] zur Verfügung stellt. Achten Sie darauf, daß Publisher bemüht ist, immer den Teil am Bildschirm präsent zu halten, der vor einer Größenänderung aktiviert war. Und noch etwas. Sollten die Schriften einmal verzerrt am Bildschirm dargestellt werden, so haben Sie nichts falsch gemacht! Vielmehr deutet eine derartige Darstellung darauf hin, daß Publisher versucht, die Texte der Publikation in einer Vergrößerungsstufe darzustellen, für die Windows aber bedauerlicherweise die Bildschirmschriften nicht parat hat. Diese wiederum sind allerdings für eine erfolgreiche Anzeige am Bildschirm notwendig. Sicher ist jedenfalls eins: Auf den Ausdruck der Publikation haben diese Vergrößerungsstufen keinen Einfluß. Jede Publikation wird immer in der Originalgröße gedruckt.

Recht-schreib-prüfung

Der Text ist importiert und wird in Originalgröße dargestellt. Sie sollten sich nun an die Rechtschreibprüfung begeben. (Denken Sie daran, daß der Tag der 'Fete' naht.)

1. KLICKEN Sie in eine Textbox, die den Text enthält, der überprüft werden soll.

2. Öffnen Sie das Menü [Optionen].

3. Wählen Sie [Rechtschreibung...]:

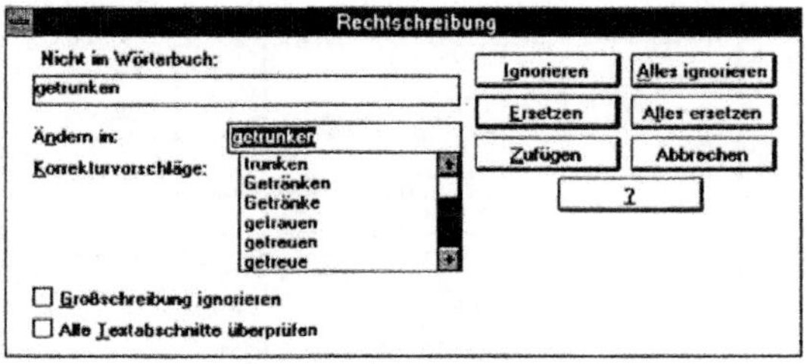

Abb. 6-28 Dialog ***Rechtschreibung***

4. Führen Sie die Rechtschreibprüfung durch.

Publisher kontrolliert jetzt den Text auf Rechtschreibfehler. Dabei wird jedes Wort mit dem Wörterbuch von Publisher verglichen. Wird das Wort nicht gefunden, öffnet sich der Dialog **Rechtschreibung**. Das nicht bekannte Wort wird unter **Nicht im Wörterbuch** angezeigt. Gleichzeitig trägt Publisher den Begriff in das Eingabefeld **Ändern in** ein und markiert es. Somit wird Ihr Augenmerk sofort auf dieses Wort gelenkt. Erkennen Sie tatsächlich einen Tipfehler, können Sie das Wort im Feld **Ändern in** überschreiben, ohne vorher den Cursor in dieses Feld bewegen zu müssen, denn der steht ja schon da. Außerdem bietet Publisher in der Liste unterhalb dieses Eingabefeldes **Korrekturvorschläge** an, sofern welche gefunden werden. Ansonsten ist diese Liste leer. Um einen Korrekturvorschlag auszuwählen, markieren Sie diesen mit der Maus. Er wird dann augenblicklich im Feld **Ändern in** eingetragen.

Zwei Kontrollkästchen links unten im Dialog erlauben Ihnen weitere Anweisungen für den Ablauf der Rechtschreibprüfung festzulegen. Über **Großschreibung ignorieren** weisen Sie Publisher an, in Großbuchstaben geschriebene Wörter zu ignorieren. Das Kontrollkästchen **Alle Textabschnitte überprüfen** gibt Ihnen die Möglichkeit, die Rechtschreibung auf sämtliche Textboxen anzuwenden. Die Kontrollkästchen können durch einen Mausklick eingeschaltet werden. Ein daraufhin erscheinendes Kreuz (✕) informiert sogleich, daß die Auswahl aktiv ist. Um diese wieder abzuschalten, ist ein erneuter Mausklick erforderlich. Das Kreuz verschwindet dann auch wieder.

Und nun zu den Schaltflächen. Publisher hat also ein Wort gefunden, daß im Wörterbuch nicht enthalten ist. Sie haben jetzt folgende Möglichkeiten:

Wort nicht gefunden	**Was tun?**	
Es liegt tatsächlich ein Tipfehler vor und Sie erkennen ihn sofort.	1.	Tragen Sie die Änderung in das Feld **Ändern in** ein oder wählen Sie aus der Liste der **Korrekturvorschläge**.
	2.	KLICKEN Sie die Schaltfläche **Ersetzen**.
Bei dem nicht gefundenen Wort handelt es sich um einen ihrer 'Standardfehler'. (Vielleicht schreiben Sie statt die immer 'dei'.)	1.	Tragen Sie die Änderung in das Feld **Ändern in** ein oder wählen Sie aus der Liste der **Korrekturvorschläge**.
	2.	KLICKEN Sie die Schaltfläche **Alles Ersetzen**.

Es handelt sich um einen Eigennamen, der nur in diesem Text vorkommt, zum Beispiel Müller-Lüdenscheidt.		Wählen Sie die Schaltfläche **Ignorieren**.
Der Eigenname kommt im aktuellen Text mehrfach vor.		Wählen Sie die Schaltfläche **Alles Ignorieren**.
Es handelt sich um einen Fachbegriff, den Sie ständig schreiben.		Wählen Sie die Schaltfläche **Zufügen**.

Jede Schaltfläche ist also auf einen ganz bestimmten Fall abgestimmt:

Schaltfläche	**Beschreibung**
Ignorieren	Übergeht das unbekannte Wort an der aktuellen Textstelle und setzt die Rechtschreibprüfung fort.
Alles Ignorieren	Übergeht das unbekannte Wort im gesamten Text und setzt die Rechtschreibprüfung fort.
Ersetzen	Ersetzt das unbekannte Wort an der aktuellen Textstelle und setzt die Rechtschreibprüfung fort.
Alles Ersetzen	Ersetzt das unbekannte Wort im gesamten Text und setzt die Rechtschreibprüfung fort.
Zufügen	Nimmt das unbekannte Wort in das Wörterbuch auf und setzt die Rechtschreibprüfung fort. Rufen Sie die Rechtschreibung erneut auf, wird dieses Wort n i c h t wieder als unbekannt angezeigt.

Ist der gesamte Text überprüft, 'klappt' Publisher den Dialog **Rechtschreibung** wieder zu. Selbstverständlich kann dieser auch von Ihnen jederzeit unterbrochen werden. Wie jede Dialogbox, verfügt auch diese über den obligatorischen **Abbrechen**-Schalter. Beachten Sie, daß die Rechtschreibprüfung ausschließlich Tipfehler aufdeckt.

Grammatikfehler bzw. Fehler in der Interpunktion werden nicht gefunden. Haben Sie beispielsweise statt 'lehren' das Wort 'leeren' eingegeben, akzeptiert Publisher dieses, weil lediglich Schreibweise und nicht der Sinnzusammenhang kontrolliert wird.

Text gestalten

Da der Text nun von Schreibfehlern befreit ist, können wir uns an die Gestaltung machen. Dazu stehen einige Menüs, aber auch eine Symbolleiste zur Verfügung:

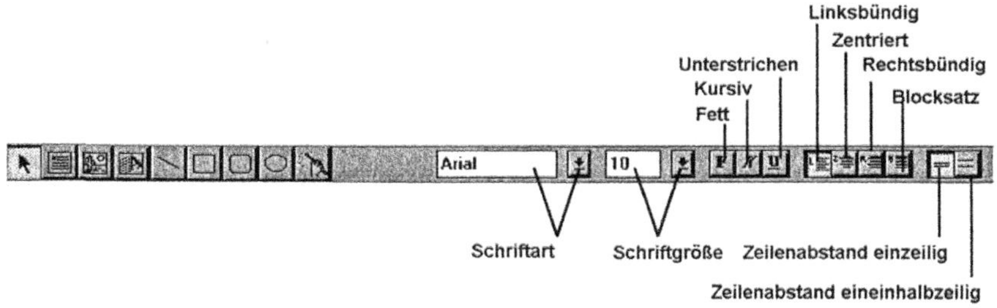

Abb. 6-29 Symbolleiste für Textrahmen

Diese Symbolleiste wird immer dann angezeigt, wenn Sie einen Textrahmen markiert haben. Durch sie sind die Formatierungsbefehle nur noch einen Mausklick weit entfernt. Bevor Sie jetzt jedoch mit der Gestaltung beginnen, denken Sie an die wichtigste Regel in Publisher:

Erst markieren, dann bearbeiten.

Für Texte ist diese Regel noch bedeutsamer als für Objekte. Abhängig davon, ob Sie einen Buchstaben, ein Wort, einen Satz, einen Absatz, einen ganzen oder mehrere Textrahmen markiert haben, wirkt sich die Formatierung auf den zuvor markierten Bereich aus. Es lohnt sich also v o r h e r zu überlegen, welche Textstelle bearbeitet werden soll.

Eingabe widerrufen

Sollte dennoch einmal etwas daneben gehen, so hält das [Bearbeiten]-Menü einen ebenso sensationellen wie legendären Befehl bereit: [Rückgängig: Befehl]. Mit diesem Befehl können Sie die zuletzt getroffene Eingabe widerrufen. Entdecken Sie einen Fehler, wählen Sie diesen Befehl aus, b e v o r S i e i r g e n d e t w a s a n d e r e s t u n ! Die nächste Eingabe könnte nämlich den gewünschten Widerruf bereits unmöglich machen. Um eine Eingabe zu widerrufen, müssen Sie

1. Das Menü [Bearbeiten] öffnen.

2. Den Befehl [Rückgängig] wählen.

Markieren

Die zuletzt von Ihnen durchgeführte Aktion wird rückgängig gemacht. Wie markieren Sie jetzt am besten die gewünschten Textstellen. Ganz recht, mit der Maus:

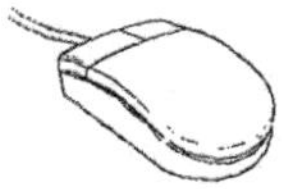

Sie wollen	Sie müssen
Einen Buchstaben markieren	Mauszeiger vor den Buchstaben setzen, linke Maustaste drücken und festhalten, während Mauszeiger hinter den Buchstaben gezogen wird. Auf diese Weise können Sie selbstverständlich auch mehrere Buchstaben, Wörter, Sätze, Absätze usw. markieren.
Ein Wort markieren	Mauszeiger auf das Wort setzen und DOPPELKLICK.
Mehrere Wörter markieren:mehrere Wörter	Mauszeiger auf das erste Wort setzen und DOPPELKLICK. Linke Maustaste gedrückt halten und auf das letzte zu markierende Wort ZIEHEN.

Damit hier allerdings niemand zu kurz kommt, sei erwähnt, daß sich Texte bzw. Textstellen natürlich auch über die Tastatur markieren lassen:

Tastatureingabe	Es wird markiert
F8 oder STRG+M	Der ganze Textabschnitt.
UMSCHALTEN+PFEIL-NACH-LINKS oder -RECHTS	Jeweils ein Zeichen nach links oder rechts, beginnend ab Cursorposition.

Tastatureingabe	Es wird markiert
UMSCHALTEN+PFEIL-NACH-UNTEN oder -OBEN	Eine Textzeile nach oben oder unten, beginnend ab Cursorposition.
UMSCHALTEN+POS1	Text ab Cursor bis zum Beginn einer Zeile.
UMSCHALTEN+ENDE	Text ab Cursor bis zum Ende einer Zeile.
STRG+UMSCHALTEN+PFEIL-NACH-LINKS	Das Wort vor dem Cursor .
STRG+UMSCHALTEN+PFEIL-NACH-RECHTS	Das Wort hinter dem Cursor.
STRG+UMSCHALTEN+POS1	Text ab Cursorposition bis zum Beginn des aktuellen Textrahmens.
STRG+UMSCHALTEN+ENDE	Text ab Cursor bis zum Ende des aktuellen Textrahmens.
STRG+UMSCHALTEN+PFEIL-NACH-UNTEN	In einem Absatz den gesamten Text, der auf den Cursor folgt.
STRG+UMSCHALTEN+PFEIL-NACH-OBEN	In einem Absatz den gesamten Text, der vor dem Cursor steht.

Wollen Sie einen Textabschnitt insgesamt markieren, so können Sie das auch über ein Menü erledigen:

1. Öffnen Sie das Menü [Bearbeiten].
2. Wählen Sie [Textabschnitt markieren].

Textrahmen löschen

Die Bearbeitungsmöglichkeiten für Texte sind vielfältig. Bevor wir an die Gestaltung gehen, sollen Sie zuerst noch erfahren, wie Textstellen und auch ganze Textrahmen gelöscht werden können. Um einen Textrahmen zu löschen gehen Sie so vor:

1. Aktivieren Sie den Textrahmen, der gelöscht werden soll durch einen Mausklick.

2. Öffnen Sie das Menü [Bearbeiten] und wählen [Textrahmen löschen].

   Alternativ dazu können Sie auch die Tastenkombination STRG + ENTF betätigen. Halten Sie dazu die Taste STRG gedrückt, während Sie einmal die Taste ENTF betätigen.

Textstellen löschen

Der Textrahmen samt Text wird entfernt. Wollen Sie Textstellen innerhalb eines Textrahmens löschen, müssen Sie

1. zuerst die Textstelle markieren.

2. Anschließend öffnen Sie das [Bearbeiten]-Menü und wählen [Text löschen].

   Alternativ dazu können Sie auch die Taste ENTF einmal betätigen.

Textausrichtung

Damit ist alles Wichtige gesagt und wir können uns wieder unserer Publikation widmen. Als nächstes wollen wir die Textausrichtung ändern. Der gesamte Text wird derzeit linksbündig dargestellt. Diese Darstellung eignet sich zwar im Fließtext, ist aber im Spaltensatz nicht gerade ideal. Insgesamt stellt Publisher vier Ausrichtungsmöglichkeiten zur Verfügung:

Ausrichtung	Symbol	Muster
Linksbündig		Dieser Absatz ist linksbündig geschrieben. Der linke Rand ist glatt, der rechte hingegen weist einen 'Flattersatz' auf.
Zentriert		Zentrierte Ausrichtungen eignen sich für Überschriften, wie zum Beispiel die Überschriften dieser Tabelle.
Rechtsbündig		Dieser Absatz ist rechtsbündig geschrieben. Der rechte Rand ist glatt, der linke hingegen weist einen 'Flattersatz' auf.
Blocksatz		Dieser Absatz ist im Blocksatz geschrieben. Sowohl der linke als auch der rechte Rand sind glatt. Einen Flattersatz gibt es nicht. Diese Ausrichtung findet man häufig im Spaltensatz.

Der gesamte Text unseres Flugblattes soll in Blocksatz dargestellt werden, ganz so, wie das ja auch in Zeitungsspalten üblich ist:

1. Markieren Sie den gesamten Textabschnitt.

2. KLICKEN Sie das Symbol für Blocksatz in der Symbolleiste.

Zeilen-abstand

Derzeit wird der gesamte Text engzeilig (oder einzeilig dargestellt). Selbstverständlich erlaubt Publisher den Einsatz von eineinhalb, zwei- oder mehrzeiligem Abstand. Zunächst einige Beispiele für Zeilenabstände:

Zeilenabstand	**Beispiel**
Einzeilig	Der Abstand, der für diese Zeilen gewählt wurde, ist einzeilig.
Eineinhalbzeilig	Der Abstand, der für diese Zeilen gewählt wurde, ist eineinhalbzeilig.
Zweizeilig	Der Abstand, der für diese Zeilen gewählt wurde, ist zweizeilig.

Wünschen Sie also eine eineinhalbzeilige Darstellung,

1. markieren Sie den gewünschten Textbereich.
2. KLICKEN Sie das Symbol für eineinhalbzeiligen Abstand in der Symbolleiste.

Schrift-arten

Als nächstes soll unsere Publikation ein andere Schriftart erhalten. Auch dabei hilft die Symbolleiste. Eine Liste zeigt die in Ihrem System verfügbaren Schriften an. Setzen Sie Windows 3.1 ein, werden Ihnen auf jeden Fall sämtliche TrueType-Schriften angezeigt. Alle Schriften, die darüber hinaus gehen, sind abhängig von Ihrem Drucker bzw. davon, welche Zusatzschriften auf Ihrem Rechner eingerichtet wurden. Folgende Schriften stehen unter Windows 3.1 generell zur Verfügung und können von jedem Matrix-, Tinten- und Laserdrucker gedruckt werden. Auch wenn der Drucker diese Schrift nicht von sich aus kennt:

Schrift	**Schriftprobe**
Arial	Dies ist die Schriftprobe der Schrift Arial Punktgröße 10.
Times New Roman	Dies ist die Schriftprobe der Schrift Times New Roman Punktgröße 10.

Schrift	Schriftprobe
Courier New	`Dies ist die Schriftprobe der Schrift Courier New Punktgröße 10.`
Symbol	♦, Π, ®, ©, ™, √
Wingdings	✆, 🖂, 📫, 🗁, 🗎, 🖫, ✍

Schriftgrößen

Gleich neben der Liste der Schriften findet sich eine Liste mit unterschiedlichen Zahlen. Diese Zahlen geben die Größe der gewählten Schriftart in Punkt wieder. Haben Sie eine Textstelle markiert, die in 'Times New Roman 10' geschrieben wurde, wird in der Schriftart 'Times New Roman' in den Schriftgrößen '10' angezeigt. Wie in der Liste der Schriftarten, können Sie auch in der Liste der Schriftgrößen Auswahlen treffen. Die möglichen Schriftgrößen, die dargestellt werden können, werden pro Schriftart angezeigt. Wählen Sie also immer zuerst die Schriftart und sehen anschließend nach, in welchen Größen diese Schrift verfügbar ist. TrueType-Schriften beispielsweise sind grundsätzlich in den Schriftgrößen 4 bis 127 Punkt darstellbar. Hier nun einige Beispiele für Schriftgrößen der TrueType-Schrift Arial, die wie auch die Schrift Helvetica zur Familie der Swiss-Schriften gehört:

Dies ist eine Schriftprobe der Schriftart Arial 4.

Dies ist eine Schriftprobe der Schriftart Arial 8.

Dies ist eine Schriftprobe der Schriftart Arial 14.

Dies ist eine Schriftprobe der Schriftart Arial 20.

Dies ist eine Schriftprobe der Schriftart Arial 24.

Für die Texte unserer Publikation wollen wir eine Swiss-Schrift wählen:

1. Markieren Sie den gesamten Textabschnitt.

2. Wählen Sie eine Swiss-Schrift aus der Liste aus.

> Wollen Sie die korrespondierende TrueType-Schrift verwenden, so heißt diese nicht Helvetica, sondern Arial.

Der gesamte Text wird nun in der neuen Schriftart dargestellt. Nach all diesen Änderungen sollte die Publikation nun folgendes Aussehen haben:

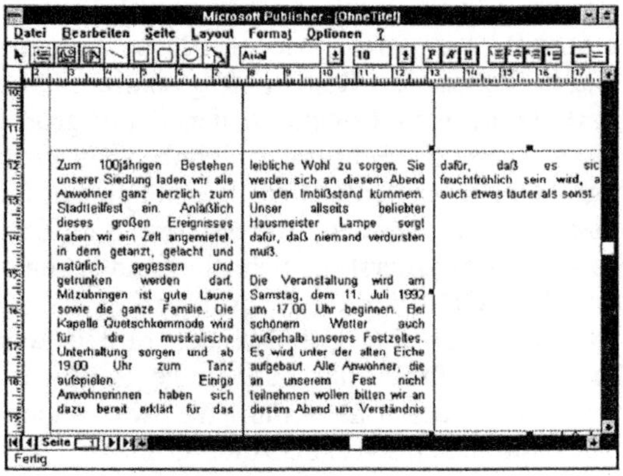

Abb. 6-30 Textgestaltung in Publisher

Schriftstil

Im nächsten Schritt sollen einige Textstellen fett dargestellt bzw. unterstrichen werden. Auch dabei hilft die Symbolleiste:

Symbol	Darstellung
F	Stellt die markierte Textstelle **fett** dar.
K	Stellt die markierte Textstelle *kursiv* dar.
U	Stellt die markierte Textstelle unterstrichen dar.

Folgende Textstellen sollen **fett** dargestellt werden:

- 100jährigen Bestehen
- Kapelle Quetschkommode
- Imbißstand

So sollte der Text später aussehen...

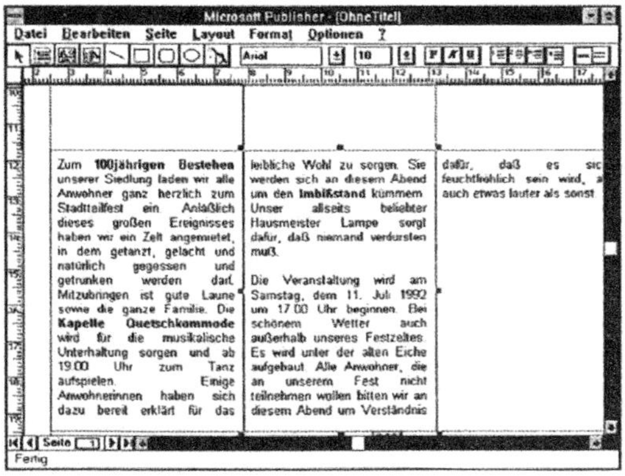

Abb. 6-31 Formatierte Textstellen

... und so erreichen Sie das:

---

1. Markieren Sie die Textstelle.

2. KLICKEN Sie in der Symbolleiste auf das Symbol für die Fettschrift.

Nachdem das so gut geklappt hat, wollen wir gleich mit den Textstellen fortfahren, die unterstrichen werden sollen:

- 11. Juli 1992 um 17.00 Uhr
- unter der alten Eiche

Wieder markieren Sie zunächst die Textstelle. Diesmal wählen Sie allerdings das Symbol zum Unterstreichen. Das Ergebnis könnte folgendes Aussehen haben.:

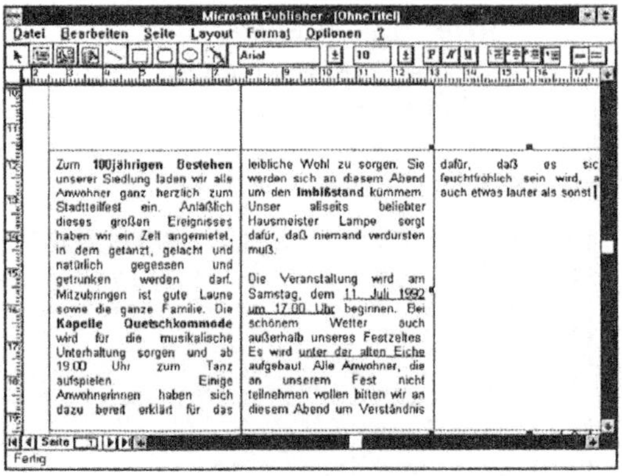

Abb. 6-32 Unterstrichene Textstellen

Vielleicht fragen Sie sich jetzt, ob es denn möglich ist, eine Textstelle sowohl zu unterstreichen als auch fett darzustellen. Die Antwort lautet: Es ist. Vergessen Sie jedoch nicht, daß zu viele Änderungen am Schriftstil möglicherweise nicht mehr die gewünschte Wirkung erzielen.

gewählten Schriftstil aufheben

Sämtliche Formatierungen, die den Schriftstil betreffen, können jederzeit wieder aufgehoben werden:

1. Markieren Sie die Textstelle, deren Schriftstil Sie aufheben wollen.

2. KLICKEN Sie das derzeit 'heruntergedrückte' Symbol in der Symbolleiste noch einmal an. Die Formatierung verschwindet dadurch.

   Alternativ dazu können Sie die Tastenkombination STRG + LEERTASTE verwenden, um sämtliche Schriftstilformatierungen der Textstelle wieder aufzuheben.

Silbentrennung

Damit ist der Text fast perfekt gestaltet. Aber eben nur fast. Bedingt durch die Blocksatzausrichtung sind zwischen den einzelnen Wörtern unverhältnismäßig große Lücken entstanden. Dem können wir aber abhelfen, indem wir eine Silbentrennung durchführen:

1. KLICKEN Sie in den Textrahmen, in der Sie die Silbentrennung beginnen wollen.
2. Öffnen Sie das Menü [Optionen].
3. Wählen Sie [Trennhilfe...]:

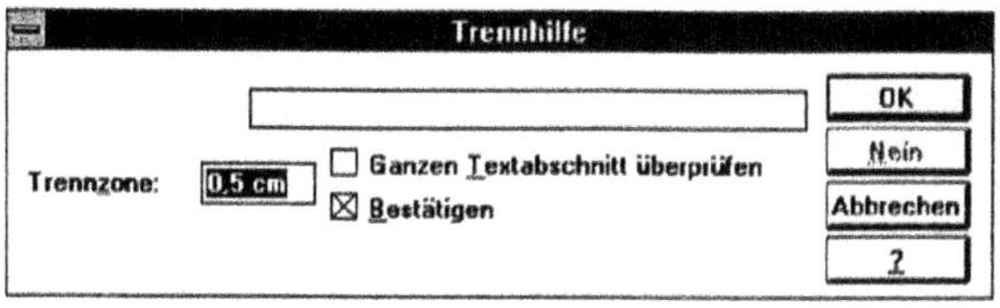

Abb. 6-33 Dialog ***Trennhilfe***

4. Starten Sie die Trennhilfe über **OK**.

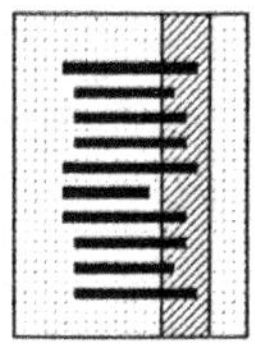

Der Dialog **Trennhilfe** möchte, bevor die Trennhilfe aktiv wird, zunächst einige Details von Ihnen wissen, zum Beispiel, wie groß die Trennzone sein soll. Weil das für diese Dialogbox die wichtigste Frage ist, steht auch der Cursor schon mal gleich im Eingabefeld **Trennzone**, bereit Ihre Werte aufzunehmen. Was ist die Trennzone werden Sie sich vielleicht fragen? Kein großes Geheimnis, werden wir Ihnen antworten. Die Trennzone hilft Publisher bei der Entscheidung, ob ein Wort, das nicht mehr in die Zeile paßt, getrennt werden kann oder nicht. Findet das zu trennende Wort ausreichend Platz in der Trennzone, wird es getrennt, andernfalls wird es komplett in die nächste Zeile übertragen. Die Bedienerhilfe von Publisher bemerkt zu diesem Thema:

> Um den rechten Rand des Textes besser auszugleichen, oder um in einem Blocksatztext weniger Leerräume zu haben, geben Sie in diesem Feld ein kleineres Maß ein. Wenn Sie die Anzahl der Worttrennungen reduzieren oder einzelne kurze Silben am Zeilenende oder -beginn vermeiden möchten, geben Sie in das Feld "Trennzone" ein größeres Maß ein.

Liegt die Trennzone fest, sollten Sie Publisher nun noch mitteilen, ob Sie den **Ganzen Textabschnitt** zu **überprüfen** wünschen. Wenn ja, aktivieren Sie das Kontrollkästchen durch einen Mausklick. In diesem Fall wird die Silbentrennung für sämtliche Textrahmen durchgeführt. Das Kontrollkästchen **Bestätigen** ist bereits aktiviert und sollte es auch bleiben. Dadurch fragt Publisher vor jeder Trennung nach, ob diese auch so gewünscht wird. Da die meisten Silbentrennprogramme nach Trennalgorithmen und nicht nach deutschen Grammatikregeln trennen, ist es unbedingt ratsam die Silbentrennung kontrolliert durchzuführen!

Damit sind alle Eingaben festgelegt und die Silbentrennung kann über die Schaltfläche **OK** gestartet werden. Findet Publisher ein Wort, das getrennt werden kann, wird dieses im Eingabefeld **Trennvorschlag** angezeigt:

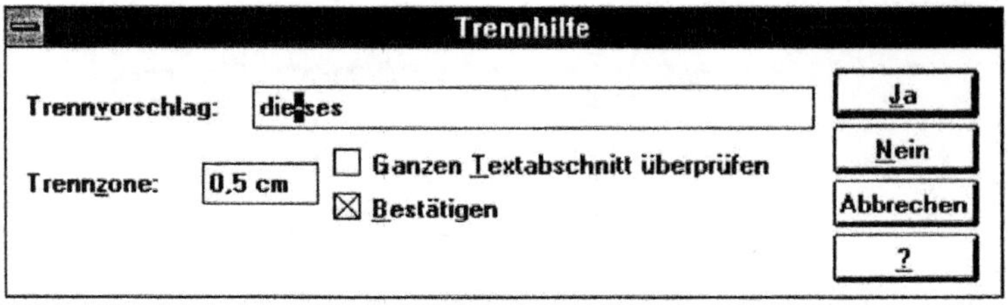

Abb. 6-34 Trennvorschlag

Sie können sich in diesem Eingabefeld entweder mit der Maus oder den Tasten PFEIL-NACH-LINKS bzw. PFEIL-NACH-RECHTS bewegen, um eine neue Trennposition festzulegen. Soll die Trennung durchgeführt werden, KLICKEN Sie auf den Schalter **Ja**, andernfalls auf **Nein.** In jedem Fall setzt Publisher den Trennvorgang fort und bietet den nächsten Trennvorschlag an. Ist die Silbentrennung beendet, schließt Publisher den Dialog **Trennhilfe** automatisch wieder.

Damit ist der textliche Teil der Publikation gestaltet. Die nächste Aufgabe besteht darin, ein Bild in unser Flußblatt einzufügen. Doch bevor wir dazu kommen, sollen Sie noch einmal im Überblick erfahren, daß sich die über die Symbolleiste angewendeten Formatierungsmöglichkeiten selbstverständlich auch über die Pull-Down-Menüs einstellen lassen. Und damit nicht genug, bieten die Menüs sogar noch einige Möglichkeiten mehr.

Dialoge für Textrahmen

Nicht alle Publisher-Befehle beziehen sich auf die Gestaltung von Text, aber doch einige. Im einzelnen sind das:

Menü	Befehl	Beschreibung
[Layout]	[Spalten und Ränder...]	Legt Spalten und Ränder in Textrahmen fest.
[Format]	[Schriftart und -stil...]	Ermöglicht weiterführende Zeichenformatierung.

Menü	Befehl	Beschreibung
[Format]	[Zeichenabstand...]	Verringert oder erweitert den Zeichenabstand der markierten Textstelle.
[Format]	[Einzüge und Abstände...]	Legt Zeilenabstand, Zeileneinzug sowie die Absatzausrichtung fest.
[Format]	[Tabulatoren]	Dient zur Anlage und Bearbeitung von Tabulatoreingaben.

Dialogbox aufrufen

Der Aufruf einer jeden Dialogbox vollzieht sich immer wieder nach diesem Schema:

1. Textstelle markieren.

2. Das benötigte Menü öffnen.

3. Den gewünschten Befehl wählen.

Wir wollen jetzt der Reihe nach die oben aufgeführten Dialoge mit deren Auswahlmöglichkeiten erkunden. Bitte bedenken Sie, daß sich diese Dialoge nur dann auswählen lassen, wenn das aktive Objekt ein Textrahmen ist.

Spalten und Ränder

Der Dialog [Layout/Spalten und Ränder...]:

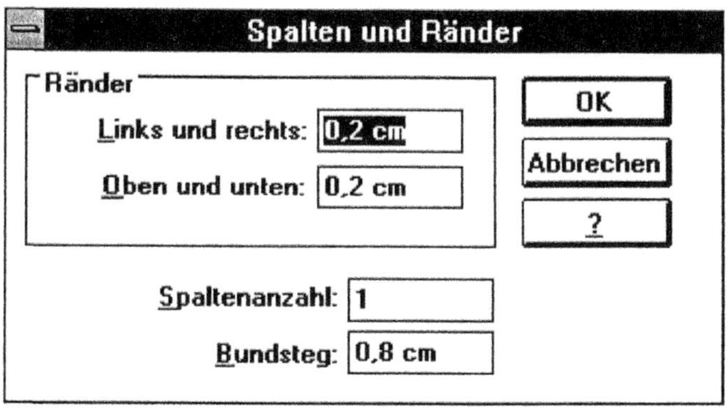

Abb. 6-35 ***Spalten und Ränder*** *für Textrahmen*

Auswahl	Beschreibung
Links und rechts	Die Maßangabe, die in dieses Eingabefeld eingetragen werden muß, ist abhängig von den [Einstellungen...] (Menü [Optionen]). Legt den linken und rechten Leerraum zwischen dem Textrahmen und dem darin befindlichen Text fest.
Oben und unten	Die Maßangabe, die in dieses Eingabefeld eingetragen werden muß, ist abhängig von den [Einstellungen...] (Menü [Optionen]). Legt den oberen und unteren Leerraum zwischen dem Textrahmen und dem darin befindlichen Text fest.
Spaltenanzahl	Geben Sie an, in wieviele Spalten der Textrahmen unterteilt werden soll.
Bundsteg	Die Maßangabe, die in dieses Eingabefeld eingetragen werden muß, ist abhängig von den [Einstellungen...] (Menü [Optionen]). Legt den Leerraum zwischen den Spalten innerhalb des Textrahmens fest. Diese Angabe wirkt sich nur aus, wenn der Textrahmen mindestens zwei Spalten enthält!

Mit der Möglichkeit, die Weißfläche um den Text des Textrahmen zu vergrößern, haben wir uns bislang noch nicht beschäftigt. Wir wollen das daher schleunigst nachholen. Möglicherweise stellen Sie bei der Kontrolle Ihrer Publikation fest, daß diese einfach zuviel Text enthält und somit 'grau in grau' wirkt. Abhilfe kann hier beispielsweise durch die Änderung der oberen sowie unteren und linken bzw. rechten Ränder des Textes zum Textrahmen geschaffen werden. Die Wirkung dieses Stilmittels sollen die nachfolgenden Abbildungen verdeutlichen.

Dieser Text wirkt langweilig, weil einfach zuviel Text 'lieblos' auf der Seite angeordnet wurde:

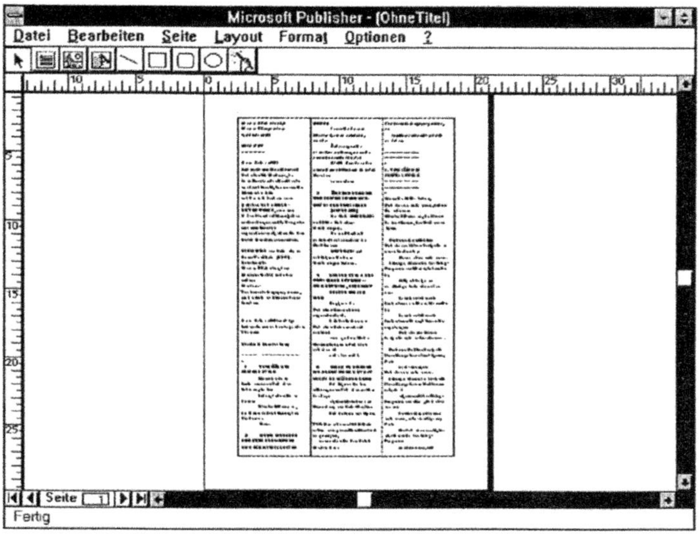

Abb. 6-36 Texte zu dicht aneinander

In der folgenden Abbildung wurden die Spalten verkleinert, eine Überschrift hinzugefügt und vor allen Dingen der Abstand der Seitenränder zum mittleren Textrahmen vergrößert. Die Publikation erhält so mehr Weißflächen und wirkt gleich viel professioneller:

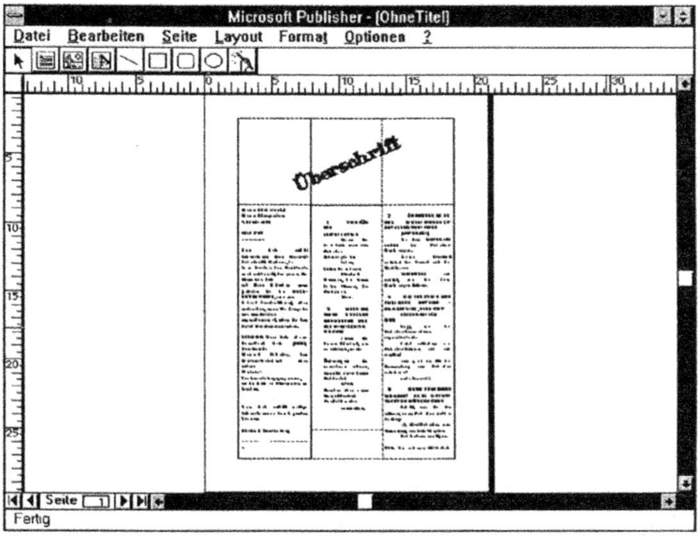

Abb. 6-37 Weißflächen im Text vergrößert

In dem nun folgenden Dialog werden Sie sich fast 'zu Hause' fühlen. Die meisten Einstellungen, die hier vorgenommen werden können, haben Sie bereits über die Symbolleiste für Textrahmen kennengelernt.

Schriftart und -stil

Der Dialog [Format/Schriftart und -stil...]:

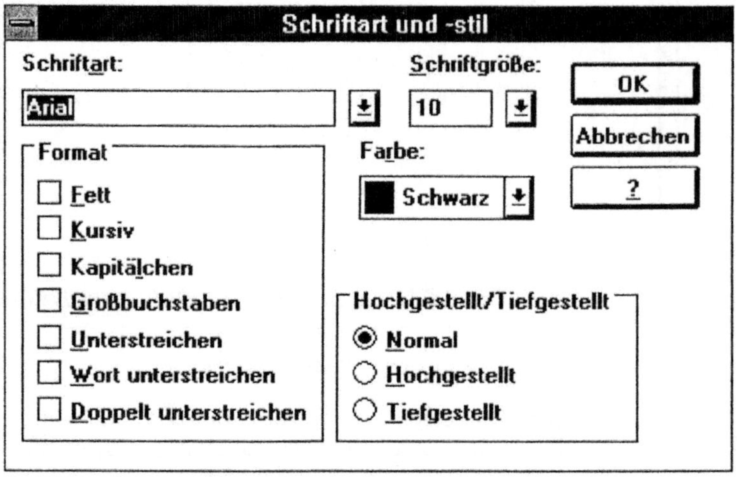

Abb. 6-38 ***Schriftart und -stil*** *für Texte*

Auswahl	Beschreibung
Schriftart	Liste der zur Verfügung stehenden Schriftarten. Liste öffnen durch KLICK auf den abwärtsweisenden Pfeil. Schriftart einstellen durch KLICK auf die gewünschte Schriftart.
Schriftgröße	Liste der zur Verfügung stehenden Schriftgrößen. Ist abhängig von der in Schriftart eingestellten Schrift. (Nicht jede Schriftart verfügt über Größen von 4 bis 127 Punkt). Einzustellen wie Schriftarten.
Fett	Der zuvor markierte Text wird **fett** dargestellt.

Auswahl	Beschreibung
Kursiv	Der zuvor markierte Text wird *kursiv* dargestellt.
Kapitälchen	Der zuvor markierte Text wird in KAPITÄLCHEN dargestellt.
Großbuchstaben	Der zuvor markierte Text wird in GROẞBUCHSTABEN dargestellt.
Unterstreichen	Der zuvor markierte Text wird unterstrichen dargestellt.
Wort unterstreichen	Bei einer Wortunterstreichung werden für die markierte Textstelle nur die Wörter, nicht aber die Leerstellen zwischen den Wörtern unterstrichen.
Doppelt unterstreichen	Der zuvor markierte Text wird doppelt unterstrichen dargestellt.
Farbe	Über diese Liste kann eine andere Schriftfarbe gewählt werden. Das lohnt sich allerdings nur dann, wenn Sie tatsächlich auf einem Farbdrucker drucken. Ansonsten wird die Schrift am Bildschirm farbig angezeigt, jedoch grau ausgedruckt.
Normal	Der Text, den Sie soeben lesen, ist in der 'normalen' Zeichendarstellung geschrieben, also weder hochgestellt noch tiefgestellt.
Hochgestellt	So sieht ^{hochgestellter} Text aus.
Tiefgestellt	So sieht $_{\text{tiefgestellter}}$ Text aus.

Zeichen-abstand

Der Dialog [Format/Zeichenabstand...]:

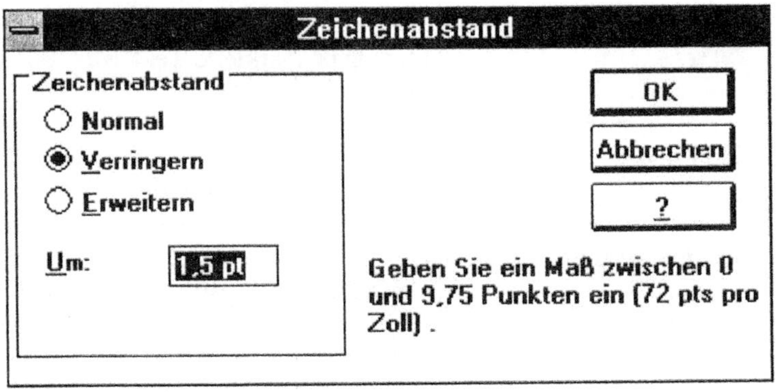

Abb. 6-39 ***Zeichenabstand***

Auswahl	Beschreibung
Normal	Der Zeichenabstand wird je nach Schriftart von Publisher berechnet. Eine Eingabe in das Eingabefeld **Um** ist nicht erforderlich.
Verringern Um	Die Zeichen der zuvor markierten Textstelle werden enger aneinander gerückt. Aktivieren Sie die Option **Verringern**, wird der Cursor automatisch in das Eingabefeld **Um** gesetzt, in dem zunächst ein Standardwert eingetragen ist. Sie können jedoch selbst einen der in Publisher erlaubten Werte eintragen. Welche das sind, ist rechts neben dem Eingabefeld zu lesen.
Erweitern Um	Wie **Verringern Um**. Allerdings werden die Zeichen bei dieser Option weiter auseinander gezogen.

Achten Sie vor allem bei sehr großen Schriften darauf, die oft entstehenden unnatürlich großen Lücken zu schließen, indem Sie den Zeichenabstand verringern. (Siehe hierzu auch **Kapitel 2 - Überschriften und Schlagzeilen**.)

Der Dialog [Format/Einzüge und Abstände...]:

Einzüge und Abstände

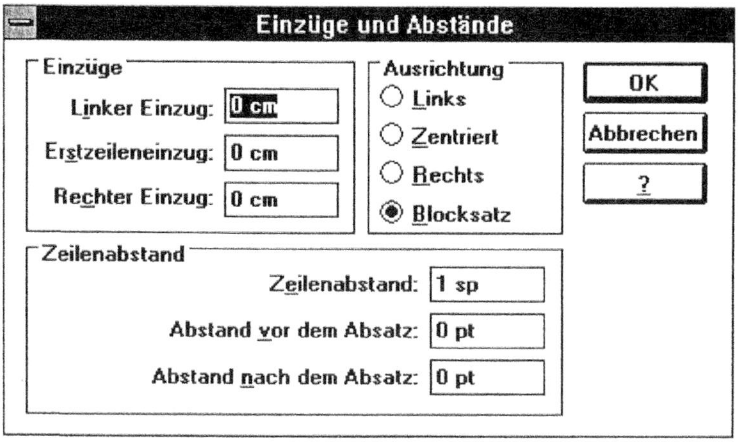

Abb. 6-40 ***Einzüge und Abstände***

Im Gegensatz zu den Zeichenformatierungen, die wir soeben vertieft haben, beziehen sich all diese Eingaben auf einen Absatz. Publisher erkennt einen Absatz durch das Absatzendezeichen (¶). Dieses Zeichen geben Sie über die Tastatur durch einmaliges Betätigen der Taste RETURN ein. Wollen Sie einmal eine Zeile beenden, allerdings den Absatz noch nicht, so ist das jederzeit über die Tastenkombination UMSCHALTEN + RETURN möglich. Dadurch wird ein sogenannter 'weicher Zeilenumbruch' (↵) erzeugt.

Auswahl	Beschreibung
Linker Einzug	Die Maßangabe, die in dieses Eingabefeld eingetragen werden muß, ist abhängig von den [Einstellungen...] (Menü [Optionen]). Dieser Absatz ist links um einen Zentimeter eingezogen. Sie erkennen es, wenn Sie den darüberliegenden Einzug betrachten.

Erstzeileneinzug	Die Maßangabe, die in dieses Eingabefeld eingetragen werden muß, ist abhängig von den [Einstellungen...] (Menü [Optionen]). Dieser Einzug verfügt über einen Erstzeileneinzug von einem Zentimeter. Die erste Zeile wird eingezogen, alle anderen Zeilen des Absatzes am linken Seitenrand ausgerichtet.
Rechter Einzug	Die Maßangabe, die in dieses Eingabefeld eingetragen werden muß, ist abhängig von den [Einstellungen...] (Menü [Optionen]). Dieser Absatz ist rechts um einen Zentimeter eingezogen. Sie erkennen es, wenn Sie den darüberliegenden Einzug betrachten.
Ausrichtung	Die Ausrichtung haben Sie während Ihrer Arbeit mit der Symbolleiste bereits kennengelernt. Die vier Ausrichtungsmöglichkeiten lassen sich hier optional einstellen.
Zeilenabstand	In diesem Feld legen Sie fest, wieviel Leerzeilen zwischen den einzelnen markierten Textzeilen stehen sollen. Werte von 0,33 bis 124 sind erlaubt.
Abstand vor dem Absatz	In dieses Feld tragen Sie die Anzahl Leerzeilen ein, die v o r dem Absatz eingefügt werden sollen.
Abstand nach dem Absatz	In dieses Feld tragen Sie die Anzahl Leerzeilen ein, die n a c h dem Absatz eingefügt werden sollen.

Die beiden letzten Eingabefelder ermöglichen es Ihnen zwischen einzelnen Absätzen 'Platz zu schaffen', ohne dafür ein Absatzendezeichen einfügen zu müssen. Sie verhindern dadurch Absätze ohne Text, was zur Erleichterung der Absatzformatierung beiträgt.

Tabulator verwenden

Eine weitere Eingabemöglichkeit für Textrahmen sind Tabulatoren. Tabulatoren werden verwendet, um Text in einem Textrahmen an einer bestimmten Stelle zu positionieren. Sie können entweder die Standardtabulatoren von Publisher verwenden oder eigene Tabulatoren setzen. Die Verwendung von Tabulatoren ist jedoch immer gleich:

1. KLICKEN Sie im gewünschten Textrahmen in den Absatz, in dem Sie einen Tabulator verwenden wollen.
2. Drücken Sie die Taste TAB.

Der nachfolgende Text wird am nächsten Tabulatorstop ausgerichtet. Dazu ist zu sagen, daß in Publisher alle 1,27 cm ein Standardtabulator gesetzt ist. Sind Sie damit nicht einverstanden, steht es Ihnen frei, Ihre eigenen Tabulatoren einzurichten, dialoggeführt - versteht sich.

Der Dialog [Format/Tabulatoren...]:

Dialog Tabulatoren

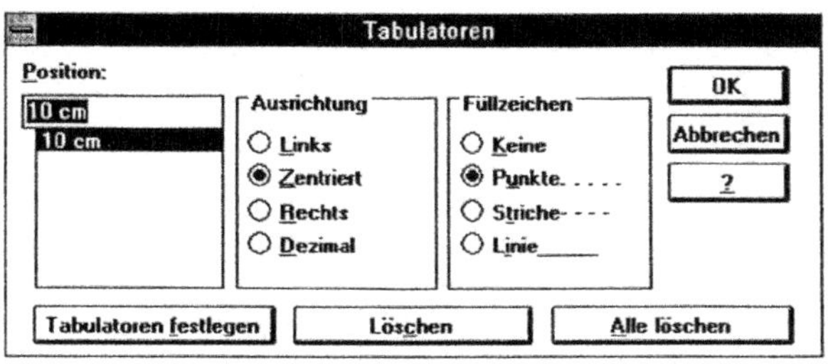

Abb. 6-41 ***Tabulatoren***

Auswahl	Beschreibung
Position	Diese Angabe ist abhängig von den im Menü [Optionen/Einstellungen...] getroffenen Eingaben. Geben Sie das Maß für den Tabulator ein.

Auswahl	Beschreibung
Ausrichtung	Legt fest, wie der Text am Tabulator ausgerichtet wird.
Füllzeichen	Füllt den Leerraum zwischen Tabulatoren.
Tabulatoren festlegen	Diese Schaltfläche legt Tabulatoren an.
Löschen	Diese Schaltfläche löscht den ausgewählten Tabulator.
Alle löschen	Diese Schaltfläche löscht alle Tabulatoren.

Hilfen zur Tabulatoreinrichtung

Bevor Sie jetzt den Dialog **Tabulatoren** aufrufen, sollten Sie zuerst noch einige Vorbereitungen treffen. Das Wichtigste - wie immer - zuerst: Markieren Sie den Absatz bzw. die Textstelle, die einen (oder mehrere) Tabulator(en) erhalten soll. Anschließend stellen Sie die Originalgröße der Publikation ein (Funktionstaste F9). Nun ziehen Sie das obere Lineal an den oberen Rand des Textrahmens, ungefähr so:

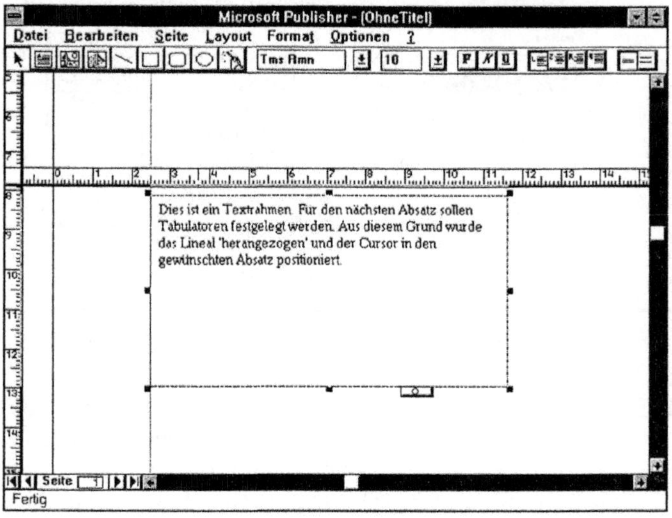

Abb. 6-42 Hilfsmittel zum Setzen von Tabulatoren

Damit lassen sich die Maßeinheiten wunderbar ablesen. Allerdings sollten wir Ihnen noch verraten, von wo aus die Tabulatoren bemessen werden: Immer von der linken Kante des Textrahmens. Danach ergibt sich folgende Rechnung: Soll ein Tabulator bei Zentimeter 5 gesetzt werden, ziehen Sie den linken Seitenrand von dieser Zentimeterangabe ab. Der verbleibende Wert wird als Tabulatorposition eingetragen:

Tabulator soll gesetzt werden bei	Zentimeter 5,0
Der linke Seitenrand beträgt	./. Zentimeter 2,5
= Tabulatorposition	Zentimeter 2,5

So gerüstet, können Sie die gewünschten Tabulatoren nun getrost setzen:

Tabulatoren setzen

1. Rufen Sie den Dialog **Tabulator** aus dem Menü [Format] über den Befehl [Tabulatoren...] auf und tragen die **Position** in das dafür vorgesehene Eingabefeld ein.

Die Maßangabe, die in diesem Eingabefeld berücksichtigt wird, ist abhängig von den [Einstellungen...] im Menü [Optionen].

2. Wählen Sie eine der vier möglichen Ausrichtungsoptionen. Treffen Sie hier keine Entscheidung, wird automatisch ein linksbündiger Tabulator eingesetzt.

3. Sofern erforderlich, wählen Sie die benötigten **Füllzeichen** aus. (Füllzeichen haben wir beispielsweise für das Inhaltsverzeichnis dieses Buches verwendet. Wir haben uns dabei für Punkte entschieden.)

4. Sind alle Angaben festgelegt, KLICKEN Sie auf die Schaltfläche **Tabulator festlegen**. Der Tabulator wird eingetragen, und wenn Sie wollen, können Sie nun weitere Tabulatoren einrichten.

5. Wenn Sie nicht wollen, bestätigen Sie Ihre Eingaben mit **OK**.

Die festgelegten Tabulatoren können nun mit der Taste TAB angesteuert werden. Was tun, wenn mal ein Tabulator falsch angelegt wurde oder einfach zuviel ist. Kein Problem: Ändern oder löschen.

Tabulator ändern

1. Markieren Sie den Absatz im Textrahmen, der die zu ändernden Tabulatoren enthält.
2. Wählen Sie aus dem Menü [Format] den Befehl [Tabulatoren...].
3. Markieren Sie die zu ändernde Tabulatorposition durch einen Mausklick.
4. Legen Sie die **Ausrichtung** bzw. die **Füllzeichen** neu fest.
5. Betätigen Sie die Schaltfläche **Tabulatoren festlegen**.
6. Beenden Sie den Dialog über **OK**.

Tabulator löschen

1. Markieren Sie den Absatz im Textrahmen, der den zu löschenden Tabulator enthält.
2. Wählen Sie aus dem Menü [Format] den Befehl [Tabulatoren...].
3. Markieren Sie die zu löschende Tabulatorposition durch einen Mausklick.
4. Betätigen Sie die Schaltfläche **Löschen**.
6. Beenden Sie den Dialog über **OK**.

Enthält der markierte Absatz im Textrahmen mehrere Tabulatoren, die Sie allesamt löschen wollen, so ist es nicht notwendig diese alle einzeln zu löschen. In so einem Fall verwenden Sie die Schaltfläche **Alle löschen** und schon ist die Aufgabe erledigt. Um den Dialog Tabulatoren wieder zuzuklappen, KLICKEN Sie auf **OK**.

Kompliment, lieber Leser, in Sachen Textrahmen macht Ihnen so schnell keiner mehr was vor.

Einbinden von Grafiken

Bislang haben Sie den für die Publikation notwendigen Text bearbeitet. Nun geht es darum, Grafiken zu importieren und diese ebenfalls zu bearbeiten. Ihre erste Aufgabe besteht jetzt erst einmal darin, einen Grafikrahmen in die Publikation aufzunehmen. Verwenden Sie dazu das Instrument für den Grafikrahmen und setzen ihn in die Mitte der ersten Zeile:

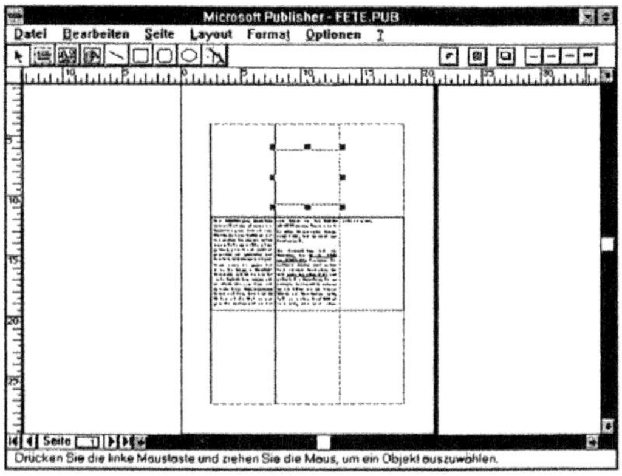

Abb. 6-43 Leerer Grafikrahmen

Der Grafikrahmen ist sofort als solcher zu erkennen. Im Gegensatz zum Textrahmen fehlt ihm die Raute in der rechten unteren Ecke. Die einzigen Symbole, die der Grafikrahmen darstellt, wenn er denn aktiviert wurde, sind Anfasser. Wir können daraus entnehmen, daß eine Grafik niemals in einem anderen Grafikrahmen fortgesetzt wird, wozu auch. Jede Grafik wird demnach in einen eigenen Rahmen importiert. Damit das funktioniert, ist es unbedingt erforderlich, den Grafikrahmen zu aktivieren. (Tun Sie das nicht, wird die Grafik in Ihrer Originalgröße in einen neuen Grafikrahmen importiert.) Der Rest ist dann ein Kinderspiel:

Grafik importieren

1. Öffnen Sie das [Datei]-Menü.

2. Wählen Sie [Grafik importieren...].

   Alternativ zu den beiden ersten Punkten können Sie auch einen DOPPELKLICK in den Grafikrahmen durchführen, um den Dialog **Grafik importieren** aufzurufen.

Im Textrahmen führt der DOPPELKLICK eine andere Aufgabe durch. Damit wird das Wort markiert, auf dem der Mauszeiger steht!

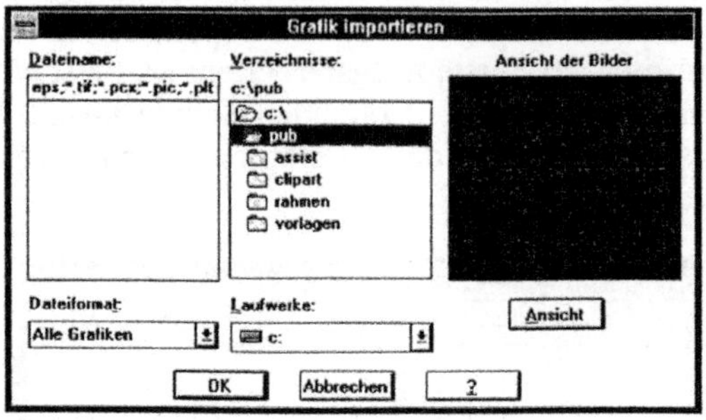

*Abb. 6-44 Dialog **Grafik importieren***

3. Suchen Sie die gewünschte Grafik aus.

4. Bestätigen Sie mit **OK**.

Zunächst einmal läßt sich festhalten: Der Dialog **Grafik importieren** ist dem Dialog **Text importieren** sehr ähnlich. Denken Sie sich den rechten Teil der Dialogbox einmal weg und rufen sich die Dialogbox **Text importieren** in Erinnerung. Die Dialoge von Publisher sind so einheitlich gestaltet, daß bekannte Elemente immer wieder vorkommen. Dazu kommt, die Dialoge finden sich auch in anderen Microsoft-Programmen. Einmal gelernt, immer gelernt! Abhängig davon, mit welchem Grafikprogramm die zu importierende Grafik erstellt wurde, läßt sich diese über die Liste **Dateiformat** einstellen. Anders als beim Textimport werden hier jetzt also Grafikdateien und keine Textdateien angezeigt:

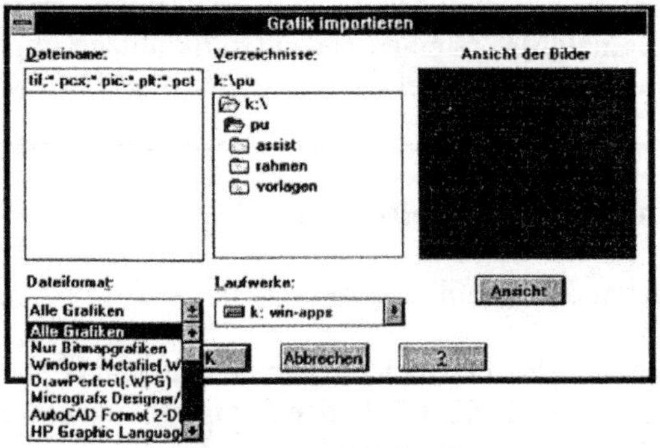

Abb. 6-45 Mögliche Grafikimporte

Ist das gewünschte Grafikformat eingestellt, können Sie nun in Ruhe die verschiedenen **Laufwerke** (zum Beispiel **A**:\ oder **C**:\) anwählen. Augenblicklich werden daraufhin die Verzeichnisse des zuvor gewählten Laufwerks angezeigt. Je nachdem, wo sich Ihre Grafikdatei befindet, wählen Sie das benötigte Unterverzeichnis aus. Um Beispielsweise die in Publisher mitgelieferten Grafiken einzusehen, sind im Dialog **Grafik importieren** folgende Eingaben notwendig:

1. Stellen Sie unter Dateiformat **Alle Grafiken** ein. Sofort werden im Eingabefeld **Dateiname** die dazugehörigen Endungen eingetragen.

2. Wählen Sie das Laufwerk, auf dem Ihr Publisher installiert ist. Auf unserem Rechner ist dies beispielsweise das Laufwerk **C**:

3. Wechseln Sie in das Publisher-Verzeichnis, indem Sie es markieren und **OK** KLICKEN.

4. Anschließend wechseln Sie in das Verzeichnis CLIPART.

CLIPART

Alle in Publisher mitgelieferten Grafikdateien, sogenannte ClipArts, werden nun in der Liste unter dem Dateinamen angezeigt:

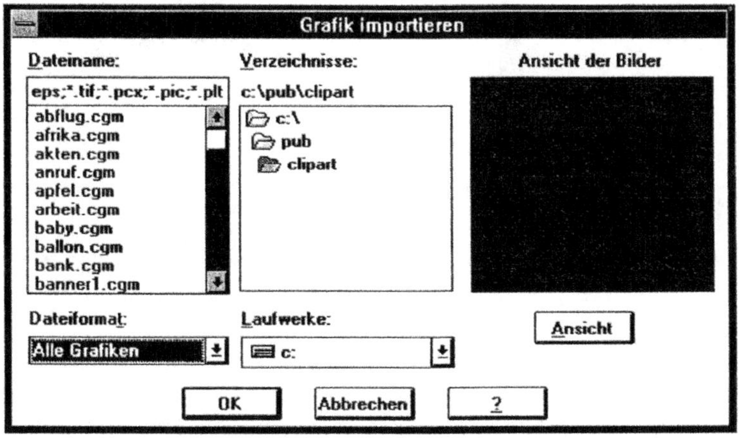

Abb. 6-46 Liste der Grafikdateien

Obwohl die Dateinamen recht sprechend gewählt wurden, kann man doch nicht immer gleich etwas mit einem solchen Namen anfangen. Oder haben Sie eine Vorstellung, wie die Grafik ABFLUG aussieht. Ist das ein startendes Flugzeug? Ist das eine Abschiedsszene am Flughafen oder ist das ein Rennfahrer, der mit seinem Auto losfährt? Um all diesen Fragen auf den Grund zu gehen, ohne jedesmal die Grafik in Publisher importieren zu müssen (unter uns - so etwas kann schon mal ein Weilchen dauern), ermöglicht dieser Dialog die Bilder anzusehen. Um ein Bild im Monitor angezeigt zu bekommen, gehen Sie so vor::

Vorschau von Grafikdateien

1. Markieren Sie die gewünschte Grafikdatei durch einen Mausklick.

2. KLICKEN Sie auf den Schalter **Ansicht**.

So läßt sich mit Bildern arbeiten. Finden Sie nicht auch? Das verbirgt sich also tatsächlich hinter der Datei ABFLUG.CGM:

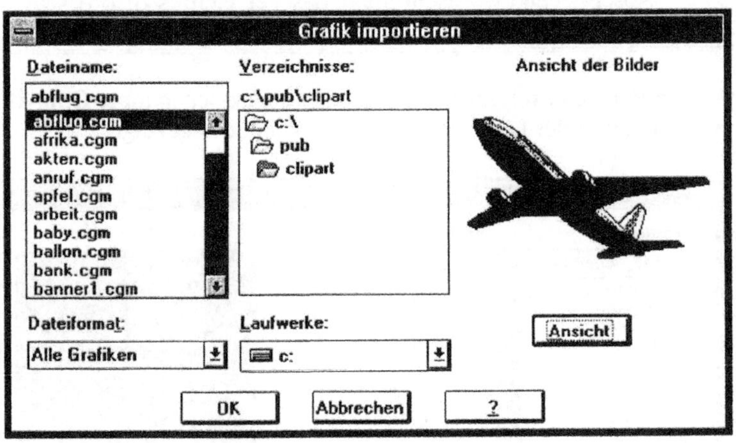

Abb. 6-47 Ansicht von Grafiken in der Dialogbox

Auf diese Weise können Sie in aller Ruhe in den Ihnen bereits vorliegenden Grafiken oder in den Publisher-Grafiken 'stöbern'. Für unsere Publikation benötigen wir die mitgelieferte Grafik KORKEN.CGM. Nachdem Sie sich rundherum über die verfügbaren Bilder informiert haben, importieren Sie bitte den Korken in unser

Flugblatt, das anschließend folgendes Aussehen angenommen haben sollte:

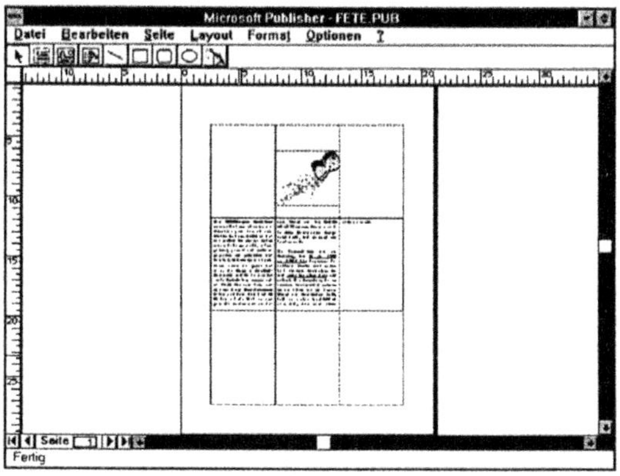

Abb. 6-48 Importierte Grafik

Die soeben importierte Grafik hat sich der Größe Ihres zuvor aufgezogenen Grafikrahmens angepaßt. Manchmal ist es notwendig die Originalgröße der Grafik einzustellen:, um bestimmte Effekte zu erreichen. Warum nicht, das ist mit Publisher ja überhaupt kein Problem:

Größe der Grafik ändern

1. Aktivieren Sie die Grafik.
2. Öffnen Sie das Menü [Format].
3. Wählen Sie [Grafik vergrößern/verkleinern...]:

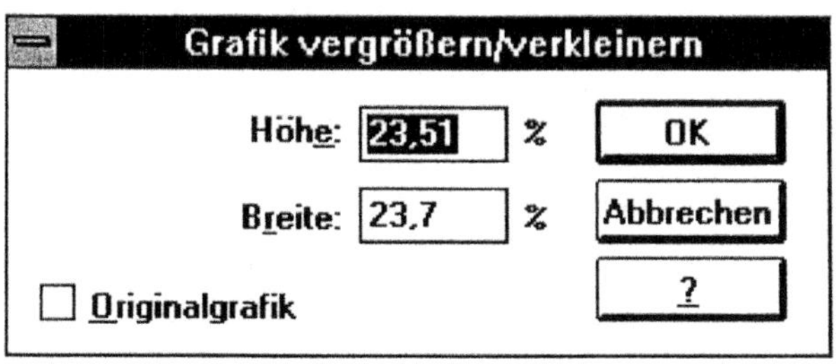

Abb. 6-49 Größe der Grafik einstellen

Die derzeitige Abweichung der Originalgröße in Prozent wird angezeigt. Eine Abweichung unter 100 % bedeutet eine Verkleinerung der Grafik, eine Abweichung über 100 % eine Vergrößerung.

4. Um die Grafik in der Originalgröße anzeigen zu lassen, KLICKEN Sie in das dafür vorgesehene Kontrollkästchen **Originalgrafik**.

   Alternativ dazu können Sie auch sowohl unter **Höhe** als auch unter **Breite** 100 eintragen.

5. Bestätigen Sie mit **OK**.

Vielleicht fragen Sie sich jetzt, ob sich die Grafik denn nicht mehr mit der Maus vergrößern und verkleinern läßt. Das geht natürlich immer. Schließlich ist die Grafik in einen Grafikrahmen eingefügt worden und dadurch ein ganz 'normales' Objekt. Auch läßt Sie sich - wie zuvor beschrieben - bewegen.

Grafik zuschneiden

Prinzipiell gibt es nur eine Aktion für die Grafikbearbeitung, die über ein Pull-Down-Menü :eingestellt werden muß: [Grafik abschneiden]. Diesen Befehl finden Sie im [Format]-Menü. Er kann entweder ein- oder ausgeschaltet werden. In welchem Zustand sich der Befehl befindet, erkennen Sie an einem Häkchen (✓). Ist dieses Häkchen (✓) zu sehen, ist auch der Befehl aktiviert. Um denselben wieder zu deaktivieren, wählen Sie den Befehl erneut aus. Das Häkchen (✓) wird nicht mehr angezeigt, der Befehl ist nicht mehr aktiv. Sobald ein Grafikrahmen aktiviert wurde kann der 'Zuschneidecursor' allerdings auch über die Symbolleiste aktiviert werden.

Die nächste drängende Frage ist natürlich, wozu benötigt man so etwas überhaupt? Stellen Sie sich dazu einfach ein Bild aus einer Illustrierten vor und den Fall, Sie hätten Publisher nicht und müßten Ihre Publikation auf einer weißen Seite Papier aufkleben. Das Bild, das sich in der Illustrierten findet, ist fast so, wie Sie es wollen, allerdings gefällt Ihnen für Ihre Zwecke der untere Bildbereich nicht. Was machen Sie jetzt? Klar, Sie nehmen kurzerhand eine Schere und schneiden den nicht gewünschten Teil ab. Und exakt das können Sie natürlich mit Publisher auch bewerkstelligen, mit dem einzigen Unterschied, daß Sie das Bild nicht mit einer Schere, sondern über den Befehl [Grafik abschneiden] erledigen. Manchmal braucht man eben nur einen ganz bestimmten Teil einer vorliegenden Grafik. Während Sie bei einer Größenänderung immer die Grafik insgesamt verkleinern (oder vergrößern), Sie aber dabei auf keine Bildinformation verzichten, sorgt der Befehl [Grafik abschneiden] dafür, daß bestimmte Teile der Grafik am linken, rechten, unteren oder oberen Rand 'verschwinden'. Um eine Grafik zuzuschneiden, gehen Sie so vor:

---

1. Markieren Sie die Grafik, die abgeschnitten werden soll.

2. Wählen Sie den Befehl [Grafik abschneiden] aus dem Menü [Format].

SCHNITT

3. Setzen Sie den Mauszeiger auf den gewünschten Anfasser. (Um ein Bild im oberen Bereich zu beschneiden, wird der Zeiger beispielsweise auf den mittleren Anfasser der oberen Kante gesetzt.) Sobald der Mauszeiger auf einem Anfasser steht, wird nicht mehr der Zeiger zur Größenänderung, sondern der Zeiger für den Zuschnitt angezeigt.

4. Drücken Sie die linke Maustaste und halten Sie gedrückt, während Sie die Maus in die Bildmitte ZIEHEN.

5. Ist genügend Fläche abgeschnitten worden, lassen Sie den Mauszeiger wieder los.

6. Um den Befehl wieder abzuschalten, wählen Sie [Grafik abschneiden] aus dem Menü [Format] erneut.

Abschließend sei noch darauf hingewiesen, daß die Verarbeitungsgeschwindigkeit verlangsamt werden kann, wenn viele Grafiken in die Publikation einbezogen werden. Aber auch daran ist in Publisher gedacht. Wenn es also aus diesem Grund einmal zu langsam geht, wählen Sie kurzerhand den Befehl [Grafiken ausblenden] aus dem Menü [Optionen]. Statt der Grafiken werden jetzt nur noch deren Grafikrahmen angezeigt. Eine eventuelle Bearbeitung von Texten geht dann viel schneller vonstatten. Um die Grafiken wieder anzuzeigen, wählen Sie den Befehl erneut. Fertig!

Text und Grafik sind der Publikation hinzugefügt worden. Sie sollten sich nun darum kümmern, die Publikation zu speichern, um keinen Datenverlust zu erleiden. (Denken Sie daran, daß auch das stabilste Haus schon mal Stromausfall erleiden kann.)

Die Publikation speichern und schließen

Warum speichern?

Wie Ihnen sicher bestens bekannt, ist so ein Computer ja ganz schön dumm. Alles und jedes was am Bildschirm angezeigt wird, kann von Ihrem Rechner nur deshalb präsentiert werden, weil sich dieser - jedesmal wenn Sie ihn einschalten - informiert, wie denn nun eigentlich der Bildschirm aufgebaut werden muß. Alle Informationen, die er dazu benötigt, 'besorgt' er sich über Dateien. Diese Dateien können Programmdateien (zum Beispiel für Publisher), aber auch Datendateien (wie zum Beispiel die Publikationen, die Sie mit Publisher erstellen) sein. Alle Angaben, die der Rechner diesen Dateien entnimmt, liest er in seinen Hauptspeicher (man könnte auch sagen sein 'Gehirn') ein. Danach kann die Anzeige am Bildschirm erfolgen. Schalten Sie den Rechner aus, 'vergißt' dieser alles, was er bis zu diesem Zeitpunkt bereits 'gelernt' (sprich in den Hauptspeicher eingelesen) hatte. Beim nächsten Einschalten geht der 'Lernprozess' von vorne los. Damit nun Ihre Daten beim Abschalten des Computers nicht verloren gehen, ist es notwendig sie aufzubewahren. Ein Befehl, der daher in jedem Computerprogramm zur Verfügung steht, heißt 'Speichern'. Die eingegebenen Informationen also ablegen. Heutzutage ist es üblich, für die Ablage von Dateien Festplatten zu verwenden, was allerdings nicht heißt, daß Sie Ihre Publikationen nicht auch auf Disketten aufbewahren können. Es ist eben alles eine Frage der Organisation.

MS-DOS

Und genau damit wollen wir uns einen Moment beschäftigen. Welche Organisationsmöglichkeiten bietet Ihnen der Rechner? Gestatten Sie uns an dieser Stelle einen kleinen Ausflug in das Betriebssystem MS-DOS (**M**icro**S**oft **D**isk **O**peration **S**ystem), das verantwortlich dafür ist, nach welchen Ordnungskriterien Dateien abgelegt werden können.

Disketten und Festplatten

Zunächst einmal können Sie Ihre Dateien entweder auf eine Diskette oder auf die Festplatte abspeichern. Die Festplatte ist in den Computer fest eingebaut, während Disketten einzeln in das dafür vorgesehene Diskettenlaufwerk eingelegt werden können. Der Unterschied zwischen Disketten und Festplatten besteht in der Aufnahmekapazität der Daten. So können Sie auf einer Festplatte mehr Informationen unterbringen als auf einer Diskette. Es gibt zwei unterschiedliche Diskettenformate, die unterschiedliche Aufnahmekapazitäten haben, wobei wir hier nur die gängigsten ansprechen. Die zur Drucklegung dieser Publikation üblichen Diskettenformate sind:

- 3,5 Zoll Disketten (Aufnahmekapazität 720 KB bzw. 1,44 MB)
- 5,25 Zoll Disketten (Aufnahmekapazität 360 KB bzw. 1,2 MB)

Festplatten hingegen sind von 20 Megabyte bis 1,2 Gigabyte erhältlich. Mittlerweile dürften Festplatten mit einer Kapazität zwischen 40 und 100 Megabyte üblich sein.

Da jedes Ding einen Namen braucht, haben selbstverständlich auch Festplatten und Disketten Namen. Das Betriebssystem kennt die Diskettenlaufwerke unter dem Namen **A**: bzw. **B**:, die Festplatte hingegen unter **C**:, **D**:, **E**: usw. Für Ihre Arbeit mit Publisher bedeutet das, wenn Sie auf eine Diskette abspeichern wollen, verwenden Sie entweder das Laufwerk **A**: oder **B**:. Alle anderen Buchstaben benennen Festplattenlaufwerke. Die Anzahl der Festplattenlaufwerke ist abhängig von der Einrichtung Ihres Rechners.

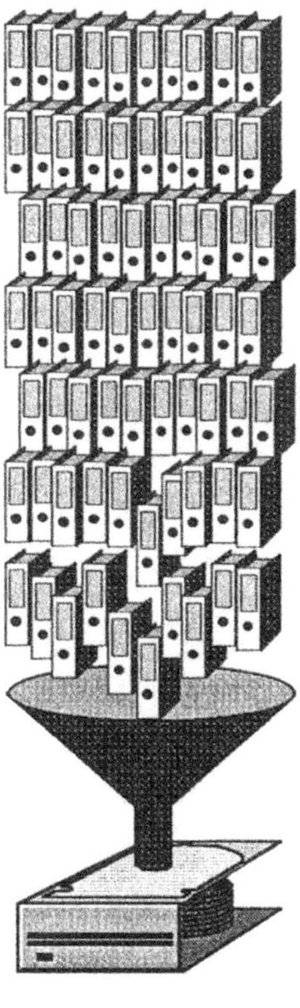

Nun ist es heutzutage möglich immense Datenmengen auf den auch als Datenträgern bezeichneten Disketten bzw. Festplatten unterzubringen. Dazu ein Beispiel: Betrachten wir einmal das Aufnahmevermögen einer Festplatte von 100 Megabyte (MB). Wieviel durchschnittliche Dokumente kann man darauf nun eigentlich ablegen? Ein durchschnittliches einseitiges Dokument beansprucht auf der Festplatte ca. 3000 Byte. Wenn Sie nun davon ausgehen, daß 1024 Byte ein Kilobyte ergeben und 1024 Kilobyte wiederum ein Megabyte, können Sie sich ausrechnen, wieviele Dokumente auf einer Festplatte mit 100 Megabyte Kapazität untergebracht werden können: 100 Megabyte ergeben - sage und schreibe - 104.857.600 Byte. Teilen Sie diese Anzahl nun durch 3000, so erhalten Sie ca. 34.952. Soviele Dokumente könnte eine solche Festplatte also theoretisch aufnehmen, wenn Sie ausschließlich zu 'Ablagezwecken' verwendet würde. In Aktenordnern gesprochen, dürften da sicher mehrere Meter zusammenkommen. Gehen Sie jetzt davon aus, daß in einen Standardordner ungefähr 500 geschriebene Seiten abgelegt werden können, so ergibt die weitere Rechnung (349542 : 500) ca. 70 Aktenordner. Sie benötigen schon ein ausgeklügeltes Registrierungssystem, um in diesem Berg noch etwas zu finden.

Aus diesem Grund verfolgt das Betriebssystem MS-DOS die Ablage nach dem sogenannten Wurzelverfahren. Ausgehend von einer obersten Ebene, dem ROOT-Verzeichnis, ist es Ihnen erlaubt, in die Tiefe zu verzweigen. Ähnlich wie die Wurzeln eines Baumes:

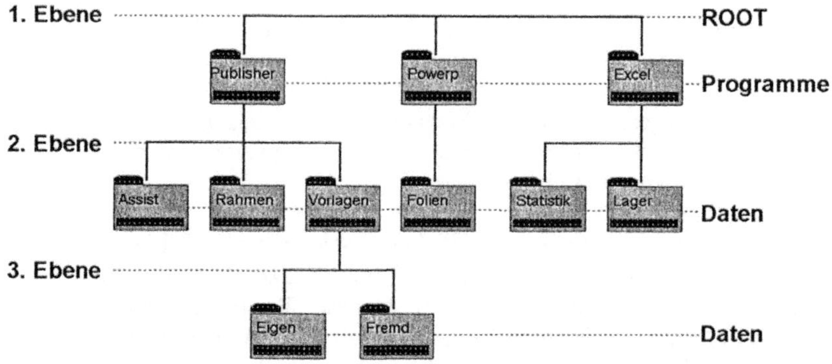

Abb. 6-50 Beispiel für die Verzeichnisstruktur von MS-DOS

Dateien organisieren

Auf einer neu eingerichteten Festplatte existiert zumeist nur ein ROOT-Verzeichnis sowie ein Verzeichnis für das Betriebssystem. Beginnen Sie nun mit der Installation von Anwendungsprogrammen, füllt sich die Festplatte langsam. Jedes Programm legt dabei während der Installation ein Verzeichnis für sich an. In dieses Verzeichnis wird der gesamte Programmcode kopiert, der zum Betrieb der Anwendung notwendig ist. Die meisten Programme kommen heutzutage allerdings mit einem Verzeichnis nicht mehr aus, und so kommt es, daß sich in den einzelnen Verzeichnissen weitere Verzeichnisse (sogenannte Unterverzeichnisse) befinden. Damit das Ganze übersichtlich bleibt. Und aus Gründen der Übersichtlichkeit sollten auch Sie Verzeichnisse und darin weitere Unterverzeichnisse einrichten. Diese Vorarbeit können Sie allerdings nicht mit Publisher erledigen. Verwenden Sie einfach den **Datei-Manager** von **Windows** und legen die notwendigen Verzeichnisse für Ihre Publikationen an.

Namenskonventionen

Dann kann gespeichert werden. Zu beachten ist dabei, daß jede Publikation, die auf der Festplatte oder auf einer Diskette abgelegt werden soll, einen eindeutigen Namen erhalten muß. Eindeutig bedeutet, er darf im aktuellen Verzeichnis nur einmal vorkommen. Außerdem ist zu beachten, daß dieser nicht beliebig lang werden darf. Im Einzelnen gelten folgende Regeln:

- Maximal 8 Zeichen verwenden.
- Nur Buchstaben und Zahlen, aber keine Sonderzeichen verwenden.
- V e r b o t e n sind außerdem die Zeichen Stern (*), Punkt (.), Fragezeichen (?), Doppelpunkt (:).

Beim Speichern unterscheidet Publisher zwei Varianten:

- Das Speichern einer neuen Datei.
- Das Speichern einer Datei, die zuvor schon einmal gespeichert wurde.

Sie sollen nun der Reihe nach beide Varianten kennenlernen. Dazu betrachten wir zunächst die **Titelzeile** der derzeit geöffneten Publikation:

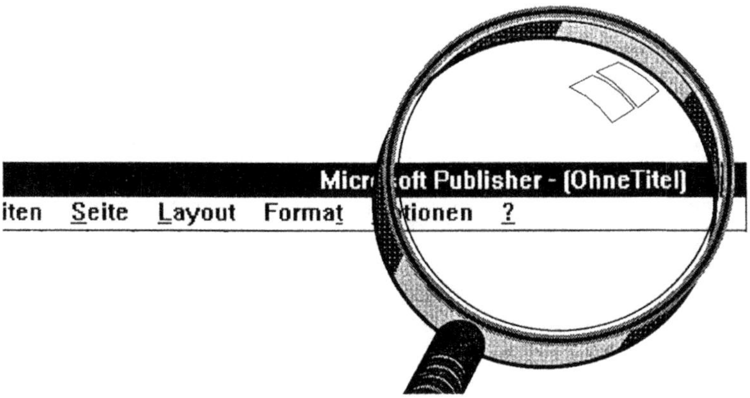

Abb. 6-51 Noch nie gespeicherte Publikation

Publikation zum ersten Mal speichern

Die **Titelzeile** verrät Ihnen augenblicklich, daß diese Publikation noch keinen Namen hat. Ersatzweise hat Publisher deshalb **(Ohne Titel)** in die **Titelzeile** eingetragen. Um diese noch nicht gespeicherte Publikation dauerhaft abzulegen (auf der Festplatte oder auf einer Diskette), führen Sie folgende Schritte durch:

---

1. Öffnen Sie das [Datei]-Menü und wählen [Speichern]. Publisher zeigt daraufhin den Dialog **Speichern unter** an:

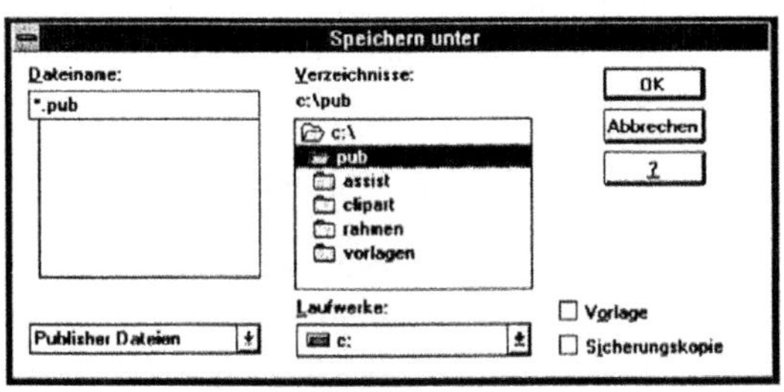

Abb. 6-51 Dialog ***Speichern unter***

2. Der Cursor steht automatisch im Feld **Dateiname**. Tragen Sie Ihren gewünschten Dateinamen ein.

3. Anschließend kontrollieren Sie, ob Sie sich auch im gewünschten Laufwerk und Verzeichnis befinden. Ist das nicht der Fall, stellen Sie beides nach Ihren Wünschen ein.

4. Lösen Sie den Speichervorgang durch einen KLICK auf **OK** aus.

Der Name, unter dem die Publikation nun abgespeichert wird, trägt in den ersten acht Stellen die Beschreibung, die Sie selbst gewählt haben und endet mit .PUB, der Endung für Publisher-Dateien. Übrigens müssen Sie nicht unbedingt acht Stellen verwenden, es dürfen auch weniger sein. Unsere Publikation trägt beispielsweise den Namen FETE.PUB. In jedem Fall wird der Name nun in der **Titelzeile** eingetragen:

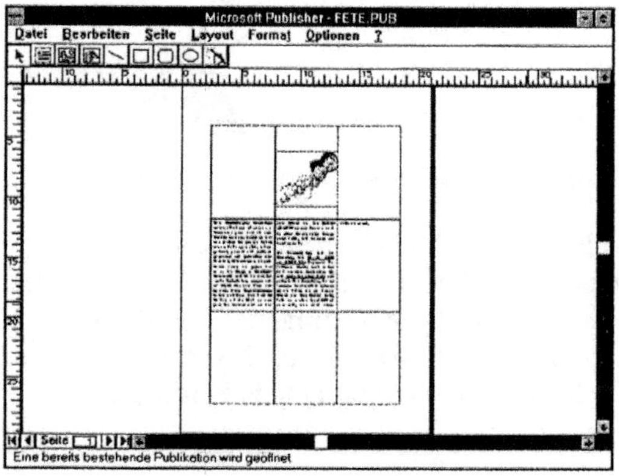

*Abb. 6-52 Dateiname in **Titelzeile***

Vorlage

Der Dialog **Speichern unter** ist Ihnen - wir ahnen es - bestens vertraut. Dennoch gibt es hier zwei neue Kontrollkästchen: **Vorlage** und **Sicherungskopie**. Aktivieren Sie das Kontrollkästchen **Vorlage**, so wird Ihre Datei zunächst unter dem von Ihnen festgelegten Namen abgespeichert. Zusätzlich speichert Publisher eine Kopie dieser Publikation (übrigens unter exakt dem Namen, den Sie vergeben haben) in das durch die Installation angelegte Verzeichnis VORLAGEN. Zu gut deutsch, die Datei liegt anschließend zweimal vor, in dem Verzeichnis in dem Sie diese abgespeichert haben und im Verzeichnis VORLAGEN, das ein Unterverzeichnis des

Programmverzeichnisses von Publisher ist. Selbstverständlich teilt Ihnen der Dialog **Speichern unter** diese Tatsache mit:

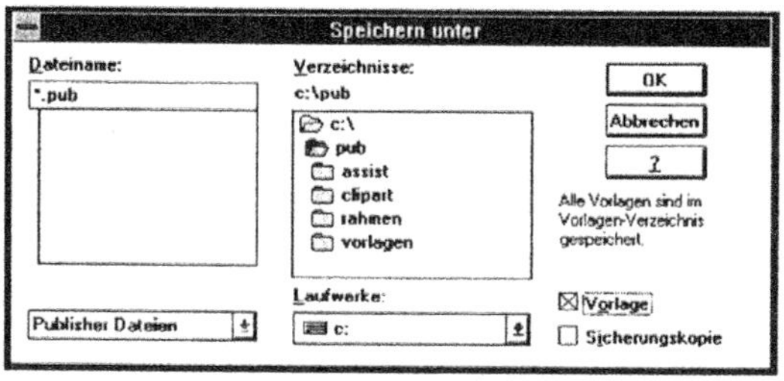

*Abb. 6-53 Kontrollkästchen **Vorlage** aktiviert*

Sie haben die mitgelieferten Vorlagen bereits in **Kapitel 4** kennengelernt. Sie sehen hier nun wie einfach aus einer eigenen Publikation eine Vorlage erzeugt werden kann.

Sicherungs-kopie

Wollen Sie auf 'Nummer sicher' gehen, erlaubt Ihnen Publisher das Anfertigen einer **Sicherungskopie**. :Aktivieren Sie dieses Kontrollkästchen, so wird die Datei zweimal in dem von Ihnen festgelegten Laufwerk und Verzeichnis abgelegt, einmal mit der Endung .PUB und ein zweites mal mit der Endung .BAK. Hätten Sie beispielsweise den Namen EINLAD vergeben, so würden Sie im Anschluß an den Speichervorgang über die Dateien EINLAD.PUB und EINLAD.BAK verfügen. Sollte Ihre Originalpublikation (EINLAD.PUB) nun einmal beschädigt sein, ein Umstand, den man in der modernen Büroelektronik leider nie ganz ausschließen kann, greifen Sie in so einem Fall einfach auf die Sicherungskopie (EINLAD.BAK) zurück. Ist die **Sicherungskopie** aktiviert, meldet der Dialog das ebenfalls:

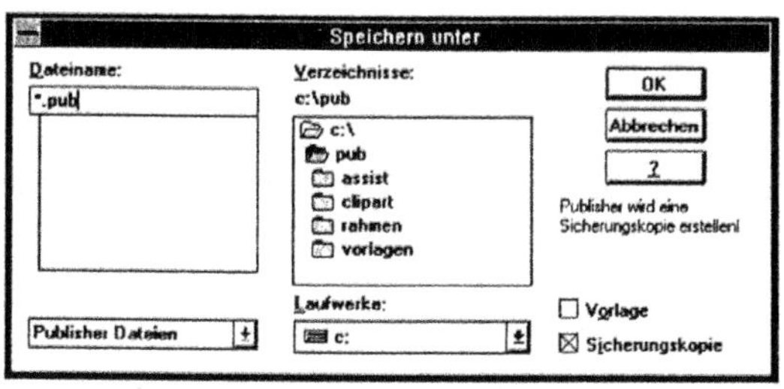

*Abb. 6-54 Kontrollkästchen **Sicherungskopie** aktiviert*

Bestehende Publikation speichern

Die Publikation hat nun einen Namen und wurde entweder auf der Festplatte oder auf der Diskette abgelegt. Nehmen Sie danach weitere Änderungen vor, müssen diese selbstverständlich auch gespeichert werden, damit sie nicht verlorengehen:

Wählen Sie dazu [Datei/Speichern].

In diesem Fall wird kein Dialog angezeigt. Da Publisher den Datei-Namen bereits kennt, werden die Änderungen der existierenden Publikation hinzugefügt. Wollen Sie allerdings die veränderte Publikation unter einem neuen Namen speichern, um die ursprüngliche Publikation nicht zu überschreiben, steht dem auch nichts im Weg:

Bestehende Publikation unter neuem Namen speichern

---

1. Öffnen Sie das Menü [Datei] und wählen [Speichern unter...]. Der Dialog **Speichern unter** wird angezeigt.

2. Legen Sie den neuen **Dateinamen** sowie eventuell das **Laufwerk** und **Verzeichnis** fest.

3. Bestätigen Sie mit **OK**.

Teile der Publikation speichern

Die Publikation existiert nun einmal in der Originalfassung und ein zweites Mal in geänderter Form unter einem neuen Namen. Eine letzte Variante, die Publisher zuläßt, ist das Speichern von Teilbereichen der Publikation, genauer gesagt von Texten, die Sie in Publisher erfaßt haben und die Sie jetzt mit Ihrem Textverarbeitungsprogramm weiterverarbeiten wollen:

---

1. Markieren Sie die Textstelle oder den Textabschnitt. der zur Übernahme in Ihr Textprogramm gespeichert werden soll.

2. Öffnen Sie das Menü [Datei] und wählen [Speichern unter...]. Wie zuvor wird nun der Dialog Speichern unter aufgerufen, allerdings ergänzt um das Kontrollkästchen **Auswahl speichern als**:

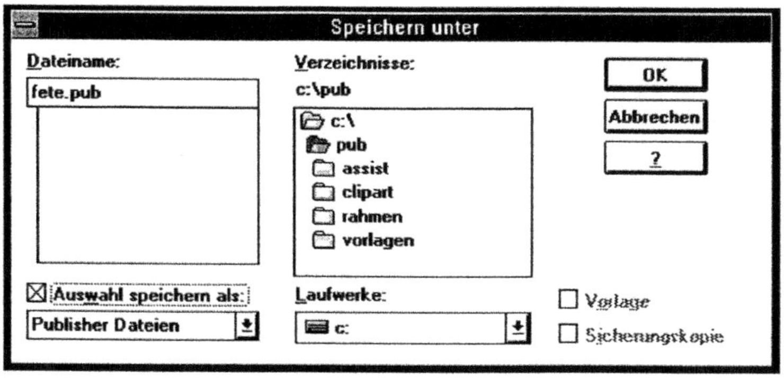

Abb. 6-55 Textabschnitt speichern

3. Aktivieren Sie das Kontrollkästchen, um in der darunterliegenden Liste das Format einzustellen, das Ihre Textverarbeitung lesen kann.

4. Öffnen Sie die Liste und wählen das benötigte Format. Wollen Sie den Text beispielsweise mit **Works** weiterverarbeiten, markieren Sie **Works für Windows 2.0**.

5. Legen Sie dann den Dateinamen sowie Laufwerk und Verzeichnis fest.

6. Bestätigen Sie mit **OK**.

Publikation schließen

Diesmal wird nur der zuvor markierte Text (in einer eigenen Datei) gespeichert, nicht aber eventuelle Änderungen an der Publikation. Ist die Publikation erst einmal dauerhaft gesichert, können Sie sich auch ruhig mal ein Päuschen gönnen. Damit in der Zwischenzeit niemand an Ihrer Publikation weiterarbeitet, ist es möglich diese zu schließen. Allerdings, ohne deswegen das gesamte Programm beenden zu müssen. Wählen Sie einfach:

[Datei/Schließen]

---

und Sie werden sehen, Publisher schließt die aktuelle, ruft aber für Sie gleichzeitig eine neue, leere Publikation auf. Versuchen Sie eine Publikation zu schließen, an der Sie Änderungen vorgenommen haben, die bislang nicht gespeichert wurden, erhalten Sie folgende Meldung:

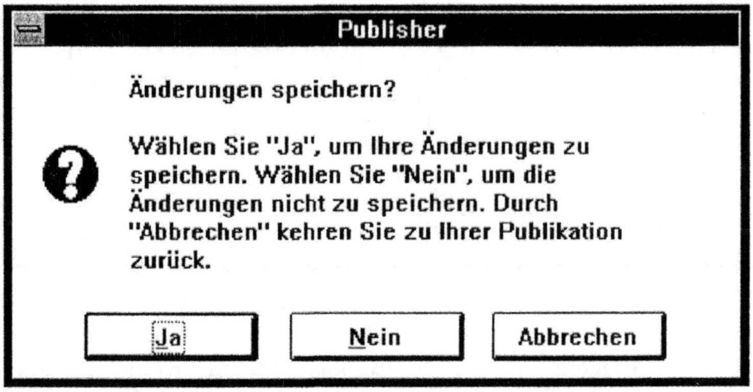

Abb. 6-56 Nachfrage beim Schließen

Treffen Sie Ihre Wahl. Speichern (**Ja**), nicht speichern (**Nein**) oder zur Publikation zurückkehren (**Abbrechen**).

Die Publikation öffnen

Bestehende und auch neue Publikationen können jederzeit beim Programmstart des Publisher geöffnet werden. Das haben Sie bereits in **Kapitel 4** erfahren. Die Frage bleibt, ob sich bestehende (und natürlich auch neue) Publikationen auch öffnen lassen, wenn der Publisher bereits gestartet wurde? Sie vermuten richtig. Natürlich geht das, und zwar so:

Bestehende Publikation öffnen

1. Öffnen Sie das Menü [Datei] und wählen [Vorhandene Publikation öffnen...].

2. Der Dialog **Vorhandene Publikation öffnen** wird angezeigt.

3. Wählen Sie das Laufwerk sowie das Verzeichnis und wählen die gewünschte Datei aus der Liste der angezeigten Dateien durch eine Mausklick aus.

4. Bestätigen Sie mit **OK**.

Das Kontrollkästchen **Schreibgeschützt** gibt Ihnen die Möglichkeit Änderungen an der Originaldatei zu verhindern. Sie können die Datei zwar ändern und unter einem anderen Namen speichern, das Original bleibt jedoch unverändert.

An dieser Stelle sei noch einmal ausdrücklich darauf hingewiesen, daß es in Publisher n i c h t m ö g l i c h ist, mehr als eine Datei gleichzeitig zu öffnen. Rufen Sie eine bestehende oder neue Publikation auf, wird zuvor die derzeit geöffnete Publikation geschlossen.

Neue Publikation anlegen

Wie sieht es nun aus, wenn Sie eine neue Publikation in Publisher anlegen wollen:

1. Öffnen Sie das [Datei]-Menü und wählen [Neue Publikation erstellen...]:

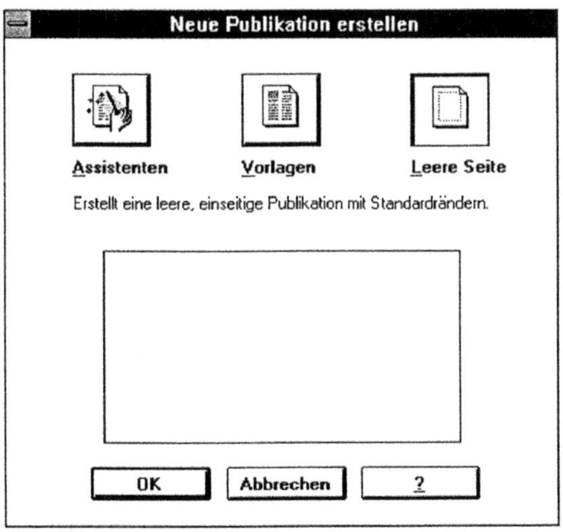

Abb. 6-57 Neue Publikation in Publisher erstellen

2. Wie zum Programmstart läßt Publisher Ihnen nun die Wahl, ob Sie eine **Leere Seite**, **Vorlagen** oder einen **Assistenten** verwenden wollen. Treffen Sie Ihre Wahl durch Mausklick.

3. Anschließend bestätigen Sie mit **OK**.

Die Publikation drucken

Was wäre unser angeblich 'papierloses' Büro ohne Papier. Wir könnten nichts zu Papier bringen. Doch genau darum geht es in diesem Abschnitt. Die Publikation soll gedruckt werden. Bevor Sie allerdings den Drucker jetzt einschalten, sollten Sie das Layout der Seite erst einmal am Bildschirm kontrollieren:

1. Wählen Sie [Seite/Ganze Seite].
2. Schalten Sie über [Optionen/Objektbegrenzungen ausblenden] die Hilfslinien für Objekte aus.
3. Anschließend wählen Sie ebenfalls über das Menü [Optionen] den Befehl [Führungslinien ausblenden].

Sowohl die Führungslinien als auch die Objektbegrenzungen können durch nochmaliges Anwählen des jeweiligen Befehls wieder eingeblendet werden.

Bislang stellt sich die Sache so dar:

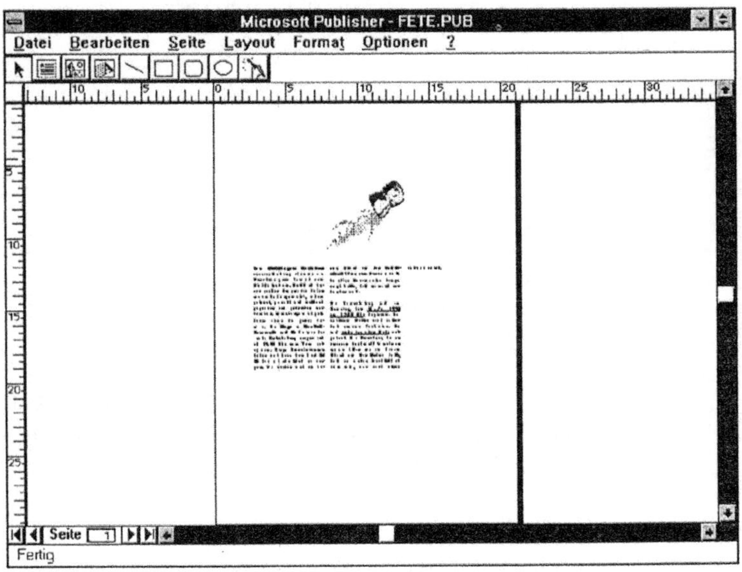

Abb. 6-58 Seitenlayout vor Ausdruck einsehen

Ausdruck veranlassen

Um diesen Stand der Publikation zu drucken, benötigen Sie einen einzigen Befehl:

---

1. Öffnen Sie das Menü [Datei] und wählen [Drucken...]:

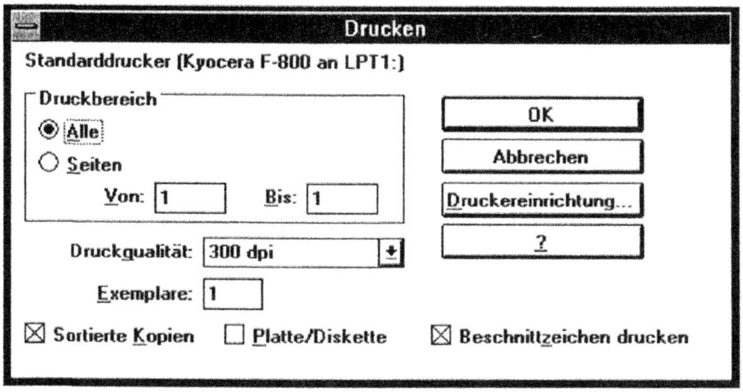

Abb. 6-59 Dialog ***Drucken***

2. Treffen Sie Ihre Wahl.

3. Leiten Sie den Druckvorgang über **OK** ein.

Anzahl der Druckseiten festlegen

Gleich in der ersten Zeile des Dialogs werden Sie informiert, auf welchen Drucker Publisher die Publikation ausgeben wird. (In unserem Beispiel haben wir auf den durch Windows festgelegten Standarddrucker gedruckt.) Darunter befindet sich eine Box, die es Ihnen erlaubt den Druckbereich festzulegen. Bei jedem neuen Druckauftrag geht Publisher zunächst davon aus, daß Sie **Alle** Seiten drucken wollen. Möchten Sie jedoch nur ganz bestimmte Seiten drucken, geben Sie unter **Von** und **Bis** die gewünschten Seitenzahlen an. So drucken Sie beispielsweise nur die Seite 3 einer Publikation:

---

1. Aktivieren Sie die Option **Seiten**. Der Cursor wird dann sofort in das Eingabefeld **Von** gesetzt.

2. Tragen Sie die erste zu druckende Seite ein, hier *3*.

3. Setzen Sie den Cursor in das Eingabefeld **Bis**.

4. Tragen Sie die letzte zu druckende Seite ein, hier ebenfalls *3*.

Besteht Ihre Publikation nur aus einer einzigen Seite, kann selbstverständlich die Auswahl **Alle** verwendet werden, um die Publikation zu drucken. Es ist nicht erforderlich **Von** *1* **Bis** *1* einzugeben!

Gleich unter der Angabe des Druckbereichs können Sie die **Druckqualität** festlegen. Je höher der eingestellte Wert, desto besser der Ausdruck. Die hier angezeigten Werte sind abhängig von Ihrem Drucker. Deshalb ist es nicht verwunderlich, daß sich bei unterschiedlichen Druckermodellen hier unterschiedliche Werte einstellen lassen.

Anzahl der Exemplare festlegen

Im Eingabefeld **Exemplare** tragen Sie ein, wieviel Mal die gesamte Publikation gedruckt werden soll. Drucken Sie beispielsweise **Alle** Seiten einer zweiseitigen Publikation und tragen unter **Exemplare** *2* ein, werden sämtliche Seiten zweimal gedruckt. Und damit die Publikationen zusammenhängend ausgedruckt werden, verfügt dieser Dialog zusätzlich über das Kontrollkästchen **Sortierte Kopien.** Ist diese Auswahl aktiv, werden für das oben gewählte Beispiel zuerst alle Seiten des ersten Exemplars der Reihe nach ausgedruckt, danach werden alle Seiten des zweiten Exemplars ausgedruckt. Sie ersparen sich somit das nachträgliche Sortieren der Exemplare. Deaktivieren Sie das Kontrollkästchen **Sortierte Kopien**, so werden für obiges Beispiel zuerst alle ersten und dann alle zweiten Seiten gedruckt. In diesem Fall müssen Sie selbst sortieren.

In eine Datei drucken

Möglicherweise wollen Sie Ihre Publikation von einem Computer aus drucken, auf dem Publisher nicht installiert ist. Stellen Sie sich nur vor, Sie verfügen am eigenen Arbeitsplatz lediglich über einen Nadeldrucker, ein Bekannter oder Arbeitskollege hat allerdings an seinen Rechner einen Laserdrucker angeschlossen. Unglücklicherweise ist aber auf diesem Rechner Publisher nicht installiert. Was tun?

1. Aktivieren Sie im Dialog **Drucken** das Kontrollkästchen **Platte/Diskette**.

2. Bestätigen Sie mit **OK**. Daraufhin wird ein weiterer Dialog angezeigt:

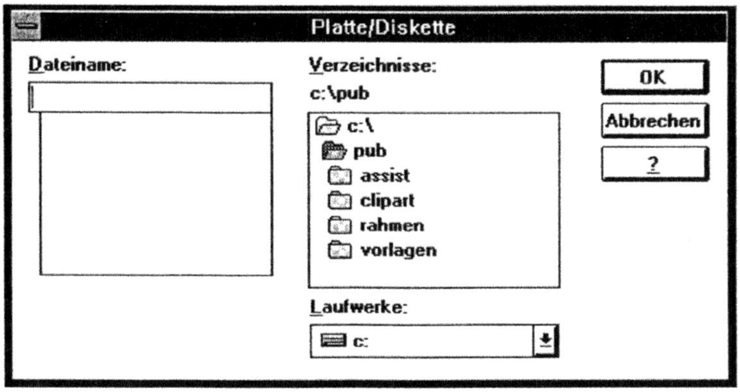

Abb. 6-60 Dialog ***Platte/Diskette***

3. Wählen Sie das gewünschte Laufwerk und Verzeichnis aus und geben Ihrer Druckdatei einen beliebigen Namen.

> Um die Datei von einem anderen Computer aus zu drucken, empfiehlt es sich, diese sofort auf eine Diskette abzuspeichern, also Laufwerk **A**: oder **B**:.

4. Bestätigen Sie wieder mit **OK**.

Die Datei wird jetzt nicht sofort auf den Drucker, sondern in eine Datei gedruckt. Idealerweise haben Sie diese sofort auf eine Diskette gespeichert. Der Ausdruck geht dann so vonstatten:

---

1. Legen Sie die Diskette in den Rechner ein, über den der Ausdruck gestartet werden soll.

2. Geben Sie an der DOS-Eingabeaufforderung (**C**:\) folgenden Befehl ein:

   copy a:dateiname lpt1 /b

   'a:' ist der Name des Diskettenlaufwerks, in das die Diskette eingelegt wurde. Haben Sie die Diskette in das Laufwerk **B**: eingelegt, geben Sie natürlich *b:* ein.

Als 'dateiname' geben Sie den Namen an, unter dem Sie die Druckdatei abgespeichert haben.

'lpt1' ist der Name der Schnittstelle, an die der Drucker angeschlossen ist. Ist Ihr Drucker an einer anderen Schnittstelle angeschlossen (z. B. LPT2 oder COM1), geben Sie stattdessen natürlich den entsprechenden Namen ein.

'/b' legt fest, daß alle Informationen der Datei ausgedruckt werden.

Sollte die Datei so groß sein, daß Sie auf einer Diskette nicht unterzubringen ist, speichern Sie die Druckdatei zunächst auf die Festplatte. Anschließend speichern Sie die Datei mit dem MS-DOS-Befehl **backup** auf mehrere Disketten. Diese können dann mit **restore** auf dem anderen Rechner wieder eingespielt werden.

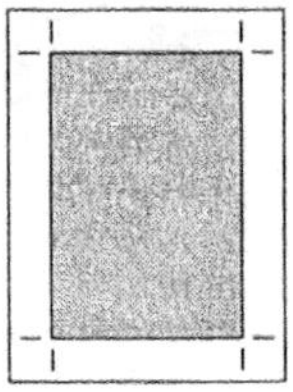

Haben Sie beim Einrichten der Publikationsseite eine Seitengröße gewählt, die kleiner ist als das Papier, auf dem Sie ausdrucken, können Sie Publisher veranlassen Beschnittzeichen mit auszudrucken. Diese Beschnittzeichen helfen Ihnen, alle Seiten auf die richtige Größe zuzuschneiden. Die Zeichen selbst schneiden Sie beim Zuschneiden einfach mit ab. Um diesen Vorzug zu genießen, ist es erforderlich das Kontrollkästchen **Beschnittzeichen drucken** zu aktivieren.

Anderen Drucker wählen

Bevor Sie den Ausdruck über die Schaltfläche **OK** starten, ist es jederzeit möglich einen anderen Drucker einzustellen. Für den Fall, daß an Ihrem Rechner mehr als ein Drucker angeschlossen ist. Dazu gehen Sie wie folgt vor:

1. Aktivieren Sie die Schaltfläche **Druckereinrichtung**. Die Fortführungspunkte (...) deuten darauf hin, daß ein weiterer Dialog geöffnet werden wird:

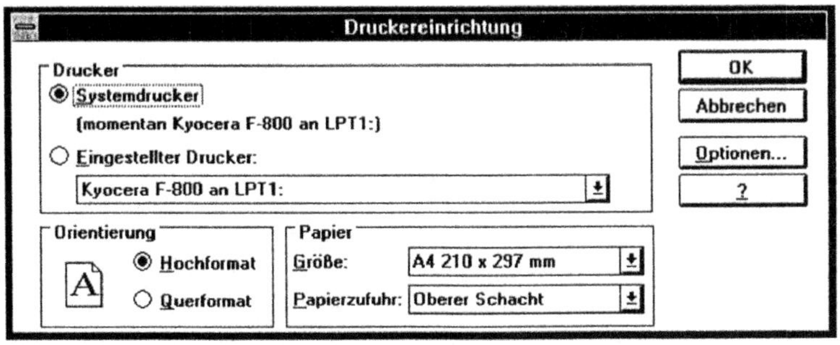

Abb. 6-61 Dialog ***Druckereinrichtung***

2. Unter **Drucker** können Sie festlegen, mit welchem Drucker Sie arbeiten wollen. Publisher geht zunächst davon aus, daß Sie den unter Windows als **Systemdrucker** eingerichteten Drucker verwenden werden. Um einen anderen Drucker einzustellen, KLICKEN Sie in die Option **Eingestellter Drucker**. Aus der Liste wählen Sie dann den gewünschten Drucker aus.

3. Bestätigen Sie mit **OK**, um zum Dialog **Drucken** zurückzukehren.

Neben der Auswahl eines anderen Druckers ermöglicht dieser Dialog auch den Wechsel zwischen einem Ausdruck im **Hochformat** bzw. **Querformat**. KLICKEN Sie dazu die gewünschte Option einfach an. Publisher erledigt für Sie den Rest. Die gesamte Publikation wird automatisch auf die neuen Gegebenheiten umgestellt.

Außerdem läßt sich über den Dialog die Papiergröße einstellen. KLICKEN Sie dazu auf den abwärtsweisenden Pfeil der Liste **Größe**. Publisher informiert Sie nun, welche Papiergrößen Sie mit Ihrem Drucker verarbeiten können. Diese können - abhängig vom Druckermodell - unterschiedlich sein. Unter **Papierzufuhr** teilen Sie Publisher mit, aus welcher Quelle das Papier geholt werden soll. Auch die in dieser Liste aufgeführten Möglichkeiten variieren je nach Druckermodell. Eine A4-Seite sollten Sie - sofern der Drucker es zuläßt - immer aus einem Schacht zuführen lassen. Wollen Sie allerdings Einladungskarten drucken, empfiehlt sich die manuelle Papierzufuhr.

Der Dialog **Druckereinrichtung** kann auch direkt angesteuert werden. Dazu öffnen Sie das Menü [Datei] und wählen [Druckereinrichtung...].

Druckauftrag abbrechen

Zum Schluß wollen wir noch erwähnen, daß ein Druckauftrag natürlich auch abgebrochen werden kann. Vielleicht fällt Ihnen ja nach Absenden des Druckauftrags ein, daß Sie doch noch eine Kleinigkeit an der Publikation umgestalten wollen. Jedesmal, wenn Sie eine Publikation zum Drucker geschickt haben, zeigt Publisher folgende Infobox an:

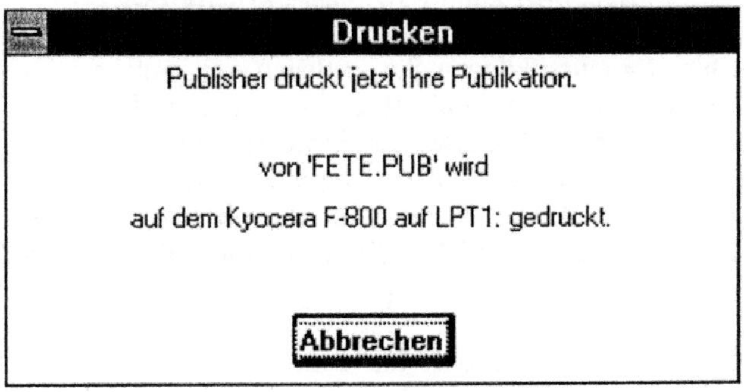

Abb. 6-62 Druckinformation

Um die Verarbeitung zu unterbrechen, KLICKEN Sie die Schaltfläche **Abbrechen**. Publisher sendet daraufhin keine Seiten mehr zum Drucker. Die Seiten, die beim Drucker jetzt allerdings schon angekommen sind, werden natürlich auch ausgedruckt.

HALTEN WIR NOCH EINMAL FEST:

- Sie haben Publisher auf Ihre individuellen Wünsche eingestellt und erfahren, wie die Seite für eine Publikation eingerichtet wird.

- Sie haben die Arbeit mit Objekten kennengelernt und diese vergrößert, verkleinert und bewegt.

- Sie haben Text in Publisher eingebunden und die vielfältigen Gestaltungsmöglichkeiten für Texte eingesetzt.

- Sie haben die Publikation um eine Grafik bereichert und damit verbunden einen Überblick über die Arbeit mit Grafiken gewonnen.

- Sie haben Ihre Publikation gespeichert und Kenntnis über die möglichen Speicheroptionen erlangt. Außerdem wissen Sie jetzt, wie eine Publikation geschlossen werden kann.

- Sie haben sich mit dem Öffnen bestehender Publikationen befaßt und darüber hinaus aus Publisher heraus eine neue Publikationsseite angefordert.

- Sie haben die Publikation gedruckt. Dabei haben Sie mit den möglichen Druckoptionen Bekanntschaft geschlossen.

7. Die Publikation wird verfeinert

Überblick

Dieses Kapitel vermittelt weitere Techniken zur professionellen Gestaltung von Publikationen. Da besteht zunächst einmal die Möglichkeit, Objekte zu verdoppeln. Das ist sehr angenehm, wenn man einmal zwei völlig identische Objekte benötigt. Aber auch der Import von Daten aus anderen Windows-Anwendungen kann auf eine noch elegantere Weise erfolgen, als Sie es im letzten Kapitel kennengelernt haben. Mit Textgestaltung haben Sie auch bereits ausführlich beschäftigt. In diesem Kapitel wollen wir nun auf die inhaltliche Textgestaltung Wert legen und Ihnen die Befehle Suchen und Ersetzen vorstellen. Damit lassen sich bestimmte Textstellen zum einen schnell wiederfinden, zum anderen - wenn nötig - in der gesamten Publikation einfach modifizieren. Zur optischen Verbesserung von Publikationen werden häufig Linien und Rahmen verwendet. Dieses Kapitel stellt Ihnen die dazu notwendigen Instrumente und deren Handhabung vor. Das deutliche Herausstellen von Überschriften und Schlagzeilen ist für Publisher ein Kinderspiel. Dank WordArt, einem Zusatzprogramm, das es erlaubt, Zierschriften in den 'verrücktesten' Variationen zu erzeugen. Beenden werden wir dieses Kapitel mit einem Ausflug in weitere Assistenten. Denn innerhalb der Publikation helfen sie Teilbereiche der Seite einzurichten. Sie sehen, es gibt viel zu tun...

Kopieren und Versetzen

Kopieren

Wenn Sie sich jetzt im vorigen Kapitel noch einmal ansehen, wie unser Flugblatt in der Endfassung aussehen soll, wird Ihnen vielleicht auffallen, daß wir Überschriften im Text untergebracht haben, die gleich aussehen. Um solche Effekte schnell zu erreichen, bedienen Sie sich des Kopierbefehls von Publisher. Wie ein Kopiergerät hilft Ihnen Publisher Objekte oder Textstellen zu verdoppeln. Die Kopie des Objekts (bzw. der Textstelle) kann zusätzlich an anderer Stelle

innerhalb der aktuellen Publikation,
innerhalb einer anderen Publikation oder
in einem anderen Anwendungsprogramm

verwendet werden. Wenn Sie bereits andere Windows-Programme kennengelernt haben, ist Ihnen dieser Befehl bestimmt nicht neu, denn die Kopierfunktion in Windows kann man fast als legendär bezeichnen. Beim Kopieren von Objekten oder Texten wird die zuvor markierte Stelle in die sogenannte 'Zwischenablage' von Windows überführt. Es handelt sich hierbei um einen Bereich im Hauptspeicher, der ausschließlich die Aufgabe hat, kopierte Informationen zu verwalten. Die Zwischenablage kann man sich vorstellen wie einen Karton, der mehrere Fächer enthält. Jedes Fach ist zuständig für eine ganz bestimmte Informationsart und so übernimmt ein Fach nur Bilder, ein anderes hingegen Texte. So erklärt sich auch die Tatsache, daß sich Informationen aus Publisher mühelos in andere Windows-Programme transferieren lassen. Die Zwischenablage macht's möglich.

Innerhalb der aktuellen Publikation kopieren

Betrachten wir nun Schritt für Schritt die unterschiedlichen Kopiermöglichkeiten. Zunächst einmal muß dabei unterschieden werden, welches Objekt kopiert werden soll. Je nach Auswahl, finden sich im [Bearbeiten]-Menü die notwendigen Befehle. Wir wollen uns die Kopierfunktion für Grafikrahmen, Textrahmen und Texte anschauen.

Grafik

1. Markieren Sie den Grafikrahmen, der kopiert werden soll.
2. Öffnen Sie das Menü [Bearbeiten] und wählen [Grafikrahmen kopieren].
3. Öffnen Sie das Menü [Bearbeiten] erneut und wählen [Objekt(e) einfügen].

Das duplizierte Objekt wird in der Mitte der aktuellen Seite plaziert. Nun können Sie die Maus nehmen und das Objekt an die richtige Stelle 'schieben'.

Exakt diese Vorgehensweise verwenden Sie, um Linien, Rahmen oder Kreise zu kopieren, Objekte, die im Verlauf dieser Lektüre noch behandelt werden.

Eine etwas andere Wirkung erzielen Sie, wenn ein Textrahmen kopiert wird:

Textrahmen

1. Aktivieren Sie den gewünschten Textrahmen durch einen Mausklick.

2. Öffnen Sie das [Bearbeiten]-Menü und wählen [Textrahmen kopieren].

3. Öffnen Sie das Menü [Bearbeiten] erneut und wählen [Objekt(e) einfügen].

Diesmal wird der Textrahmen dupliziert. Abhängig davon, ob Sie einen einzelnen Textrahmen oder einen Textrahmen aus einer Gruppe von Textrahmen kopieren, ist das Ergebnis unterschiedlich.

Kopie von	**Ergebnis**
Sie fertigen eine Kopie eines einzelnen Textrahmens an.	Der Textrahmen sowie dessen Inhalt wird dupliziert.
Sie fertigen eine Kopie eines Textrahmens an, der zu einer Gruppe von Textrahmen gehört, weil der eingefügte Text so lang war, daß er in einem einzelnen Textrahmen keinen Platz hatte.	In diesem Fall wird lediglich der Textrahmen vervielfältigt, nicht etwa dessen Inhalt. Sie verfügen somit über eine Kopie in gleicher Größe. In diesen Textrahmen kann nun Text eingegeben oder importiert werden.

Wollen Sie allerdings Texte eines Textrahmens in einen anderen kopieren, ist das natürlich auch erlaubt:

Textstellen

1. Markieren Sie die Textstelle im Textrahmen, die kopiert werden soll. Um die Texte erkennen zu können, schalten Sie am besten auf die Originalgröße um (Funktionstaste F9).

2. Öffnen Sie das [Bearbeiten]-Menü und wählen [Text kopieren].

3. Bewegen Sie den Cursor nun an die Stelle an der die Textkopie eingefügt werden soll. Das kann der aktuelle Textrahmen, ein anderer Textrahmen oder ein neuer Textrahmen sein.

4. Öffnen Sie das Menü [Bearbeiten] erneut und wählen [Text einfügen].

Die grundsätzliche 'Kopiertechnik' haben Sie 'im Griff'. Wir wollen nun noch zwei Fälle betrachten, in denen Sie die Zwischenablage benutzen, um Objekte in eine andere Publikation bzw. in ein anderes Anwendungsprogramm zu kopieren.

Objekt in eine andere Publikation kopieren

1. Markieren Sie das gewünschte Objekt und wählen den Kopierbefehl über das [Bearbeiten]-Menü aus.

2. Um das Objekt in eine n e u e Publikation zu kopieren, öffnen Sie das [Datei]-Menü und wählen [Neue Publikation erstellen...]. Aktivieren Sie die gewünschte Option im Dialog **Neue Publikation erstellen** durch einen Mausklick und bestätigen dann mit **OK**.

   Um das Objekt in eine andere, bereits bestehende Publikation zu kopieren, öffnen Sie ebenfalls das Menü [Datei], wählen allerdings [Vorhandene Publikation öffnen...]. Über den dann angezeigten Dialog suchen Sie die benötigte Publikation aus.

> Sollten in der zuvor aktiven Publikation Änderungen noch nicht gespeichert worden sein, meldet Publisher diesen Umstand und erfragt die weitere Vorgehensweise (Speichern Ja/Nein oder Abbrechen).

3. Ist die gewünschte Publikation aufgerufen, öffnen Sie wieder das Menü [Bearbeiten] und fügen das Objekt ein.

Auch diesmal wird das Objekt in die Mitte der soeben gewählten Publikation gesetzt. Auch diesmal kann das Objekt mittels Maus an die benötigte Position bewegt werden.

Abschließend wollen wir betrachten wie ein Objekt aus Publisher in ein anderes Windows-Anwendungsprogramm transferiert werden kann. Stellvertretend dafür soll das Objekt in **Windows-Write** eingefügt werden:

Objekt in eine andere Windows-Anwendung kopieren

1. Markieren Sie das gewünschte Objekt und wählen den Kopierbefehl über das [Bearbeiten]-Menü aus.

2. Betätigen Sie die Tastenkombination STRG + ESC, um die **Task-Liste** von Windows aufzurufen.

3. Markieren Sie den **Programm-Manager** durch einen Mausklick und aktivieren anschließend den Schalter **Wechseln zu**.

4. Öffnen Sie das Menü [Fenster] und wählen [Zubehör]. Das Zubehör-Fenster wird nun aktiv angezeigt.

5. Öffnen Sie **Write** durch einen DOPPELKLICK.

6. Wählen Sie [Bearbeiten/Einfügen].

Sollte das Objekt jetzt zu groß oder zu klein angezeigt werden, bringen Sie seine Größe in der jeweiligen Anwendung 'in Form'.

Ausschneiden

Soweit das Kopieren von Objekten und Textstellen. Wie funktioniert jedoch das Ausschneiden? Fast genauso! Mit nur einem kleinen Unterschied. Statt des Kopierbefehls aus dem Menü [Bearbeiten], wählen Sie denjenigen zum Ausschneiden. Ein Objekt oder eine Textstelle ausschneiden bedeutet, diese am Originalplatz zu entfernen und an einem neuen Platz (entweder in der aktuellen Publikation, in einer anderen Publikation oder in einem anderen Anwendungsprogramm) wieder einzufügen.

Sie sollten nun Ihre Publikation um vier weitere, in der Größe absolut identische Textrahmen bereichern. Dazu ist es zunächst einmal erforderlich, den Text der bestehenden drei Textrahmen auf vier Textrahmen aufzuteilen. Jeder Textrahmen erhält im Anschluß daran einen weiteren Textrahmen mit der benötigten Überschrift. Zur Aufteilung der bestehenden Textrahmen bedienen Sie sich des Ausschneiden-Befehls. Zur Vervielfältigung der Textrahmen für die Überschriften verwenden Sie den Kopierbefehl. Am Ende dieser kleinen Übung sollte Ihre Publikation dann folgende Form angenommen haben:

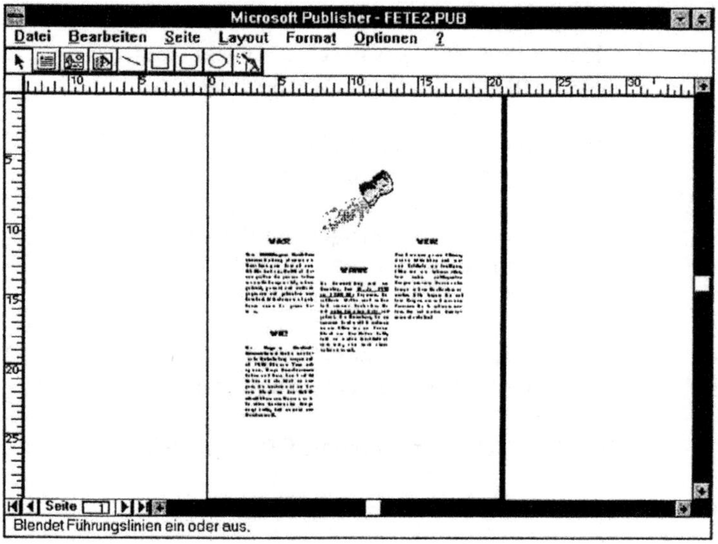

Abb. 7-1 Weiter gestaltete Publikation

Teilen Sie zunächst den Text der drei in vier Textrahmen auf

1. Betätigen Sie die Taste RETURN hinter dem Satz *Mitzubringen ist gute Laune sowie die ganze Familie*, um diesen Satz als Absatz darzustellen.

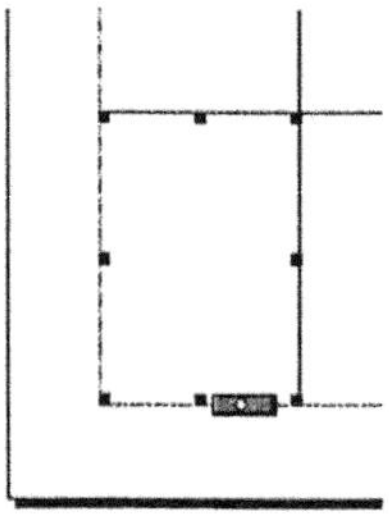

2. Legen Sie einen neuen Textrahmen an. Dieser soll in das untere linke Feld der Seite eingesetzt werden.

3. Schneiden Sie den Text *Die Kapelle Quetschkommode...* bis *daß niemand verdursten muß* aus und fügen ihn in den neuen Textrahmen ein.

4. KLICKEN Sie in den Textrahmen, der mit dem Text *Zum 100jährigen Bestehen...* beginnt. Verkleinern Sie diesen Textrahmen soweit, daß lediglich der erste Absatz dort Platz findet. (Dieser endet mit dem Satz: *Mitzubringen ist gute Laune sowie die ganze Familie.*) Der übrige Text wird automatisch in den nächsten Textrahmen übertragen.

5. Jetzt aktivieren Sie den Textrahmen, der mit *Die Veranstaltung wird am Samstag ...* beginnt und verkleinern diesen ebenfalls. Dieser Rahmen muß mit dem Text *...also auch etwas lauter als sonst.* enden.

Das sollte Ihr derzeitiger Stand sein:

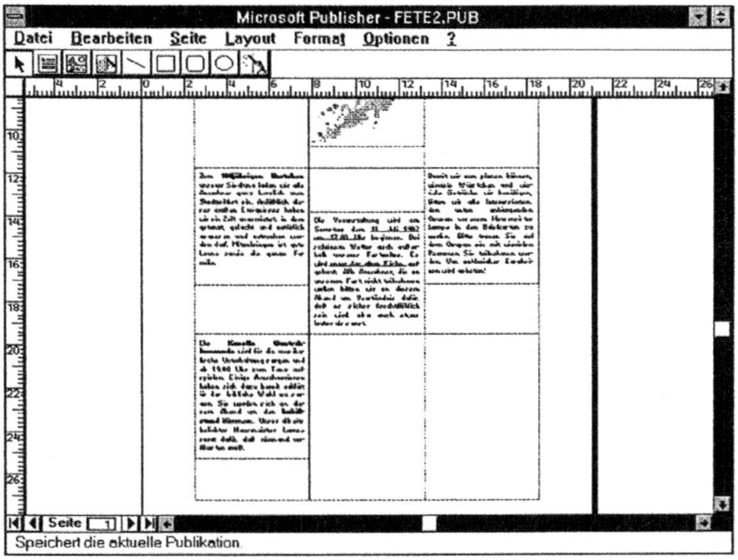

Abb. 7-2 Zwischenstand Textrahmen

Nun können die Überschriften eingesetzt werden. Dazu empfiehlt es sich, zuerst einen Textrahmen samt Überschrift und aller Gestaltungsmerkmale festzulegen, um diesen dann zu duplizieren. Der besondere Clou: Die Kopie des Textrahmens ist automatisch mit allen Formatierungskriterien und der richtigen Größe ausgestattet:

---

1. Ziehen Sie einen neuen Textrahmen über dem ersten Textrahmen Ihrer Publikation. Der neue Textrahmen soll 1 Zentimeter hoch sein.

2. Geben Sie *WAS?* ein.

3. Markieren Sie den Text (inklusive Fragezeichen) und wählen aus der **Symbolleiste**:

Schriftart: *ARIAL*
Schriftgröße: *16*
Schriftattribut: *Fett*
Ausrichtung: *Zentriert*.

Über den Dialog **Einzüge und Abstände** aus dem [Format]-Menü geben Sie unter **Zeilenabstand** im Feld **Abstand vor dem Absatz** *1 pt* ein.

4. Wählen Sie [Bearbeiten/Textrahmen kopieren].

5. Fügen Sie den Textrahmen über [Bearbeiten/Objekt(e) einfügen] wieder ein. Der Textrahmen samt Inhalt und aller Formate wird dupliziert.

6. Geben Sie in diesen neuen Textrahmen *WIE?* ein.

7. Setzen Sie diesen Textrahmen über den zweiten Textrahmen der Textrahmengruppe.

8. Wiederholen Sie die Schritte 5 bis 7 für zwei weitere Textrahmen, die dann folgende Überschriften tragen sollen: *WANN?* und *WER?* und über die restlichen Textrahmen in Position zu bringen sind.

Ihr Ergebnis ist dann dieses:

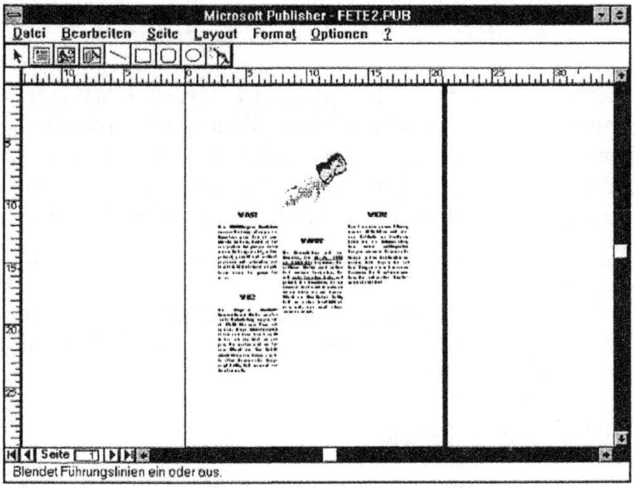

Abb. 7-3 Überschriften in Textrahmen

Glückwunsch! Der wichtigste Teil der Publikation ist jetzt gestaltet. Um die textliche Bearbeitung abzuschließen, werden Sie im nächsten Abschnitt die Such- und Ersetzfunktion von Publisher kennenlernen. Denn unglücklicherweise hat sich in unseren Text ein kleiner Fehler eingeschlichen...

Suchen und Ersetzen

Der allseits beliebte Hausmeister heißt nicht Lampe, sondern Hampe. Um diesen Irrtum nun zuverlässig zu bereinigen, bietet Publisher zwei Dialoge an: **Suchen** und **Ersetzen**. Mit der Suchfunktion kann in Textabschnitten bzw. Textrahmen eine ganz bestimmte Textstelle schnell angesteuert werden. Nach unserer bewährten Schritt für Schritt-Methode werden wir nun zunächst innerhalb des Textabschnitts nach dem falschgeschriebenen Namen des Hausmeisters suchen:

Suchen

1. Schalten Sie über die Funktionstaste F9 auf die Originalgröße des Textes um. Anschließend aktivieren Sie den Textrahmen, der Texte des gewünschten Textabschnitts enthält. Für unser Beispiel aktivieren Sie den ersten Textrahmen.

2. Wählen Sie [Bearbeiten/Textabschnitt markieren].

Handelt es sich nicht um einen Textabschnitt, sondern lediglich um Text innerhalb e i n e s Textrahmens reicht es aus, den Textrahmen zu aktivieren. Der gesamte Text dieses Textrahmens wird daraufhin bei der Suche berücksichtigt. Fahren Sie in diesem Fall mit Schritt 3 fort.

3. Öffnen Sie das [Bearbeiten]-Menü. Wählen Sie [Suchen...]:

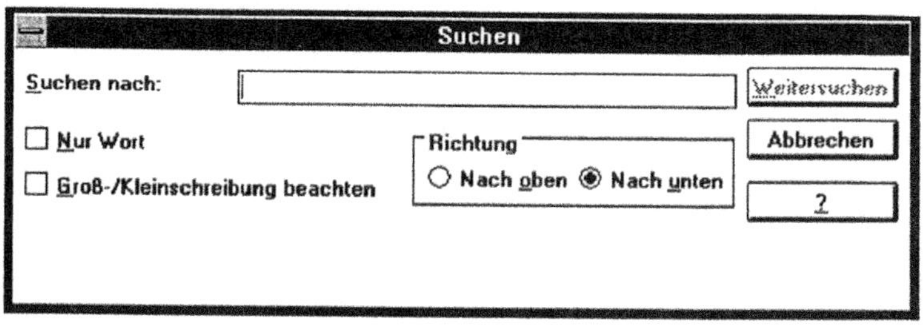

*Abb. 7-4 Dialog **Suchen***

Text und Suchrichtung festlegen

4. Geben Sie den zu suchenden Text in das Eingabefeld **Suchen nach** ein (für unser Beispiel *Lampe*), legen Sie unter **Richtung** fest, ob Publisher den markierten Text **Nach unten** oder **Nach oben** (bezogen auf die derzeitige Position des Cursors) suchen soll und lösen den Suchvorgang über den Schalter **Weitersuchen** aus.

5. Publisher sucht den zuvor von Ihnen eingegeben Text.

Suche erfolgreich

Wurde der zu suchende Text gefunden, wird dieser invers angezeigt. Der **Suchen**-Dialog bleibt geöffnet für den Fall, daß diese Textstelle nicht die gewünschte ist und Sie weitersuchen wollen:

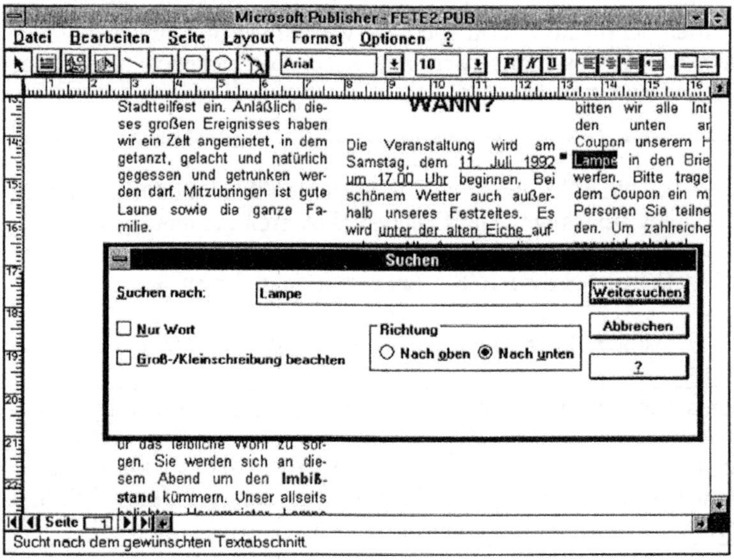

Abb. 7-5 Suchtext wurde gefunden

Um die Suche fortzusetzen:	Aktivieren Sie die Schaltfläche **Weitersuchen** erneut.
Um die Textstelle zu bearbeiten:	Aktivieren Sie die Schaltfläche **Abbrechen**.

Suche fortsetzen

Wurde der zu suchende Text ab Cursorposition bis zum Ende des Textabschnitts nicht gefunden, zeigt Publisher folgende Meldung an:

Abb. 7-6 Suche fortsetzen

Bestätigen Sie mit **Ja**, um die Suche am Anfang des Textabschnitts fortzusetzen. Andernfalls wählen Sie **Nein**.

Suche erfolglos

Existiert der zu suchende Text im Textabschnitt nicht, kommentiert Publisher wie folgt:

Abb. 7-7 Erfolglose Suche

Der Dialog **Suchen** bleibt solange geöffnet, bis Sie ihn über den **Abbrechen**-Schalter vom Bildschirm entfernen. Außerdem hält er für Sie zwei Kontrollkästchen bereit, die Sie bislang noch nicht kennengelernt haben, **Nur Wort** sowie **Groß-/Kleinschreibung beachten**. Beide Auswahlen ermöglichen Ihnen ein weiteres Eingrenzen des zu suchenden Textes. Sie können sowohl beide gleichzeitig, als auch jede für sich wählen. Über **Nur Wort** legen Sie fest, daß Sie lediglich das Wort selbst suchen, nicht aber längere Varianten desselben. Suchen Sie beispielsweise nach dem Wort R*ot* und aktivieren das Kontrollkästchen **Nur Wort**, so findet die Suche die Wortvarianten *Rotkohl* oder *Rotkäppchen* nicht. Soll die Groß-/Kleinschreibung des zu suchenden Textes genau mit dem Text übereinstimmen, den Sie in das Feld **Suchen nach** eingegeben haben, aktivieren Sie das Kontrollkästchen **Groß-/Kleinschreibung beachten**. Bleiben wir bei unserem Beispiel *Rot*. Verwenden Sie *Rot* als Suchtext wird auch nur *Rot* gefunden. Varianten wie *rot* oder *ROT* bleiben unberücksichtigt.

Ersetzen

Die Suchfunktion ist überall dort nicht wegzudenken, wo bestimmte Textstellen schnell aufgefunden werden müssen. Um allerdings Änderungen an der Textstelle vorzunehmen, eignet sich die Ersetzfunktion besser. Sie erlaubt ein Auffinden und gleichzeitiges Ändern der Textstelle in einem Arbeitsgang. Wie beim Suchen, muß auch für die Ersetzfunktion zunächst einmal der gewünschte Textabschnitt markiert bzw. der Textrahmen aktiviert werden. Anschließend rufen Sie die Ersetzfunktion wie folgt auf:

1. Öffnen Sie das [Bearbeiten]-Menü und wählen [Ersetzen...]:

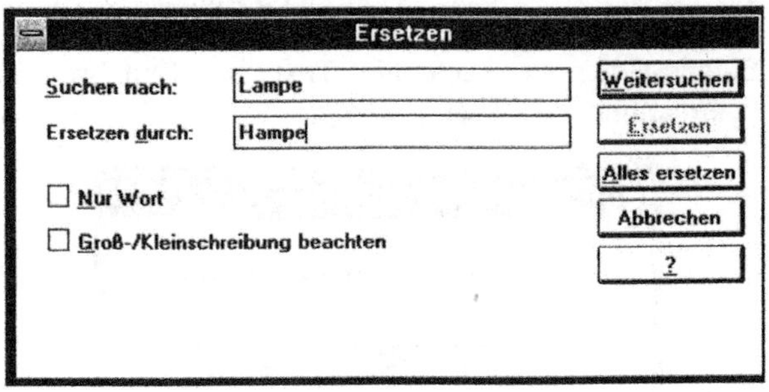

Abb. 7-8 Dialog ***Ersetzen***

Das Dialogfeld hat große Ähnlichkeit mit dem **Suchen**-Dialog. Sie können - wie zuvor - den zu suchenden Text im Eingabefeld **Suchen nach** eintragen. Außerdem lassen sich auch hier die Eingrenzungen **Nur Wort** bzw. **Groß-/Kleinschreibung beachten** treffen. Im Gegensatz zur Suchenfunktion kann allerdings beim Ersetzen die Suchrichtung n i c h t festgelegt werden. Demnach arbeitet die Ersetzfunktion grundsätzlich ab Cursorposition zum Ende des Textrahmens bzw. Textabschnitts.

2. Tragen Sie in das Eingabefeld **Ersetzen durch** den neuen Text ein, durch den die gefundene Textstelle ersetzt werden soll. Für unser Beispiel haben wir *Hampe* gewählt.

3. Anschließend lösen Sie den Ersetzvorgang durch den Schalter **Weitersuchen** aus:

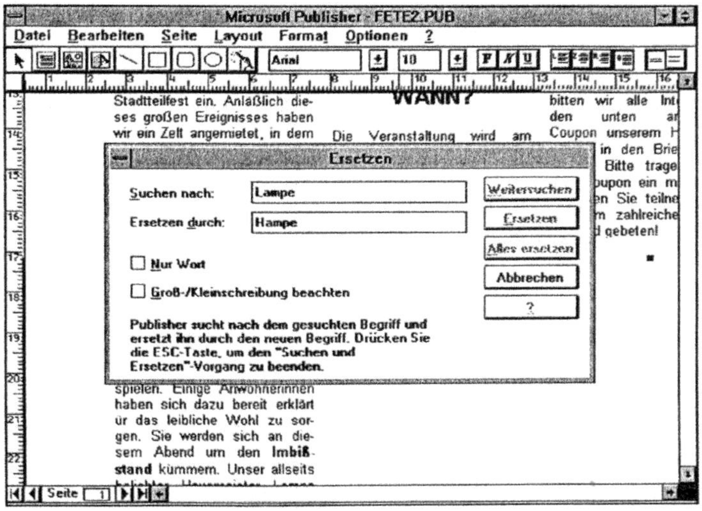

Abb. 7-9 Ersetzvorgang gestartet

Publisher kommentiert den Vorgang ganz genau, wie man sieht.

4. Wie die Suche, kann auch der Ersetzvorgang zu unterschiedlichen Ergebnissen kommen:

Suchergebnis	**Eingabe**
Suche erfolgreich, Textstelle soll ersetzt werden.	Aktivieren Sie den Schalter **Ersetzen**. Publisher ersetzt die aktuelle Textstelle und durchsucht den Text weiter.
Suche fortsetzen, zu ersetzende Textstelle wurde bis zum Ende des Textrahmens nicht gefunden.	Publisher zeigt eine Meldung. Bestätigen Sie mit **Ja**, um fortzusetzen, mit **Nein**, um den Vorgang zu beenden.
Suche erfolglos, Textstelle kann nicht ersetzt werden.	Publisher meldet, daß der Text nicht gefunden wurde.

5. Um die Arbeit mit dem **Ersetzen**-Dialog anschließend wieder zu beenden, KLICKEN Sie die Schaltfläche **Abbrechen**.

Wenn es einmal schnell gehen soll, können über die Schaltfläche **Alles Ersetzen** sämtliche Textstellen, die dem zu ersetzenden Text entsprechen auf einmal ersetzt werden. In diesem Fall fragt Publisher nicht mehr nach, sondern ersetzt kommentarlos alle gefundenen Vorkommen.

Textlich ist nun alles bestens. Deshalb werden Sie sich jetzt im nächsten Abschnitt um eine 'knackige' Überschrift kümmern.

Die Zierschriften

Für Schlagzeilen und Überschriften sind oft ganz besondere Schriften, aber auch besondere Schrifteffekte notwendig. Schlagen Sie nur mal eine Illustrierte auf und untersuchen die Zeitschrift daraufhin. Solche Effekte können Sie mit Publisher auch erreichen. Das Instrument für WordArt bietet diese Dienste an. Wie der Name schon sagt, hilft dieses Instrument bei der künstlerischen (Art) Gestaltung von Worten (Word). Wir werden WordArt nutzen, um die Überschrift für unser Flugblatt zu gestalten. So soll die Überschrift auf der Seite angeordnet werden:

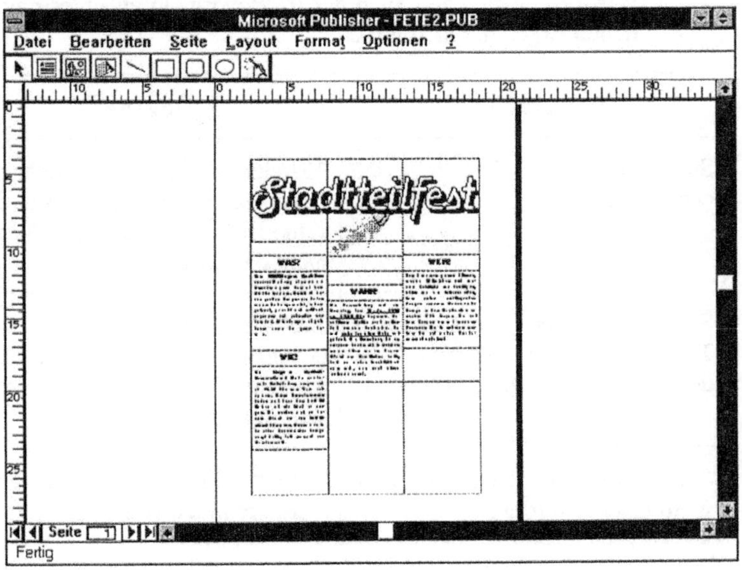

Abb. 7-10 Überschrift der Publikation

So gehen Sie vor:

1. Aktivieren Sie das Instrument **WordArt** durch einen Mausklick.

2. ZIEHEN Sie mit der Maus einen **WordArt**-Rahmen an der gewünschten Stelle sowie in der benötigten Größe innerhalb der Publikation auf. (Siehe Abbildung)

3. Lassen Sie die Maustaste los. Automatisch öffnet Publisher den Dialog **Microsoft WordArt**:

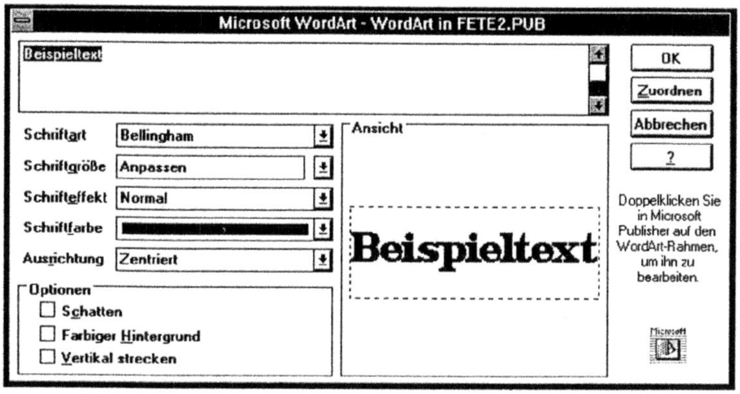

*Abb. 7-11 Dialog **Microsoft WordArt***

4. Der Cursor markiert derzeit den **Beispieltext** im Eingabefeld. Hier können Sie Ihre Texte für die Schlagzeile bzw. die Überschrift erfassen. Soll die Überschrift bzw. die Schlagzeile aus mehr als einer Zeile bestehen, gehen Sie so vor:

   Text in WordArt erfassen

   Geben Sie die erste Textzeile ein und bestätigen Sie mit RETURN.

   Anschließend erfassen Sie die zweite Zeile Text. Soll auf diese eine weitere Zeile folgen, bestätigen Sie abermals mit RETURN.

   Für unser Beispiel geben Sie nun das Wort *Stadtteilfest* ein.

5. Um statt des Textes **Beispieltext** den soeben eingegebenen Text in der Ansicht dargestellt zu bekommen, KLICKEN Sie den Schalter **Zuordnen**.

WordArt-Schriftarten

6. Dann stellen Sie die **Schriftart** ein. Das erfolgt ganz bequem über eine Liste. Klappen Sie die Liste durch einen KLICK auf den abwärtsweisenden Pfeil auf. Anschließend verwenden Sie die Taste PFEIL-NACH-UNTEN, um Schriftproben einzusehen. Sie werden feststellen, daß WordArt augenblicklich die gewählte Schriftart unter **Ansicht** darstellt, ohne daß jedesmal ein KLICK auf den Schalter **Zuordnen** notwendig ist.

Die hier mitgelieferten Schriften sind Dekor- oder Zierschriften. Sie können von jedem Drucker ausgedruckt werden, auch wenn sie nicht zu den mitgelieferten Druckerschriften gehören.

Für unser Beispiel haben wird die **Schriftart** *Snohomish* gewählt.

WordArt-Schriftgrößen

7. Ist die Schriftart festgelegt, erlaubt **WordArt** Ihnen die **Schriftgröße** zu wählen. Auch diese wird sofort nach Auswahl im **Ansicht**-Monitor sichtbar.

Unter **Schriftgröße** ist zunächst **Anpassen** eingetragen. Dadurch paßt **WordArt** die gewählte Schrift immer optimal auf die Größe des zuvor aufgezogenen **WordArt**-Rahmens an. Verändern Sie nachträglich die Größe des Rahmens, wird die Schriftgröße ebenfalls an die neuen Gegebenheiten angepaßt.

Anders sieht es aus, wenn die Schrift auf eine bestimmte Größe 'eingefroren' wurde. In diesem Fall bleibt die Schriftgröße erhalten, gleichgültig ob Sie Ihren **WordArt**-Rahmen vergrößern oder verkleinern.

Für unser Beispiel haben wird die **Schriftgröße** *Anpassen* beibehalten.

WordArt-Effekte

8. Die Listen **Schrifteffekt**, **Schriftfarbe** und **Ausrichtung** enthalten die Hilfsmittel zur Erzeugung der gewünschten Spezialeffekte. Das kann ein auf den Kopf gestellter Text, aber auch ein Text, der um 90° gedreht wurde, sein. Sie können den Text strecken oder in einer anderen Farbe darstellen lassen. Stellen Sie Ihre Effekte über diese drei Listen in aller Ruhe zusammen. Jede Auswahl wird sofort unter **Ansicht** angezeigt.

Für unser Beispiel haben wird die **Schriftfarbe** *weiß* gewählt.

9. Zusätzliche Effekte lassen sich auch noch über die **Optionen** einstellen. Sie können die Optionen einzeln aktivieren...

Schatten	
Farbiger Hintergrund	
Vertikal strecken	

...aber selbstverständlich auch miteinander kombinieren.

Schatten und **Farbiger Hintergrund**	

Für unser Beispiel haben wird die **Option** *Schatten* aktiviert.

10. Nachdem Sie die Überschrift nach Ihren Wünschen gestaltet haben, übertragen Sie diese durch einen einzigen Mausklick auf den **OK**-Schalter in die Publikation.

bestehendes WordArt-Objekt bearbeiten

Sollten Sie nun innerhalb der Publikation feststellen, daß die Schlagzeile bzw. Überschrift der erneuten Bearbeitung bedarf, steht dem natürlich nichts im Wege:

1. Aktivieren Sie den **WordArt**-Rahmen, den Sie ändern wollen.

2. Öffnen Sie **WordArt** durch einen DOPPELKLICK auf den Rahmen.

Die Schlagzeile bzw. Überschrift wird in **WordArt** zur erneuten Bearbeitung angezeigt. Nehmen Sie die Änderungen vor und übertragen diese mittels **OK**-Schalter in die Publikation. Die Publikation vervollständigt sich. Was allerdings noch fehlt, ist der Teilnahme-Coupon. Doch den erstellen Sie im nächsten Abschnitt.

Assistenten innerhalb der Publikation einsetzen

Wir haben Ihnen den Umgang mit Assistenten von Publisher bereits in **Kapitel 4** vorgestellt. Dort haben Sie erfahren, daß Assistenten nützliche Helfer sind, die für Sie das 'Gerüst' einer Publikation anfertigen können. In diesem Abschnitt soll es nun darum gehen, Assistenten innerhalb der Publikation einzusetzen. Der Assistent richtet damit nur einen Teil Ihrer Publikation ein, einen Coupon zum Beispiel. Ein Blick auf unser Flugblatt läßt erkennen, daß im unteren Teil der Seite noch eine weiße Fläche zu gestalten ist. Und genau dort werden wir den Coupon-Assistenten um Unterstützung bitten. Am Ende dieses Abschnitts sollte das Flugblatt dann folgendes Aussehen haben:

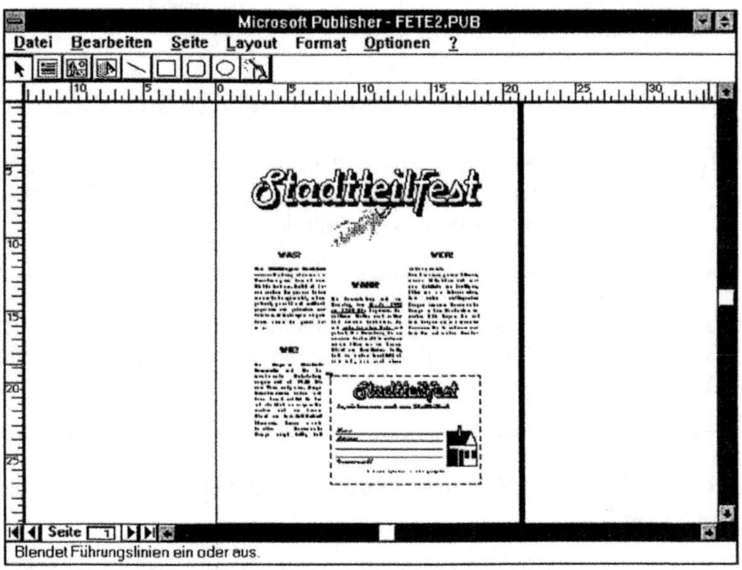

Abb. 7-12 Flugblatt mit Coupon

Hier noch einmal die Vergrößerung des Coupons, damit Sie die verwendeten Informationen lesen können:

Abb. 7-13 Der Coupon

Die Arbeit mit Assistenten vollzieht sich immer in zwei Schritten:

Zuerst wird der Assistent aktiv.
Danach Sie.

Bevor die Arbeit mit dem Assistenten innerhalb der Publikation aufgenommen werden kann, muß natürlich zunächst ein Rahmen in dem Teil der Publikation angelegt werden, in dem der Assistent aktiv werden soll. Wie immer hilft dabei ein Instrument:

---

1. KLICKEN Sie auf das Assistenten-Instrument.

2. ZIEHEN Sie mit der Maus den benötigten Rahmen für den zu erstellenden Coupon im unteren Teil der Seite.

3. Nachdem der Rahmen festliegt, meldet sich der Dialog **Assistent** und möchte nun wissen, welchen Assistenten Sie benutzen wollen:

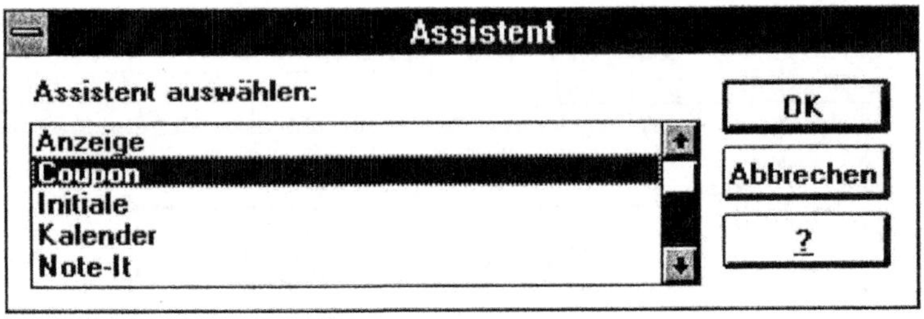

Abb. 7-14 Dialog ***Assistent***

Markieren Sie *Coupon* und bestätigen mit **OK**.

4. Der Coupon-Assistent begrüßt Sie daraufhin. Bestätigen Sie das Begrüßungsbild über die Schaltfläche **Weiter**.

5. Der Assistent wird Ihnen vier Fragen stellen, die Sie der Reihe nach wie folgt beantworten sollten:

   Kursiv
   Ja
   Keine
   Coupon...Striche

6. Aktivieren Sie die Schaltfläche **Coupon erstellen**.

7. Ist der Coupon erstellt, meldet der Assistent diesen Umstand ordnungsgemäß. Bestätigen Sie noch einmal über den Schalter **OK**.

Der Assistent hat seine Arbeit damit beendet:

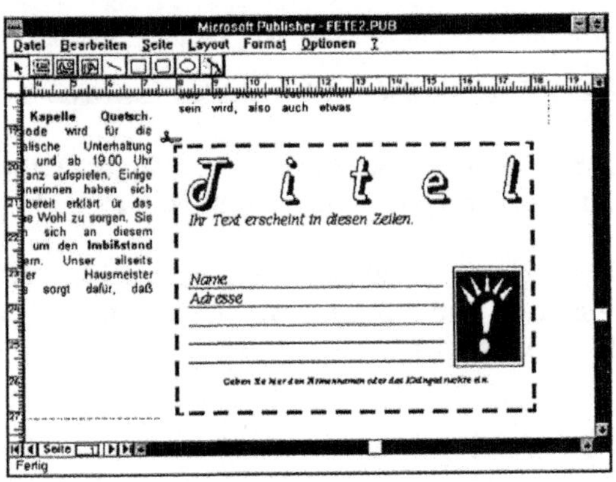

Abb. 7-15 Coupon des Assistenten

Jetzt sind Sie dran. Vergleichen Sie den Coupon des Assistenten mit dem, den wir verwenden wollen, so müssen Sie noch ein bißchen Hand anlegen. Und das erledigen wir - wie immer - der Reihe nach. Sehen Sie sich den Coupon zunächst an. Wir wollen uns die verwendeten Objekte und die notwendigen Änderungen derselben in einer Tabelle verdeutlichen:

Objekte des Coupons	**Änderung**
Titel	Titelbeschriftung: *Stadtteilfest* Ausrichtung: *Zentriert*
Textrahmen unterhalb des Titels	Text: *Ja, wir kommen auch zu unserem Stadtteilfest* Schriftart: *ARIAL* Schriftgröße: *12* Schriftattribut: *fett*, (aber nicht kursiv!)
Neuer Textrahmen unterhalb der Adresse	Textrahmen Adresse kopieren. Neuen Textrahmen in Position bringen (siehe Abbildung). Text: *Personenzahl*
Grafik	Aus dem Verzeichnis CLIPART (= Unterverzeichnis von PUB) die Grafik *HAUS.CGM* importieren.
Unterer Textrahmen	Text: *Bis Donnerstag bei Hausmeister Hampe abgeben.* Schriftart: *ARIAL* Schriftgröße: *7*

Titel

1. DOPPELKLICK auf den **WordArt**-Rahmen mit der Beschriftung **Titel**.
2. Texteingabe im **WordArt**-Dialog: *Stadtteilfest*.
3. Als Ausrichtung *zentriert* wählen.
4. Mit **OK** bestätigen.

Textrahmen unterhalb des Titels

1. Vorhandenen Text komplett markieren. Taste ENTF drücken, um Text zu löschen.
2. Neuen Text eingeben: *Ja, wir kommen auch zu unserem Stadtteilfest.*
3. Gesamten Text markieren.
4. Über Symbolleiste folgende Auswahlen treffen:

   Schriftart: *ARIAL*
   Schriftgröße: *12*
   Schriftattribut: *fett* (aber nicht kursiv!)

Neuer Textrahmen unterhalb der Adresse

1. Aktivieren Sie den Textrahmen mit dem Text **Adresse**.
2. Wählen Sie [Bearbeiten/Textrahmen kopieren].
3. Wählen Sie [Bearbeiten/Objekt(e) einfügen].
4. Bringen Sie das Objekt auf der letzten Unterstreichung in Position.
5. Markieren Sie den Text **Adresse** und löschen ihn durch Betätigen der Taste ENTF.
6. Geben Sie *Personenzahl* ein.

Grafik

1. Führen Sie einen DOPPELKLICK im Grafikrahmen durch.
2. Im Dialog **Grafik importieren** wechseln Sie in das Unterverzeichnis CLIPART.
3. Wählen Sie aus der Liste der angezeigten Grafiken die Grafik HAUS.CGM aus.
4. Bestätigen Sie mit **OK**.
5. Da der Grafikrahmen bereits eine Grafik enthält, zeigt Publisher folgende Meldung an:

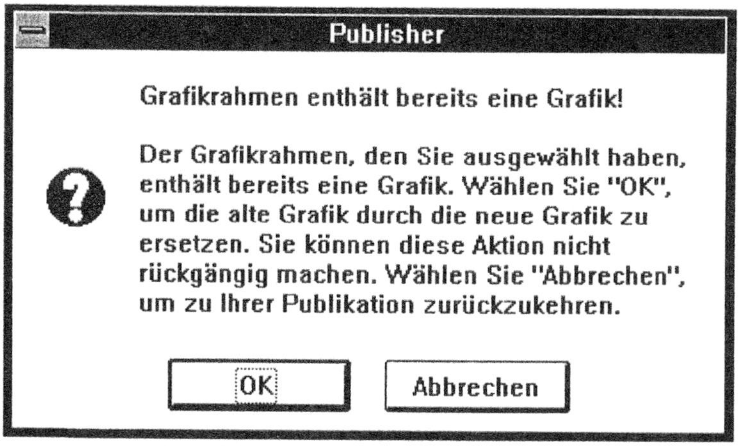

Abb. 7-16 Warnung Grafik

Bestätigen Sie mit **OK**, um die Grafik auszutauschen.

Unterer Textrahmen

1. Markieren Sie den gesamten Text und löschen ihn über die Taste ENTF.
2. Geben Sie *Bis Donnerstag bei Hausmeister Hampe abgeben* ein.
3. Markieren Sie den gesamten Text.
4. Wählen Sie aus der Symbolleiste:

   Schriftart: *ARIAL*
   Schriftgröße: *7*

Damit ist nun auch Ihr Part erledigt und der Coupon gestaltet. Ihre Publikation kann sich sehen lassen. Allerdings, da fällt uns doch noch eine Kleinigkeit auf. Betrachten Sie Ihren Coupon noch einmal, wird Ihnen auffallen, daß sowohl für den **Namen** als auch für die **Adresse** Unterstreichungen gewählt wurden. Diese fehlt jedoch unserem Textrahmen *Personenzahl*. Dies nachzutragen ist aber überhaupt kein Problem. Der nächste Abschnitt lädt Sie dazu ein!

Die Malwerkzeuge

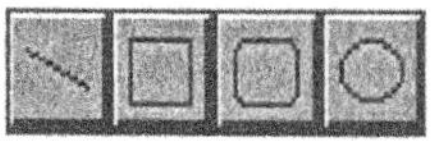

Die meisten Instrumente der **Symbolleiste** sind Ihnen vertraut. Noch nicht beschäftigt haben Sie sich bislang mit den Malinstrumenten. Sie erlauben Ihnen eigene Zeichnungen zu entwickeln. Nicht wegzudenken sind diese Instrumente bei der Erstellung eigener Formulare, ohne daß dabei ein Assistent verwendet wird. Sie ermöglichen Ihnen das Zeichnen von Linien, Kästchen, abgerundeten Kästen sowie Kreisen. Malinstrumente können in zwei Gruppen unterteilt werden:

Linien
Flächen

Zu den Linien gehört ein einziges Instrument, eben das zum Linienzeichnen. Und damit arbeiten Sie so:

Linie anlegen

1. Aktivieren Sie das Instrument für die Linie durch einen Mausklick.

2. ZIEHEN Sie mit der Maus einen Strich.

Linie bearbeiten

Fertig ist die Linie. Wie jedes Objekt kann die Linie mit der Maus über die Seite bewegt werden. Über die Anfasser links und rechts kann sie verbreitert oder verkürzt werden. Selbstverständlich können auch Linien kopiert bzw. ausgeschnitten werden. Sobald eine Linie zum aktiven Objekt wird, verändert die **Symbolleiste** ihr Aussehen:

Abb. 7-17 Symbolleiste für Linien

Linie gestalten

Hierüber läßt sich die Linie gestalten. So kann aus einer Linie jederzeit ein Pfeil werden:

Symbol	Beschreibung
	Pfeil nach links
	Pfeil nach rechts
	Doppelpfeil

Aber auch die Strichstärke läßt sich einstellen. Vom 'ganz dünnen' bis zum 'ganz dicken' Strich ist an alles gedacht:

Symbol	Strichstärke
	dünn
	normal
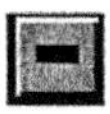	dick
	extra dick

Flächen

Ähnliches gilt für die zweite Gruppe von Malinstrumenten, die Flächen. Zu ihr gehören die Instrumente:

Instrument	Beschreibung
	Kasten
	abgerundeter Kasten
	Kreis

Auch die Flächeninstrumente verwenden Sie zur Anlage genauso wie eine Linie:

Flächen anlegen

1. Aktivieren Sie das Instrument für die gewünschte Fläche durch einen Mausklick.

2. ZIEHEN Sie mit der Maus eine Fläche.

Flächen lassen sich ebenfalls in ihrer Größe verändern und selbstverständlich kopieren bzw. ausschneiden. Darüber hinaus lassen sich die Strichstärken für Flächen ebenso anpassen wie für die Linien. Aktivieren Sie eine Fläche, sieht die Symbolleiste allerdings geringfügig anders aus:

Abb. 7-18 Symbolleiste für Flächen

Die Symbole für die Pfeile sind verschwunden. Stattdessen stehen zwei neue Symbole zur Verfügung:

Symbol	Beschreibung
	Schraffierung
	Schattierung

Jede Fläche, ob Kreis, Kasten oder abgerundeter Kasten, kann mit diesen Werkzeugen bearbeitet werden. Damit lassen sich Spezialeffekte für die Flächen einstellen. Beginnen wir mit der Schraffierung:

Schraffierung

1. Aktivieren Sie die zu bearbeitende Fläche mit einem Mausklick.

2. Wählen Sie das Symbol zur Flächengestaltung ebenfalls durch einen Mausklick aus:

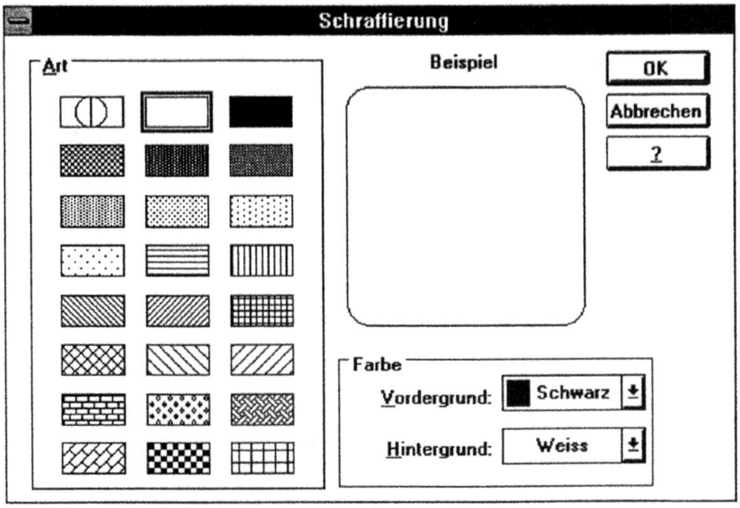

Abb. 7-19 Dialog ***Schraffierung***

3. Unter **Art** lassen sich die gewünschten Schraffierungen einstellen:

Wirkung	Symbol
Transparent	Erstes Symbol der ersten Reihe
Vollfarbe	Zweites Symbol der ersten Reihe für den Hintergrund Drittes Symbol der ersten Reihe für den Vordergrund
Muster	Alle übrigen (Vordergrund und Hintergrundfarbe unterschiedlich)

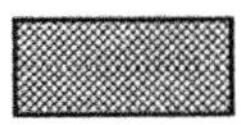

4. Einen Unterschied zwischen Vordergrund- und Hintergrundfarbe erkennen Sie demnach nur dann, wenn ein Muster ausgewählt wurde. Das Muster wird dabei immer als Vordergrund betrachtet. Über die Auswahl **Farbe** stehen Ihnen zwei Listen zur Verfügung, die die Farbgebung von **Vordergrund** und **Hintergrund** möglich machen.

Sofern Sie keinen Farbdrucker zum ausdrucken verwenden, werden die hier eingestellten Farben in Graustufen umgewandelt.

5. Auch dieser Dialog informiert Sie ganz genau über Ihre Eingaben. Unter **Beispiel** können Sie Ihre Gestaltung in der Vorschau bewundern.

6. Sind alle Einstellungen vorgenommen, bestätigen Sie mit **OK**.

Schattierung

Diese Schraffierungen haben jetzt solange Gültigkeit bis sie irgendwann wieder von Ihnen geändert werden. Und damit zum zweiten Element, das Ihnen hilft, Ihre Flächen zu 'verschönen', der Schattierung. Die Schattierung kann ein- oder ausgeschaltet werden. Eine Fläche, die über eine Schattierung verfügt, kann durch erneuten Mausklick auf dieselbe wieder davon 'befreit' werden. Ganz einfach!

1. Aktivieren Sie die gewünschte Fläche.

2. KLICKEN Sie auf das Symbol Schattierung.

Hatte die Fläche noch keine Schattierung, so erhält sie jetzt eine. Andernfalls wird die vorhandene Schattierung wieder ausgeschaltet.

Na, haben Sie die noch fehlende Linie für die *Personenzahl* eingesetzt? Wenn nicht, sollten Sie das unbedingt noch erledigen, bevor Sie weiter vordringen in die 'ergründlichen Tiefen' von Publisher.

HALTEN WIR NOCH EINMAL FEST:

- Sie haben Objekte kopiert und versetzt. Außerdem haben Sie den Unterschied der beiden Funktionen kennengelernt.
- Sie haben die Dialoge Suchen und Ersetzen verwendet, um inhaltliche Änderungen am Text vorzunehmen.
- Sie haben WordArt eingesetzt und eine ganz besondere Überschrift erzeugt. Auf diesem Weg haben Sie Bekanntschaft mit der Verwendungen zusätzlicher Zierschriften sowie deren Schrifteffekten geschlossen.
- Sie haben weitere Assistenten innerhalb der Publikation zu Hilfe gerufen und erfahren, wie das durch den Assistenten angelegte 'Gerüst' mit eigenen Texten und Bildern gestaltet wird.
- Sie haben Kenntnis erhalten von den Malinstrumenten. Sie wissen außerdem, welche Spezialeffekte für Flächen und Linien einsetzbar sind.

8. Eine mehrseitige Publikation

Überblick

Bislang haben Sie die Arbeit mit Publisher auf eine Seite beschränkt. Natürlich lassen sich mühelos mehrseitige Publikationen gestalten. Dazu ist es erforderlich die benötigten Seiten anzufordern. Diese können zu Beginn, aber auch zu einem späteren Zeitpunkt hinzugefügt werden. Das Bewegen innerhalb einer mehrseitigen Publikation wird über Symbole realisiert, die denen eines Kassettenrekorders gleichen. Und so macht es keine Mühe eine Seite vor bzw. 'zurückzuspulen' oder einen schnellen Vor- und Rücklauf durchzuführen. Es kann vorkommen, daß bei mehrseitigen Publikationen gewisse Elemente auf jeder Seite wieder erscheinen sollen. Zum Beispiel die Seitennummern. Aus diesem Grund verfügt jede Publikation über Vorder- und Hintergrundseiten. Auf die Hintergrundseite gehören alle Informationen, die jeder (Vordergrund-)Seite der Publikation zur Verfügung stehen sollen. Wurde der Publikation einmal eine Seite zuviel hinzugefügt oder soll aus anderem Grund auf eine Seite verzichtet werden, so ist es gut zu wissen, daß sich vorhandene Seiten löschen lassen. **Kapitel 8** lädt Sie ein all das nun zu erfahren.

Seiten einfügen

Immer dann, wenn die Publikation nicht mehr auf eine Seite paßt, müssen weitere neue Seiten eingefügt werden. Diese Arbeit können entweder Sie übernehmen, oder Sie können sie Publisher überlassen. Grundsätzlich gilt jedoch auch für mehrseitige Publikationen:

Zuerst die Seite einrichten und
Ränder sowie Führungslinien festlegen.

Im Anschluß daran beginnt die Gestaltung. Nehmen Sie an, Sie wollten mit Publisher einen Katalog 'setzen'. Der Text für den Katalog wurde mit einem Textverarbeitungsprogramm geschrieben. Er enthält mehrere Seiten technische Informationen. Zunächst einmal empfiehlt sich die Seiteneinrichtung als Buch festzulegen. Dadurch werden beim Ausdruck die Katalogseiten gegenüberliegend gedruckt. Woher wissen Sie jedoch, wieviele Seiten Sie benötigen werden? Einfach Frage, einfache Antwort: Überhaupt nicht! Überlassen Sie das getrost Publisher:

Mehrseitige Texte importieren

1. Gewünschtes Seitenformat einrichten.

2. Ränder und Führungslinien festlegen.

3. Einen Textrahmen auf der ersten (und derzeit einzigen) Seite aufziehen.

4. Text importieren. (Zum Beispiel die Datei INFO.TXT aus dem Verzeichnis Publisher.) Läuft der von Ihnen angelegte Textrahmen über, meldet Publisher:

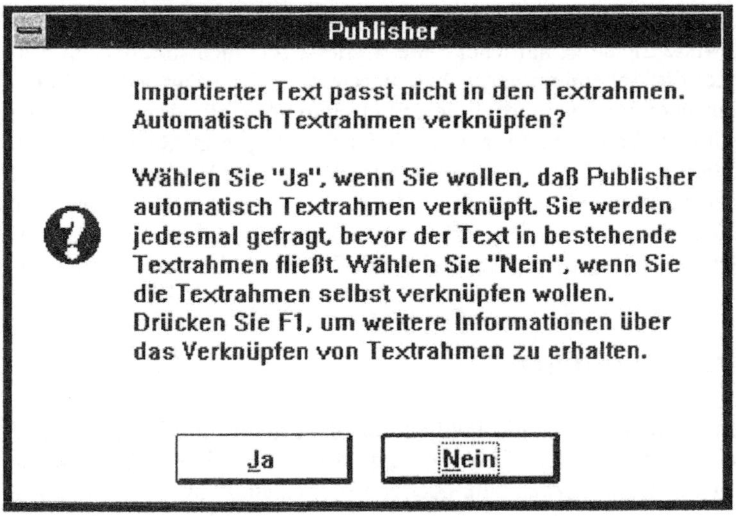

Abb. 8-1 Textrahmen automatisch verknüpfen

5. Bestätigen Sie mit **Ja**, damit Publisher die zusätzlich benötigten Seiten sowie Textrahmen einfügt.

   Bestätigen Sie mit **Nein**, wenn Sie den Text selbst auf Seiten und Textrahmen verteilen wollen.

Angenommen, Sie haben die zusätzlichen Seiten und Textrahmen durch Publisher einfügen lassen, wurde auf jeder Seite e i n Textrahmen gesetzt, um den Text in die Publikation aufzunehmen. Eine Einteilung in unterschiedliche Textrahmen pro Seite erfolgt nicht. Um die Publikation zu gestalten, müssen Sie sich nun Seite für Seite vornehmen.

Von Seite zu Seite bewegen

Zunächst einmal müssen Sie daher erfahren, wie Sie von einer Seite zur anderen gelangen. Aber auch das ist in Publisher kein Problem. Verwenden Sie dazu die Hilfszeile zum Wiederauffinden von Seiten. Sie finden sie links neben der horizontalen Bildlaufleiste und so sieht sie aus:

Abb. 8-2 Leiste zum Anwählen von Publikationsseiten

Als Seite wird immer diejenige angezeigt, in der Sie sich gerade befinden. Haben Sie jemals einen Kassettenrekorder bedient? Dann dürfte Ihnen die Verwendung dieser Symbole nicht schwer fallen. Insgesamt stehen vier Symbole zur Verfügung, die es Ihnen erlauben, sich in der Publikation auf die nächsten bzw. vorherigen Seiten zu bewegen:

Symbol	Beschreibung
	Unabhängig davon, auf welcher Publikationsseite Sie sich befinden, führt dieses Symbol immer zurück zum Anfang der Publikation.
	Schlägt die vorhergehende Seite auf. Befinden Sie sich beispielsweise auf Seite 5, führt Sie dieses Symbol zurück zu Seite 4.
	Schlägt die nächste Seite auf. Befinden Sie sich beispielsweise auf Seite 5, führt Sie dieses Symbol zu Seite 6.
	Unabhängig davon, auf welcher Publikationsseite Sie sich befinden, führt dieses Symbol immer zur letzten Seite der Publikation.

Bedient werden die Symbole mit der Maus. Ein Mausklick löst sofort das zu dem Symbol gehörende Ereignis aus. Also: Ein KLICK auf den schnellen Vorlauf und augenblicklich führt Publisher Sie zur ersten Seite der Publikation.

Seiten hinzufügen

Wollen Sie selbst Seiten in Ihrer Publikation hinzufügen, ist das natürlich ebenfalls möglich:

1. Steuern Sie zunächst die Publikationsseite an, auf die eine weitere Seite folgen soll.

Natürlich kann die Seite auch v o r der aktuellen Seite eingefügt werden.

2. Öffnen Sie das Menü [Seite] und wählen [Seiten einfügen...]:

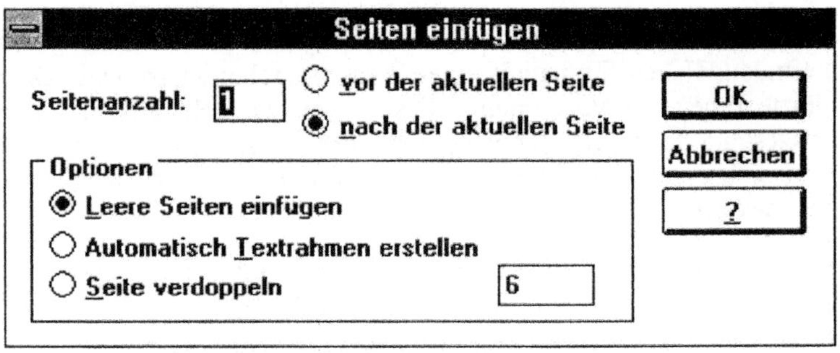

Abb. 8-3 Dialog ***Seiten einfügen***

3. Unter **Seitenzahl** geben Sie ein, wieviele Seiten (eine, zwei, drei...) Sie einfügen wollen.

4. Anschließend müssen Sie die Position der einzufügenden Seite(n) bestimmen. Um die Seite(n) **vor der aktuellen Seite** hinzuzufügen, aktivieren Sie diese Option durch einen Mausklick. Andernfalls akzeptieren Sie die Standardvorgabe von Publisher **nach der aktuellen Seite**.

5. Als nächstes müssen Sie entscheiden, welche Art von Seite eingefügt werden soll:

•	Leere Seiten einfügen	Publisher fügt eine komplett leere Seite ein.
•	Automatisch Textrahmen erstellen	Publisher fügt eine Seite ein, die einen leeren Textrahmen über die gesamte Seite erhält.
•	Seite verdoppeln	Publisher verdoppelt die im Eingabefeld vorgeschlagene Seite. Sämtliche Rahmen sowie deren Formatierung werden auf die neue Seite übertragen, nicht aber deren Inhalte. Die zu verdoppelnde Seite kann im Eingabefeld eingetragen werden. Zunächst trägt Publisher hier als Vorschlag immer die aktuelle Seite ein.

6. Bestätigen Sie mit **OK**, damit Publisher die neue Seite (bzw. die neuen Seiten) gemäß Ihren Wünschen einrichtet.

Der Dialog **Seiten einfügen** gibt Ihnen so die Möglichkeit, Seiten an ganz bestimmten Stellen der Publikation auch nachträglich noch einzubauen.

Vordergrund und Hintergrund

Gerade bei mehrseitigen Publikationen ist es unerläßlich zu wissen, wie bestimmte Informationen allen Publikationsseiten zugänglich gemacht werden können. Immerhin könnte es ja sein, daß Sie auf allen Seiten der Publikation Ihr Firmenlogo wünschen. Für Kataloge und Bücher ist eine automatische Seitennumerierung notwendig. Nun wäre es allerdings ganz schön mühsam, wenn diese Informationen auf jeder Publikationsseite immer wieder neu untergebracht werden müßten. Aus diesem Grund wollen wir Ihnen den Hintergrund der Seite vorstellen. Alle Informationen, die Sie im Hintergrund festlegen, stehen fortan sämtlichen Seiten der Publikation zur Verfügung. Vergleichen können Sie das ganze mit Briefpapier, das Sie aus einer Druckerei beziehen. Dieses Briefpapier enthält auch bereits gewisse Informationen (wie z. B. Firmenlogo, Adresse, Bankverbindung), die festgelegt sind. Dieses 'Masterpapier' verwenden Sie, um Ihre Brieftexte, Rechnungstexte usw. hinzuzufügen.

Allerdings haben Sie keine Möglichkeit diese Informationen zu ändern. Und wenn sich jetzt Ihre Telefonnummer oder Vorwahlnummer ändert, müssen Sie das Briefpapier neu drucken lassen.

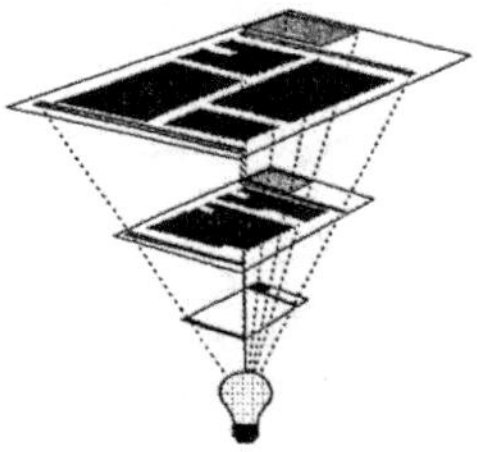

Publisher arbeitet nach einem ähnlichen Prinzip. Informationen wie das Firmenlogo, die Adresse, die Telefonnummer, die Telefaxnummer usw. werden in der Hintergrundseite eingetragen, eine 'Masterseite' quasi. Diese Informationen können nicht bearbeitet werden, solange die Vordergrundseite gestaltet wird. Damit entfällt auch die Gefahr, Informationen, die auf jeder Seite wieder benötigt werden, einfach zu vergessen oder nicht ganz korrekt zu positionieren. Einmal in die Hintergrundseite eintragen und sie können weder vergessen, noch überschrieben werden. Um also in Zukunft Ihr Briefpapier selbst zu gestalten, legen Sie zunächst die Hintergrundseite mit sämtlichen Informationen an. Im Anschluß daran kann diese Publikation zum Beispiel als Vorlage abgespeichert werden. Wollen Sie ein Rundschreiben gestalten, starten Sie mit der Vorlage, die die Informationen für Ihren Briefbogen enthält und gestalten nun im zweiten Schritt die Vordergrundseite (also das eigentliche Rundschreiben in diesem Fall). Sollte sich jetzt einmal Ihre Telefonnummer oder Vorwahlnummer ändern, läßt sich dies durch eine Änderung der Hintergrundseite sofort korrigieren.

Zusammenfassend kann man sagen:

- Es muß unterschieden werden zwischen dem Vordergrund und dem Hintergrund von Seiten.
- Es kann entweder der Vordergrund oder der Hintergrund bearbeitet werden, aber nicht beide gleichzeitig.
- Alle Informationen der Hintergrundseite stehen automatisch allen Vordergrundseiten zur Verfügung, nicht aber umgekehrt.
- Informationen der Hintergrundseite können auf der Vordergrundseite nicht verändert werden.

Hintergrundseite anlegen

1. Öffnen Sie das Menü [Seite] und wählen [Hintergrund bearbeiten]. Publisher zeigt eine leere Seite an. Der Bereich zur Anzeige der Seitenzahlen gibt jetzt darüber Auskunft, daß Sie auf der Hintergrundseite arbeiten:

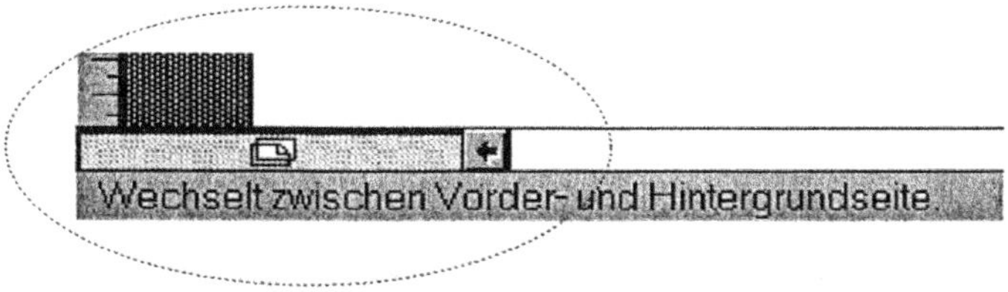

Abb. 8-4 Anzeige Hintergrundseite

2. Fügen Sie die gewünschten Objekte und Texte der Hintergrundseite hinzu.

3. Kehren Sie zurück zur Vordergrundseite. Dazu öffnen Sie das Menü [Seite] und wählen [Vordergrund bearbeiten].

Objekte vom Vordergrund in den Hintergrund verschieben

Jede Seite, die Sie der Publikation hinzufügen werden, wird automatisch die Objekte der Hintergrundseite tragen. Sollten Sie nun aus Versehen die Objekte, die eigentlich in den Hintergrund hätten eingetragen werden sollen, auf die Vordergrundseite untergebracht haben, müssen Sie nicht wieder von vorne anfangen, sondern verschieben einfach vom Vordergrund in den Hintergrund:

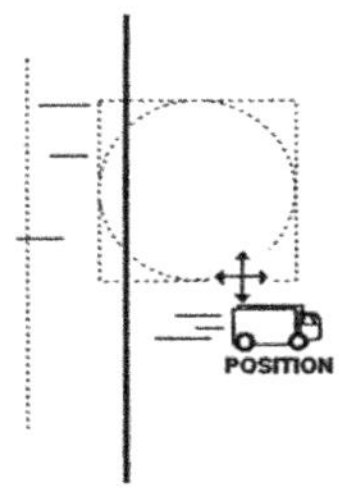

1. Aktivieren Sie das Objekt, das in den Hintergrund gehört und ZIEHEN es mit der Maus auf den Konzeptbereich neben die eigentliche Seite:

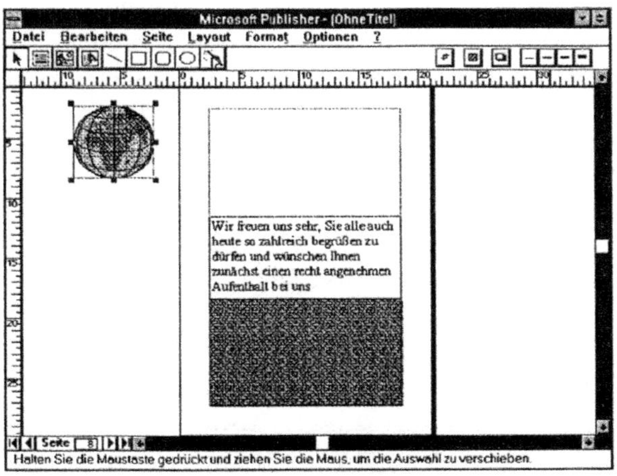

Abb. 8-5 Objekt im Konzeptbereich

2. Wechseln Sie über [Seite/Hintergrund bearbeiten] zur Hintergrundseite.

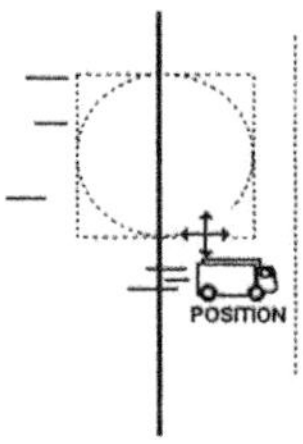

3. ZIEHEN Sie das Objekt aus dem Konzeptbereich auf die Hintergrundseite:

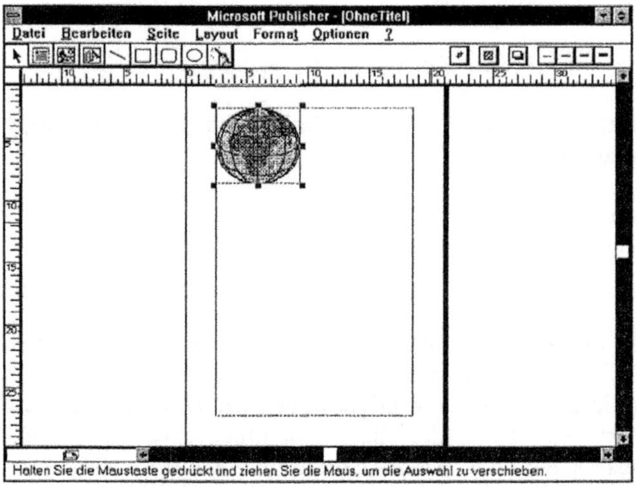

Abb. 8-6 Objekt auf der Hintergrundseite

4. Wechseln Sie über [Seite/Vordergrund bearbeiten] zur Vordergrundseite.

Hintergrund-objekte auf aktueller Seite unterdrücken

Selbstverständlich können Sie auf diese Weise auch Objekte, die sich derzeit im Hintergrund befinden, in den Vordergrund 'befördern'. Möglicherweise haben Sie auf der Hintergrundseite Ihr Firmenlogo untergebracht, benötigen jetzt allerdings eine Seite, die ohne Hintergrundinformationen (also einfach weiß) angezeigt wird:

---

1. Wechseln Sie zu der Vordergrundseite, die ohne die Objekte der Hintergrundseite dargestellt werden soll.

2. Öffnen Sie das Menü [Seite] und wählen [Hintergrund ignorieren].

Für diese Seite wird die Anzeige der Hintergrundobjekte nun unterdrückt. Zusätzlich macht ein Häkchen (✓) vor dem Befehl [Hintergrund ignorieren] darauf aufmerksam.

Die Seitennummern

Bücher und Kataloge benötigen Seitennummern, weil man sich sonst in solchen längeren Publikationen kaum zurechtfinden könnte. Wie geht man demnach vor: Man richtet Seitennummern ein, deren Numerierung Publisher übernimmt. Befinden Sie sich auf einer Vordergrundseite und wählen den Befehl zur Anlage von Seitennummern aus, kommentiert Publisher allerdings wie folgt:

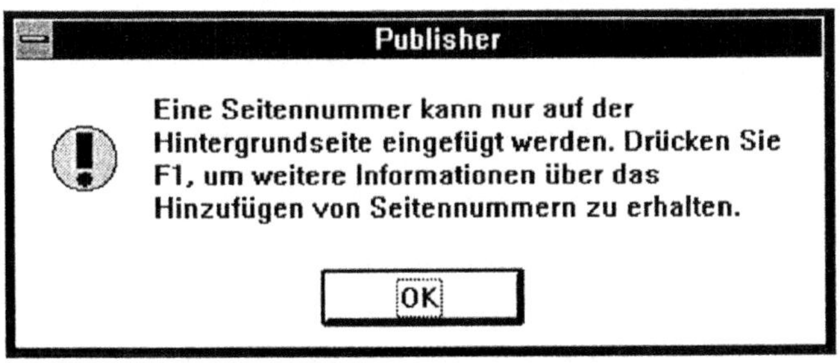

Abb. 8-7 Warnmeldung Seitennummern

Wie gut also, daß Sie die Hintergrundseite bereits kennengelernt haben, denn auch Seitennummern gehören in den Hintergrund. Klar, damit sie jeder Seite zur Verfügung stehen und nicht irgendwo vergessen werden. Das Anlegen einer Seitennumerierung erfordert folgende Vorgehensweise:

Seitennumerierung festlegen

1. Öffnen Sie das Menü [Seite] und wählen [Hintergrund bearbeiten].
2. ZIEHEN Sie einen Textrahmen an der Stelle auf, an der die Seitennummer später gedruckt werden soll. (Das dürfte vermutlich entweder oben oder unten auf der Seite sein.)
3. Schalten Sie auf die Originalgröße um (Funktionstaste F9).
4. Öffnen Sie das Menü [Seite] noch einmal. Diesmal wählen Sie [Seitennummern einfügen]. Publisher setzt das Nummernzeichen (#) ein.

Dies ist ein Platzhalter auf der Hintergrundseite. Sobald Sie in die Vordergrundseite zurückkehren oder die Publikation drucken, wird auf jeder Seite die gewünschte Seitennummer angezeigt bzw. gedruckt.

5. Jetzt kann die Seitennummer gestaltet werden. Möchten Sie beispielsweise die Seitennummer in Bindestriche setzen, so fügen Sie vor und nach dem Nummernzeichen einen Bindestrich über die Tastatur ein (zum Beispiel - # -).

   Wünschen Sie eine andere Schriftart bzw. -größe, andere Schriftattribute oder eine andere Ausrichtung der Seitennummer, stellen Sie diese über die Symbolleiste ein oder verwenden das [Format]-Menü. Wichtig ist auch hierbei, daß die gesamte Seitennummer zuerst markiert wird, bevor Sie diese bearbeiten.

6. Ist die Seitennummer nach Ihrem 'Gusto' gestaltet, kehren Sie über [Seite/Vordergrund bearbeiten] zurück zur Vordergrundseite.

Voilà! Jede Seite wird nun von Publisher automatisch numeriert. Im nächsten Schritt sollen Sie erfahren, wie Sie die Seitennumerierung mit einer ganz bestimmten Zahl beginnen lassen. Um Ihrer Frage 'Wozu ist das denn notwendig?' gleich die Antwort vorwegzunehmen, stellen Sie sich einfach vor, Ihre Publikation ist Teil eines Warenkatalogs, eben der Teil, der Ihr Warenangebot betrifft. Um nun einen vollständigen Warenkatalog herzustellen, müssen die Artikel der anderen Abteilungen ebenfalls gedruckt werden. Möglicherweise gibt es Artikel, die im Katalog weiter vorne als Ihre untergebracht werden müssen. Um nun trotzdem mit der richtigen Seitennummer anzuschließen, bitten Sie einfach Publisher um Unterstützung:

Anfangsseitennummer festlegen

1. Öffnen Sie das Menü [Optionen] und wählen [Einstellungen...].

2. Unter Anfangsseitennummer tragen Sie die Zahl ein, mit der Publisher die automatische Numerierung beginnen soll.

3. Bestätigen Sie mit **OK**.

Für das Festlegen der Anfangsseitennummer ist es egal, ob Sie in der Vorder- oder Hintergrundseite arbeiten.

Legen Sie in Publisher Seitennummern fest, so erhält grundsätzlich jede Seite der Publikation eine Seitennummer, selbstverständlich auch die erste Seite. Allerdings ist das gar nicht immer gewünscht. Denken Sie nur an ein mehrseitiges Rundschreiben. Die Seitennumerierung beginnt hier normalerweise erst auf der zweiten Seite. Bedienen Sie sich folgenden Tricks, der übrigens in der Fachsprache als 'maskieren' bezeichnet wird:

Seitennummer der ersten Seite unterdrücken

1. Legen Sie zunächst die Seitennumerierung wie zuvor beschrieben fest.

2. Wechseln Sie dann über [Seite/Vordergrund bearbeiten] zurück zur aktuellen Vordergrundseite.

3. Wählen Sie den Schalter 'Schnellvorlauf', um sofort die erste Seite anzusteuern.

4. Aktivieren Sie das Instrument, um einen Kasten zu zeichnen.

5. ZIEHEN Sie den Kasten so auf, daß die Seitennummer davon überdeckt wird.

6. Aktivieren Sie das Symbol für die Schattierung.

7. KLICKEN Sie auf das zweite Symbol der ersten Reihe.

8. Stellen Sie als Hintergrund *Weiss* ein.

9. Bestätigen Sie mit **OK**.

10. Öffnen Sie das Menü [Layout] und wählen [Rahmen...].

11. KLICKEN Sie auf **Rahmenstärke Keine**.

12. Bestätigen Sie mit **OK**.

13. Vergewissern Sie sich, daß die Seitennummer von der eingefügten Fläche überdeckt wird. Schalten Sie dazu die Objektbegrenzungen über das Menü [Optionen] aus.

Die Linien des Kastens sollten nun nicht mehr zu sehen, die gewählte Flächenfarbe weiß sein. Durch diesen einfachen Trick verschwindet die Seitennummer der ersten Seite. Selbstverständlich können Sie so auch für andere Seiten eine nicht gewünschte Seitennummer 'maskieren'.

Bislang haben Sie die Arbeit mit einer Hintergrundseite kennengelernt. Manche Publikationen erfordern allerdings gespiegelte Seiten, so zum Beispiel die Publikation, in der Sie gerade lesen. Schauen Sie sich die Kopfzeilen am Anfang einer jeden Seite an, werden Sie feststellen: Die linke unterscheidet sich von der rechten. Wir haben mit gespiegelten Hintergrundseiten gearbeitet. Um diesen Effekt in Ihren Publikationen zu erreichen, gehen Sie so vor:

Gegenüberliegende Seiten numerieren

1. Wechseln Sie über [Seite/Hintergrund bearbeiten] zur Hintergrundseite.

2. Legen Sie die Seitennumerierung wie zuvor beschrieben fest.

3. Anschließend öffnen Sie das Menü [Layout]. Hier wählen Sie [Führungslinien und Seitenränder...].

4. Aktivieren Sie das Kontrollkästchen **Zwei Hintergrundseiten erstellen und Seitenränder spiegeln** durch einen Mausklick.

5. Bestätigen Sie mit **OK**. Publisher richtet daraufhin zwei gespiegelte Seiten ein. Das Symbol für die Hintergrundseite hat sich verändert:

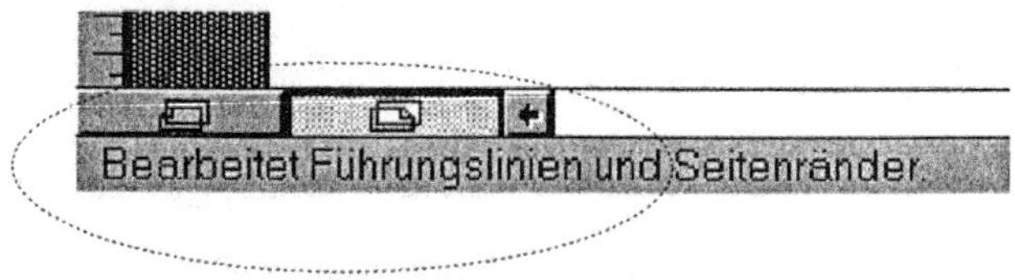

Abb. 8-8 Anzeige gegenüberliegende Hintergrundseiten

Das linke Symbol zeigt die 'Masterseite' für alle linken Seiten, das rechte hingegen die 'Masterseite' für alle rechten.

6. Da derzeit linke und rechte 'Masterseite' deckungsgleich sind, sollten Sie die Seitennumerierung für die derzeit aktive rechte 'Masterseite' mit der Ausrichtung rechtsbündig formatieren.

7. Anschließend aktivieren Sie die linke Hintergrundseite durch einen Mausklick und formatieren hier die Seitennumerierung linksbündig.

8. Kehren Sie dann über [Seite/Vordergrund bearbeiten] zur aktuellen Vordergrundseite zurück.

> Wünschen Sie die Numerierung nur auf den linken Seiten, so entfernen Sie die Seitennumerierung der rechten Hintergrundseite oder umgekehrt, sofern nur die rechten Seiten numeriert werden sollen.

Seiten-numerierung entfernen

Natürlich müssen Sie noch erfahren, wie die Numerierung entfernt wird, bevor Sie den Hinweis befolgen können. Aber daran soll es ja nicht liegen:

---

1. Wechseln Sie in den Hintergrund ([Seite/Hintergrund bearbeiten]).

2. Aktivieren Sie die gewünschte Hintergrundseite, sofern Sie über gegenüberliegende Seiten verfügen, andernfalls fahren Sie mit Schritt 3 fort.

3. Markieren Sie den Textrahmen mit der Seitennumerierung.

4. Entfernen Sie diesen über [Bearbeiten/Textrahmen löschen].

5. Kehren Sie über das Menü [Seite] zurück zur Vordergrundseite.

Die Seitennumerierung ist nun aufgehoben und es werden keine Seitennummern mehr angezeigt.

> Vergessen Sie nicht die Seitennumerierung auf beiden Hintergrundseiten zu entfernen, sofern Sie mit gegenüberliegenden Seiten arbeiten und überhaupt keine Numerierung mehr wünschen.

Seiten löschen

Auch ganze Seiten lassen sich aus der Publikation entfernen. Beim Löschen von Seiten kann aber immer nur jeweils eine Seite entfernt werden. Wünschen Sie also mehrere Seiten zu löschen, so müssen Sie das nacheinander tun.

1. Bewegen Sie sich zuerst zu der Seite, die gelöscht werden soll.

2. Öffnen Sie das Menü [Seite] und wählen [Seite löschen].

Die aktuelle Seite wurde 'beseitigt'.

Haben Sie aus Versehen eine Seite gelöscht, wählen Sie unmittelbar im Anschluß an den Löschbefehl [Bearbeiten/**R**ückgängig: Seite löschen].

Möglicherweise wollen Sie Objekte der zu löschenden Seite sichern, bevor die Seite entfernt wird. In diesem Fall ZIEHEN Sie alle gewünschten Objekte in den Konzeptbereich, um sie dort vorübergehend abzulegen. Nichts ist eben unmöglich...

HALTEN WIR NOCH EINMAL FEST:

- Sie haben in diesem Kapitel Bekanntschaft geschlossen mit Publikationen, die aus mehreren Seiten bestehen. Dabei haben Sie zunächst erfahren, auf welche Arten unterschiedliche Seiten eingefügt werden können und wie diese Seiten angesteuert werden.

- Sie haben den Unterschied zwischen dem Hintergrund und dem Vordergrund einer Seite kennengelernt.

- Sie haben die Seitennumerierung eingesetzt, um automatische Seitennummern zu erhalten. Sie wissen nun, wie Seitennummern eingerichtet, formatiert und auch wieder gelöscht werden. Außerdem haben Sie das Spiegeln der Hintergrundseiten erprobt, eine Technik, die bei der Erstellung von Büchern und Katalogen notwendig ist.

- Sie haben den Konzeptbereich von Publisher eingesetzt, um Objekte vorübergehend abzulegen. Darüber hinaus sind Sie imstande, nicht benötigte Seiten wieder zu löschen.

9. Der letzte Schliff

Überblick

Die Arbeit mit Objekten ist Ihnen sicher bestens vertraut. In diesem Kapitel geht es um letzte Feinheiten, die in der Objektbearbeitung eine Rolle spielen. So ist es beispielsweise möglich, nicht ein einzelnes Objekt, sondern eine ganze Gruppe von Objekten zu verschieben. Für die Formatierung von Objekten stehen weitere Kriterien zur Verfügung, zum Beispiel Zierrahmen, die aus einem 'einfachen Objekt' etwas ganz besonderes machen. Aber auch die Beziehung von Objekten untereinander soll Thema dieses Kapitels sein. Es ist durchaus manchmal erforderlich, daß ein Objekt in den Hintergrund treten muß, um ein anderes nicht zu überdecken. Neben den von Publisher mitgelieferten Zusatzprogrammen wie beispielsweise WordArt, die sich als Objekt in eine Publikation aufnehmen lassen, sind auch andere Windows-Programme ähnlich kooperativ. Am Beispiel von Microsoft Excel soll der Import eines Objekts 'Tabelle' gezeigt werden, womit wir dieses Kapitel beschließen.

Noch mehr Bearbeitungsmöglichkeiten für Objekte

Den letzten Schliff soll unser Flugblatt also in diesem Kapitel erhalten. Dazu ist es zunächst einmal erforderlich diese Publikation in Publisher wieder zu öffnen. Der letzte Stand unseres Flugblatts hat folgendes Aussehen:

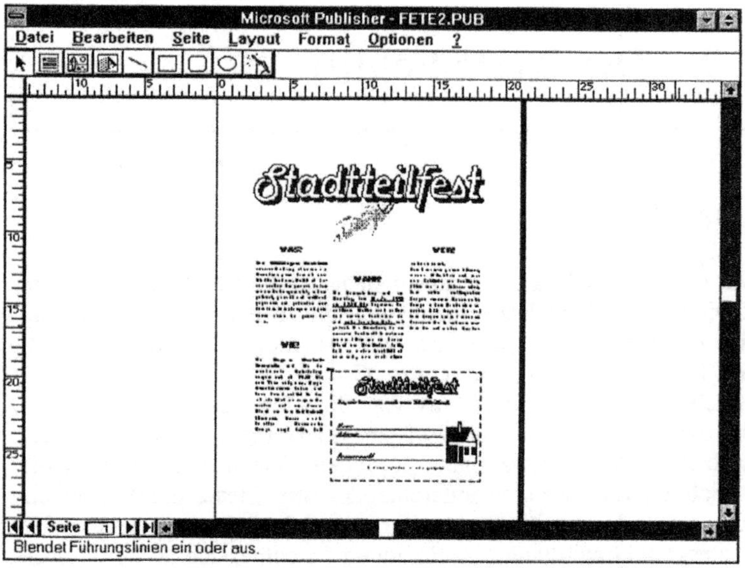

Abb. 9-1 Aktueller Stand der Publikation Flugblatt

Zwei Dinge sollen uns zunächst beschäftigen:

- Alle Textrahmen sollen etwas weiter nach oben geschoben werden.
- Die Korken-Grafik soll in den Vordergrund geholt werden.

Einzelne Objekte zu verschieben bereitet Ihnen sicher keine Mühe mehr. Um aber die Textrahmen nicht alle einzeln verschieben zu müssen, sollen Sie erfahren, wie man mehrere Objekte zu einer Gruppe zusammenfaßt. Diese Vorgehensweise hat gleich zwei positive Seiten: Zum einen geht es schneller, zum anderen bringen Sie alle Objekte in exakt dieselbe Position, in unserem Fall: um einen Zentimeter weiter nach oben:

Objektgruppe verschieben

1. KLICKEN Sie auf das Zeiger-Instrument in der Symbolleiste.

2. ZIEHEN Sie mit der Maus einen Bereich über alle Objekte, die zur Gruppe gehören sollen. Alle Objekte, die auf diese Weise 'eingefangen' wurden, erhalten Anfasser, denn sie sind jetzt als Gruppe aktiv. Das könnte zum Beispiel so aussehen:

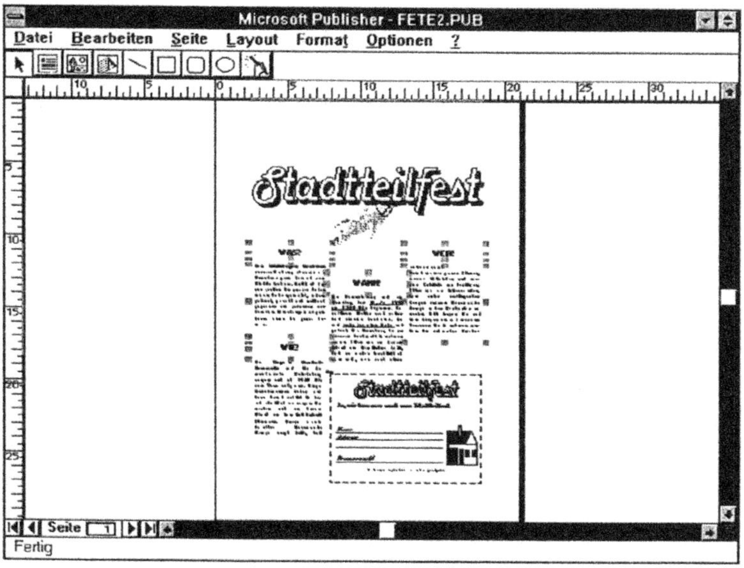

Abb. 9-2 'Eingefangene' Objekte

Um eine Objektgruppe von einem einzeln markierten Objekt zu unterscheiden, sind die Anfasser diesmal hellgrau.

Da wir allerdings den Coupon nicht mit markieren wollen, ist es mit der Maus allein etwas schwierig den Textrahmen links neben dem Coupon zu markieren. Aus diesem Grunde erlaubt Publisher das Mehrfachmarkieren auch über die STRG-Taste.

3. Halten Sie die STRG-Taste gedrückt, während Sie auf den Textrahmen links neben dem Coupon zeigen und einmal die linke Maustaste KLICKEN.

Alle benötigten Textrahmen sind jetzt markiert. Diese Objektgruppe kann verschoben werden. In unserem Beispiel wollen wir die Gruppe um einen Zentimeter höher setzen. Zur Orientierung verwenden Sie das linke Lineal:

---

1. Bewegen Sie den Mauszeiger in die Mitte der Objektgruppe. Bringen Sie den Mauszeiger so in Position, daß er sich in den bekannten Pfeil, der in vier Richtungen zeigt, verwandelt .

2. Drücken Sie nun die linke Maustaste und halten sie gedrückt, während Sie die Maus um einen Zentimeter nach oben ZIEHEN.

3. Dort angekommen, lassen Sie die Maustaste wieder los.

Sämtliche Textrahmen wurden verschoben. So sieht Ihr Ergebnis vermutlich aus:

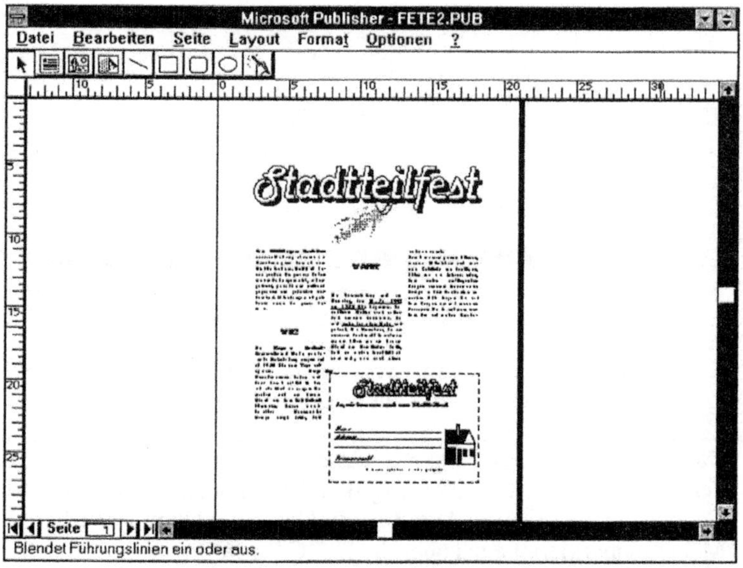

Abb. 9-3 Verschobene Objektgruppe

'Unschön' werden Sie - zu Recht - sagen. Wo sind nur die beiden oberen Überschriften geblieben? Etwas salopp gesagt: Sie haben sich 'verkrümelt'. Hinter der Schlagzeile *Stadtteilfest*. Aus diesem Grund muß dieses Objekt in den Hintergrund gestellt werden, denn damit werden alle anderen Objekte, die kleiner und deshalb derzeit verdeckt sind, im Vordergrund wieder sichtbar:

Objekt in den Hintergrund setzen

1. Aktivieren Sie das Objekt, das in den Hintergrund gesetzt werden soll.

2. Öffnen Sie das Menü [Layout] und wählen [In den Hintergrund].

Um das Objekt statt in den Hintergrund in den Vordergrund zu setzen, wählen Sie aus dem Menü [Layout] den Befehl [In den Vordergrund].

Die Schlagzeile wird, gegenüber allen anderen Objekten, die sich ebenfalls in diesem Bereich der Seite befinden, nach hinten versetzt. Stellen Sie sich einfach vor, Sie haben aus einer Zeitung ein großes Bild ausgeschnitten. Auf dieses große Bild legen Sie dann kleine Bilder. Damit die kleineren Bilder zu sehen sind, legen Sie diese natürlich a u f das große Bild und n i c h t d a r u n t e r .

In den Hintergrund bedeutet allerdings nicht, daß das Objekt auf die Hintergrundseite verschoben wird!

Betrachten Sie jetzt die Publikation, haben wir auch schon das nächste Problem:

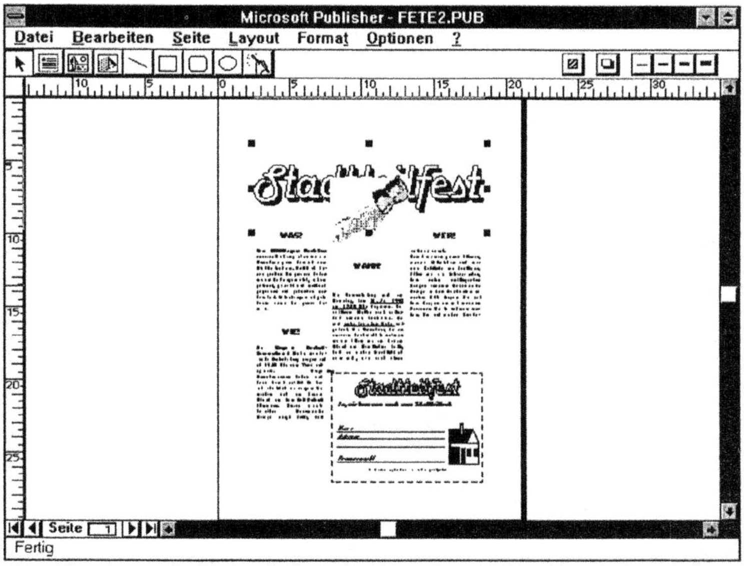

Abb. 9-4 In den Hintergrund gesetzte Schlagzeile

Der Korken verdeckt unsere Schlagzeile teilweise. Der Hintergrund der Grafik ist weiß und 'beschädigt' damit die Überschrift. Wie gut, daß sich die Schraffierung von Objekten bearbeiten läßt. Sie haben diese Technik bereits im Zusammenhang mit den Malwerkzeugen kennengelernt (**Kapitel 7**). Hier sei nun noch einmal darauf hingewiesen, daß der Dialog zur Bearbeitung der Schraffierung nicht nur über das entsprechende Symbol der Symbolleiste, sondern selbstverständlich auch über das Menü gewählt werden kann:

Schraffierung eines Objekts ändern

1. Markieren Sie das Objekt, dessen Schraffierung Sie bearbeiten wollen. In unserem Beispiel die Grafik, die den Korken enthält.

2. Öffnen Sie das Menü [Layout] und wählen [Schraffierung...].

3. Der Dialog **Schraffierung** wird angezeigt. KLICKEN Sie unter **Art** auf das erste Symbol der ersten Reihe. Damit läßt sich ein transparenter Hintergrund für das gewählte Objekt einstellen.

4. Bestätigen Sie mit **OK**.

> Die Schraffierung kann selbstverständlich auch in Textrahmen geändert werden!

Bewegen Sie jetzt den Korken noch ein kleines Stück nach unten, um den folgenden Effekt und damit ein 'vorläufiges Endergebnis' zu erreichen:

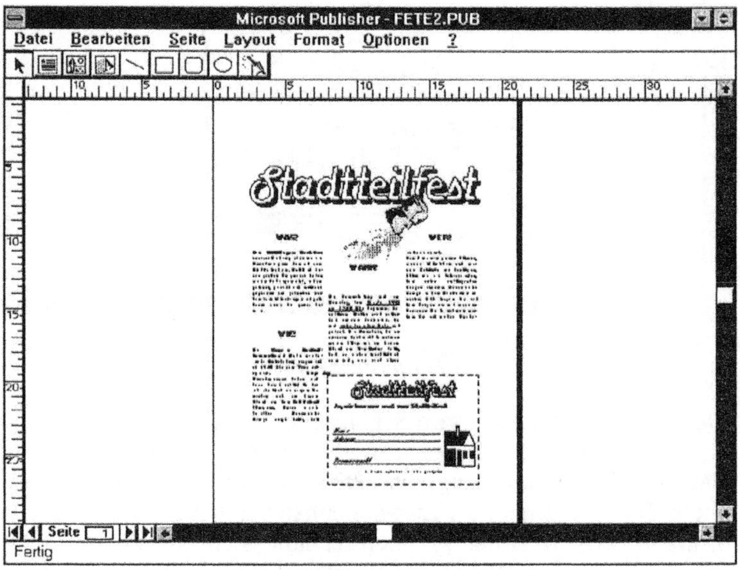

Abb. 9-5 'Vorläufiges Endergebnis'

Die Beziehung von Objekten untereinander nimmt eine zentrale Stellung ein. Um so erfreulicher ist es, daß Publisher das Herstellen dieser Beziehungen auf einfachste Weise möglich macht. Zusammenfassend gehören zu dieser Aufgabenstellung:

- Hintergrund-/Vordergrund-Beziehungen
- darauf abgestimmte Schraffierungen.

Objekte mit Rahmen versehen

Das 'vorläufige Ergebnis' unseres Flugblatts steht fest. Allerdings sollten wir jetzt noch dafür sorgen, daß die einzelnen Informationsblöcke etwas mehr 'gewichtet' werden. Das kann man ganz einfach erreichen, indem man zum Beispiel die vier Hauptüberschriften (WAS?, WIE?, WANN?, WER?) mit oberen und unteren Rahmen versieht. Sehen Sie selbst:

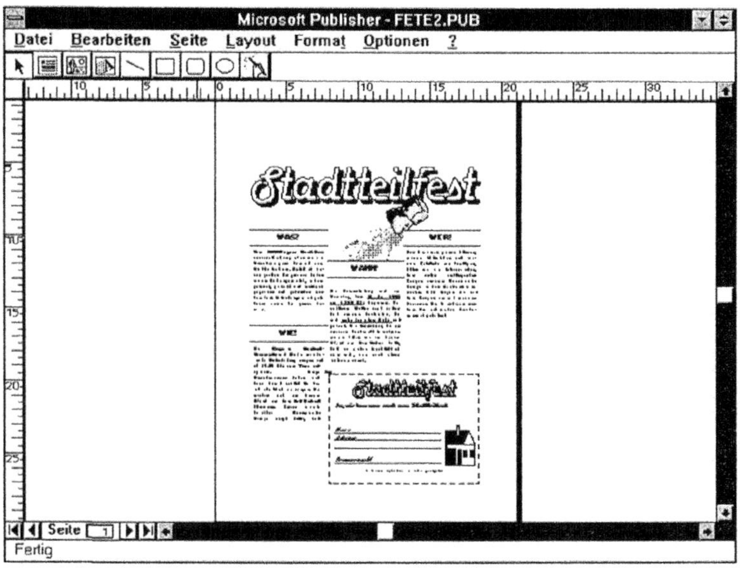

Abb. 9-6 Gestaltete Publikation

Publisher stellt zwei unterschiedliche Rahmenfunktionen zur Verfügung:

- Die einfachen Rahmen
- Die Zierrahmen

Während die einfachen Rahmen schlichtweg aus dünnen oder auch etwas dickeren Linien bestehen, bieten Zierrahmen interessante Motive um ein Objekt einzurahmen. Ein einfacher Rahmen kann entweder um das gesamte Objekt gezogen oder für bestimmte Seiten, zum Beispiel 'Rahmen nur oben' oder 'Rahmen links und rechts' festgelegt werden. Zierrahmen hingegen umrahmen das Objekt grundsätzlich an allen vier Seiten. Unabhängig davon, ob das Objekt einen einfachen oder einen Zierrahmen erhalten soll, gilt:

Das Objekt muß markiert worden sein.

Anschließend wählen Sie die gewünschte Rahmenfunktion von Publisher aus. Wir wollen zunächst die einfache Rahmenfunktion betrachten:

Einfache Rahmen

1. Öffnen Sie das Menü [Layout] und wählen [Rahmen...]:

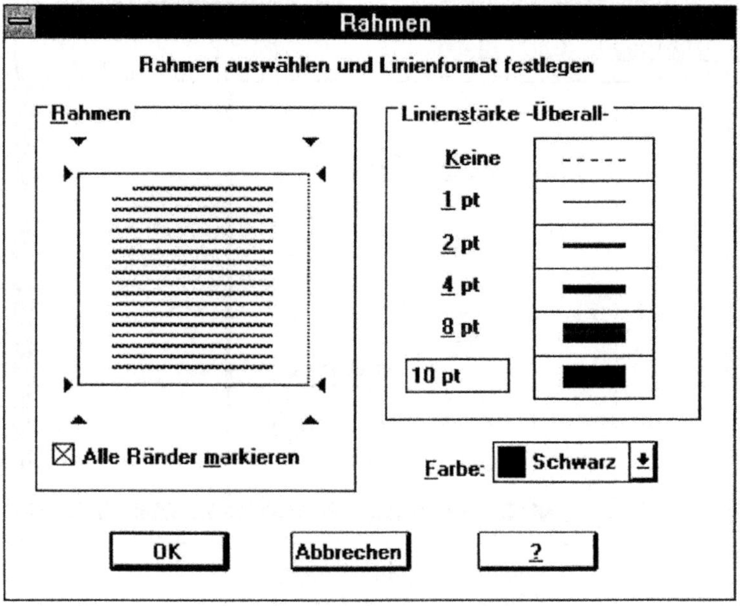

Abb. 9-7 Dialog ***Rahmen***

Unter **Rahmen** legen Sie fest, welche Seiten des Objekts Ränder erhalten sollen. Publisher geht zunächst davon aus, daß alle vier Seiten eingerahmt werden sollen, deshalb ist das Kontrollkästchen **Alle Ränder markieren** aktiviert.

2. KLICKEN Sie mit der Maus auf den Seitenrand, dessen Rahmen Sie gestalten wollen. Augenblicklich wird das Kreuz aus dem Kontrollkästchen entfernt. Die gewählte Seite wird durch die Anzeige zweier kleiner Dreiecke kenntlich gemacht, zum Beispiel:

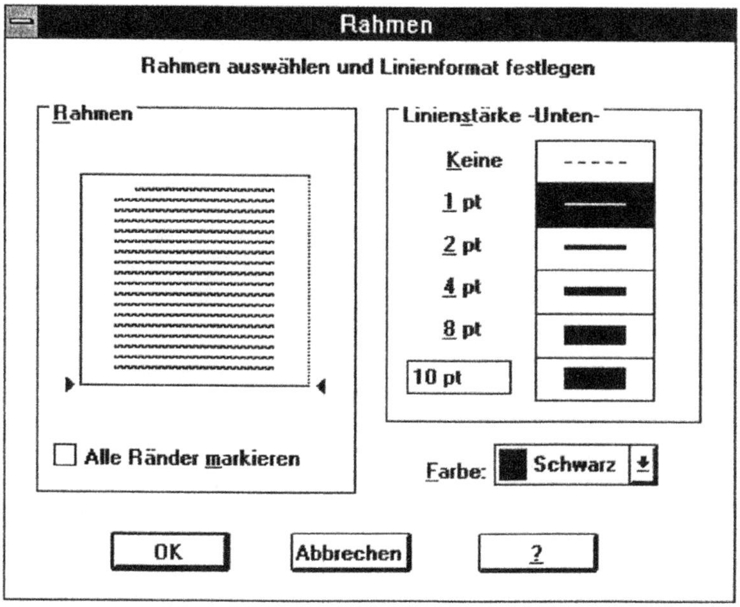

Abb. 9-8 Zu bearbeitende Seite

Steht die zu bearbeitende Seite fest, stellen Sie über den rechten Teil des Dialogs die **Linienstärke** ein. Die von Ihnen gewählte Seite wird hier noch einmal im Klartext hinter der **Linienstärke** angezeigt, für unser Beispiel *-Unten-*.

3. Um eine Linie an der zuvor markierten Seite zu entfernen, KLICKEN Sie auf **Keine**, andernfalls KLICKEN Sie die gewünschte Linienstärke.

4. Wiederholen Sie die Schritte 2 und 3 für alle Seiten, die Sie unabhängig voneinander mit Linien versorgen wollen.

5. Um die Linienfarbe einzustellen, wählen Sie die gewünschte **Farbe** aus der dafür vorgesehenen Liste.

> Die Farbe kann n i c h t für alle vier Seiten unterschiedlich eingestellt werden!

6. Bestätigen Sie Ihre Eingabe mit **OK**.

Da in Ihrer Publikation insgesamt vier Textrahmen obere und untere Linien erhalten sollen, könnten Sie auf die Idee kommen, eine Objektgruppe zu markieren, um diese insgesamt zu formatieren. Dazu sei gesagt: Das funktioniert nicht! Objekte lassen sich lediglich als Gruppe verschieben, kopieren bzw. ausschneiden. Ansonsten sind Objekte als 'Individuen' zu behandeln. Jedes für sich.

Zierrahmen

Reichen die einfachen Rahmen nicht aus, so stellt Publisher eine ganze Bibliothek von Zierrahmen zur Verfügung. Einen Zierrahmen haben Sie bereits kennengelernt. Betrachten Sie den Coupon einmal genau. Der Rahmen ist nicht etwa eine dicke gestrichelte einfache Umrahmung, sondern ein Zierrahmen, sofort zu erkennen an der Schere, die sich mit einem einfachen Rahmen nicht darstellen läßt. Wählen Sie über das Menü [Layout] den Befehl [Zierrahmen...], erhalten Sie folgenden Dialog:

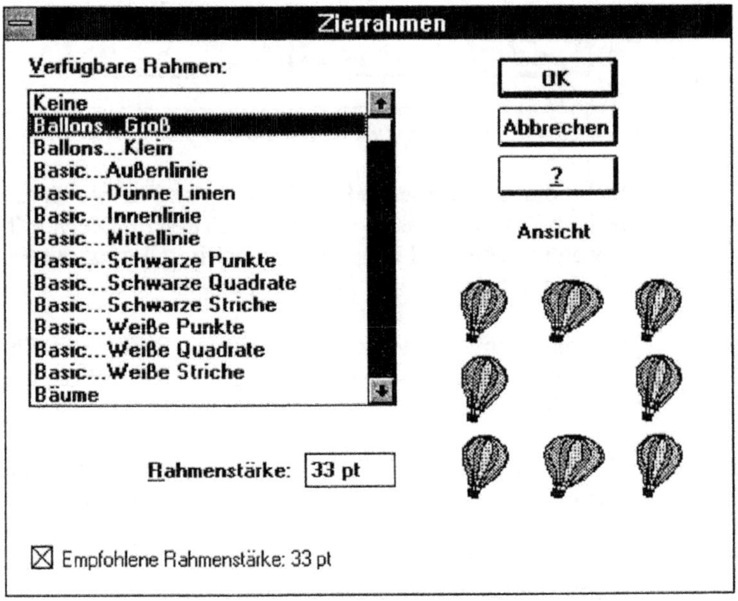

*Abb. 9-9 Dialog **Zierrahmen***

Unter **Verfügbare Rahmen** werden alle Zierrahmen angezeigt. Die Liste ist von A - Z sortiert und ziemlich lang. Der derzeit markierte Zierrahmen wird in der **Ansicht** dargestellt, damit Sie einen Eindruck erhalten. Verändert werden kann dieser Zierrahmen nur noch in der Rahmenstärke. Dazu:

1. Bringen Sie den Cursor im Eingabefeld **Rahmenstärke** in Position.

2. Löschen den eingetragenen Wert und ersetzen ihn durch einen eigenen.

Sofort wird die neue Rahmenstärke unter **Ansicht** dargestellt. 'Sehnen' Sie sich nun doch wieder nach der empfohlenen Rahmengröße, aktivieren Sie einfach das Kontrollkästchen **Empfohlene Rahmenstärke** durch einen Mausklick. Und schon ist wieder 'alles beim alten'.

Sind Sie 'fündig' geworden, bestätigen Sie den Dialog mit **OK** und der Zierrahmen wird dem zuvor markierten Objekt hinzugefügt.

Andere Objekte in Publisher einfügen

Was ist OLE?

Eine Möglichkeit der Objektbearbeitung haben wir uns bis zum Schluß aufgehoben: Das Einbinden von Objekten aus anderen Windows-Programmen. Diese Technik ist auch unter dem Namen OLE bekannt. Hierbei handelt es sich allerdings nicht um eine spanische Vokabel, sondern um die Abkürzung für **O**bjekt **L**inking und **E**mbedding, zu gut deutsch: Objekte verknüpfen und einbetten. Da Publisher diese Technologie unterstützt, haben Sie die Möglichkeit aus Publisher heraus andere Windows-Programme zu starten, die sich ebenfalls auf OLE verstehen. In dem dann gestarteten Programm nehmen Sie die gewünschte Bearbeitung vor. Ist das erledigt, schließen Sie das Programm und kehren automatisch zurück zu Publisher. Mit dem Objekt aus der zuvor aufgerufenen Anwendung, versteht sich.

Abhängig davon, welche Anwendungsprogramme auf Ihrem Rechner installiert sind, werden Ihnen mehr (oder eben weniger) Programme zum 'Austausch von Objekten per OLE' in Publisher angeboten. Wir wollen eine solche OLE-Verbindung am Beispiel Microsoft Excel aufzeigen. Jedoch keine Angst: Unabhängig davon, welches Anwendungsprogramm Sie per OLE ansteuern, ist die Vorgehensweise immer wieder diese:

Objekt per OLE einfügen

1. Öffnen Sie das Menü [Bearbeiten] und wählen [Objekt einfügen...]. Publisher öffnet ein Dialogfeld:

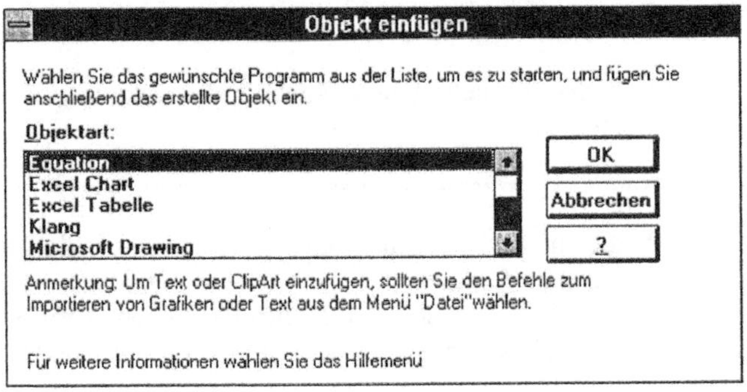

Abb. 9-10 Dialog ***Objekt einfügen***

Die möglichen Objektarten werden in einer Liste angezeigt. Diese kann - abhängig von den auf Ihrem Rechner installierten Windows-Programmen - unterschiedlich sein.

2. Markieren Sie die gewünschte **Objektart** in der Liste durch einen Mausklick und bestätigen mit **OK**. Für unser Beispiel haben wir die **Objektart** *Excel Tabelle* gewählt:

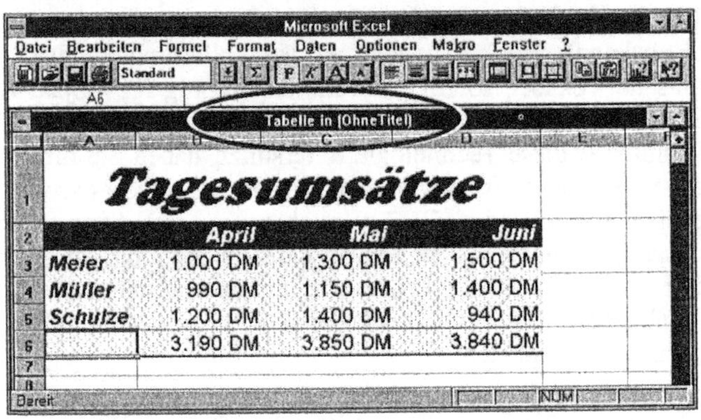

Abb. 9-11 Excel Tabelle aus Publisher gestartet

Da diese Excel-Tabelle aus Publisher heraus geöffnet wurde, können wir das in der **Titelzeile** des Dokumentfensters auch nachlesen. Um die OLE-Verbindung zu demonstrieren, haben wir in dieses Fenster einige Zahlenwerte eingegeben.

An dieser Stelle wird also Ihre angewählte **Objektart** geöffnet und Sie können in bekannten Programmen Ihre Eingaben vornehmen.

3. Es spielt keine Rolle, welches Anwendungsprogramm Sie aufgerufen haben, die Rückkehr erfolgt grundsätzlich durch Betätigen der Tastenkombination ALT + F4. Zurück in Publisher, wurde Ihr Objekt in die Publikation eingefügt:

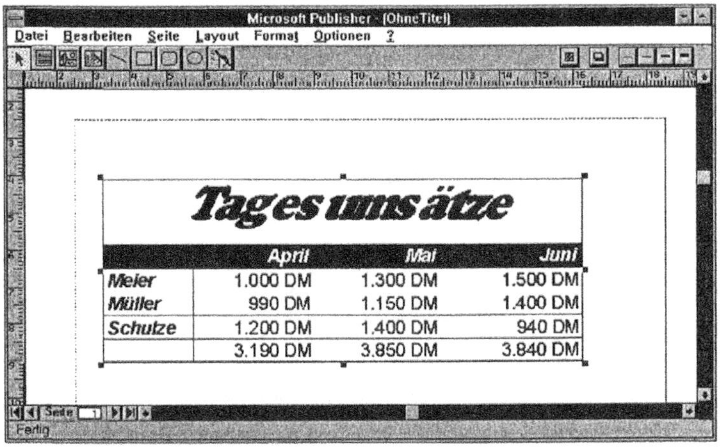

Abb. 9-12 Eingefügte Excel-Tabelle

OLE-Objekt bearbeiten

Dieses Objekt ist ein ganz 'normales' Objekt und kann jetzt als solches behandelt werden. Sie können es in der Größe verändern, an eine andere Stelle bewegen, kopieren, ausschneiden, schraffieren, mit Schatten hinterlegen, einrahmen, löschen und und und... Aber die wohl dringlichste Frage ist doch die: 'Wie kann der Inhalt des Objekts noch einmal überarbeitet werden?'. Auf zwei Arten:

Entweder...

DOPPELKLICK auf das gewünschte Objekt, um es zur erneuten Bearbeitung in der entsprechenden Anwendung zu öffnen.

... oder

1. Das gewünschte Objekt markieren.
2. [Bearbeiten/Objekt bearbeiten] aufrufen.

Der große Vorteil dieser Art von Bearbeitung liegt darin, daß Sie sich nicht mal mehr merken müssen, mit welchem Anwendungsprogramm dieses Objekt ursprünglich erstellt wurde. OLE nimmt Ihnen diese Arbeit einfach ab, 'denkt quasi mit'.

HALTEN WIR NOCH EINMAL FEST:

- Sie haben letzte Feinheiten in der Objektbearbeitung kennengelernt. Sie wissen nun, wie sich Objekte als Gruppe verschieben lassen und wie Objekte aufeinander abgestimmt werden können.
- Sie haben sowohl die einfachen als auch die Zierrahmen von Publisher eingesetzt und den Unterschied zwischen beiden Varianten erfahren.
- Sie haben Objekt Linking und Embedding eingesetzt, um Objekte aus anderen Anwendungsprogrammen in Publisher zu verwenden.

10. Gestaltungsbeispiele

Überblick

Das zehnte und letzte Kapitel soll Ihnen helfen, Ihre in Publisher erworbenen Fähigkeiten unter Beweis zu stellen. 'Inspiriert' durch unterschiedliche Gestaltungsbeispiele entwerfen Sie Ihre eigenen Publikationen. Wir werden Ihnen dazu Anregungen liefern, die für Sie Anhaltspunkte, jedoch kein Evangelium sein sollen. Fühlen Sie sich frei, Ihre eigenen Texte, Bilder, Logos und Formatierungen unterzubringen. Allerdings sollten Sie nie aus dem Auge verlieren, was Sie mit der Publikation aussagen und wen Sie erreichen wollen. Die Anleitungen in diesem Kapitel sind grundsätzlicher Natur und setzen die Kenntnis von Publisher, die Sie ja bis hierher bereits erworben haben, voraus. Das Kapitel liefert Tips und Tricks. Es zieht alle Register auf dem Weg zur erfolgreichen Publikation.

Visitenkarte

Beim Ausdruck einer Visitenkarte druckt Publisher immer eine Karte in der Mitte des Blattes. Es empfiehlt sich daher beim Ausdruck die Beschnittzeichen drucken zu lassen, damit die Karte sauber ausgeschnitten werden kann. Unsere Visitenkarte hat folgendes Aussehen:

Abb. 10-1 Mögliche Visitenkarte

Die Visitenkarte besteht aus drei Spalten. In alle drei Spalten wurde dieselbe Grafik eingefügt. Außerdem wurde eine Grafik aus der Publisher CLIPART-Bibliothek verwendet, sowie zwei WordArt-Rahmen: Einer gleich neben der Grafik. Er enthält den Firmennamen. Ein zweiter unterhalb des Firmennamens für die Adresse. So wurde die Visitenkarte gestaltet:

1. Die Einrichtung der Seite:

- [Seite/Seite einrichten]
- **Layout-Optionen**: *Visitenkarte*
- **Breite:** *8,5*
- **Höhe:** *4,7*

2. Die Führungslinien und Ränder:

- [Layout/Führungslinien und Seitenränder]
- **Links**: *0*
- **Rechts**: *0*
- **Oben**: *0*
- **Unten**: *0*
- **Spaltenanzahl**: *3*

3. Grafik

- Importieren Sie die Grafik o h n e vorher einen Grafikrahmen zu ziehen! Publisher fügt die Grafik dann in der Originalgröße ein.

- [Datei/Grafik importieren]
- Wechseln in das Verzeichnis von Windows 3.1
- Name der Grafik: AIRMAIL.BMP

- Die Grafik wird übergroß eingefügt und muß daher 'in Form' gebracht werden. Am Ende soll sie so groß sein, daß sie exakt in die erste Spalte der Visitenkarte paßt. Um die Grafik nicht zu verzerren, verkleinern Sie diese proportional, dazu halten Sie die Taste STRG gedrückt, während Sie die Grafik über den oberen rechten Anfasser mit der Maus verkleinern.

4. Grafik kopieren

- Nachdem die Grafik in richtiger Größe und Position vorliegt, kopieren Sie diese zweimal und fügen

- die erste Kopie in die zweite Spalte
- die zweite Kopie in die dritte Spalte ein.

Der Hintergrund der Visitenkarte ist gestaltet.

5. Flugzeug

- Ziehen Sie im Konzeptbereich einen Grafikrahmen von *1* Zentimeter Höhe und *2* Zentimetern Breite auf.
- Nun plazieren Sie die Grafik *0,5* cm von linken sowie oberen Rand.

6. Firmenname

- Neben den Grafikrahmen ziehen Sie in gleicher Höhe mit einer Breite von *5,5* cm einen WordArt-Rahmen
- **Text**: *Luftpost-Service*
- **Schriftart**: *Touchet*
- **Schriftfarbe**: *dunkelgrau*
- **Optionen**: *Schatten*

7. Adresse

- Unter den ersten WordArt-Rahmen ziehen Sie einen zweiten mit den Maßen Höhe: *2* cm und Breite: *3* cm auf.
- **Schriftart**: *Anacortes*
- **Ausrichtung**: *WordArt strecken*

Im Anschluß daran sollten Sie Ihre Visitenkarte speichern und ausdrucken. Wollen Sie mehr als eine Visitenkarte auf einer Seite ausdrucken, kopieren Sie alle Objekte Ihrer Karte in die Zwischenablage. Starten Sie anschließend eine neue Publikation und wählen als Seiteneinrichtung die **Ganze Seite**. Fügen Sie dann den Inhalt der Zwischenablage soviel mal ein, wie Visitenkarten auf die gesamte Seite passen. Sofern 3 Karten auf die ganze Seite passen, fügen Sie den Inhalt zum Beispiel dreimal ein.

Anzeige

Wenn man für etwas werben muß oder möchte, gibt es immer mehrere Wege das zu tun. Wir wollen in diesem Kapitel zwei Varianten darstellen, die Anzeige und im Anschluß daran ein Flugblatt.

Während sich eine Anzeige eher für die Veröffentlichung in einer Zeitung eignet, kann das Flugblatt immer dort verwendet werden, wo man etwas privater werben möchte, zum Beispiel, um ein Auto zu verkaufen. Doch zunächst zu unserer Anzeige. So sieht sie aus:

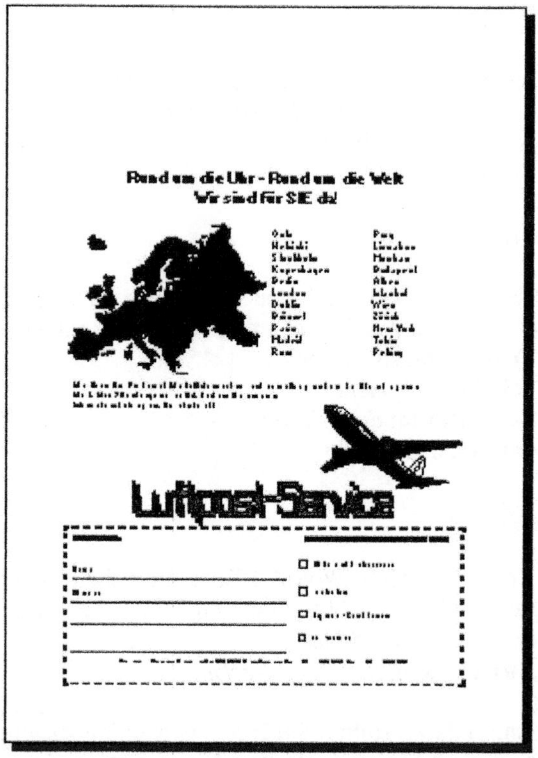

Abb. 10-2 Mögliche Anzeige

Die Anzeige ist in vier Zeilen und zwei Spalten unterteilt. Im oberen Bereich wurde auf viel Weißfläche ganz bewußt Wert gelegt, so daß sich dort lediglich die Schlagzeile befindet. In der sich anschließenden Zeile haben wir zwei Objekte verwendet, einen Grafikrahmen und einen Textrahmen, wobei der Textrahmen in zwei Spalten unterteilt ist. In der darauffolgenden Zeile steht der Werbetext in einem Textrahmen. Der Firmenname wurde - wie zuvor - mit WordArt erstellt, die Grafik erneut der Publisher CLIPART-Bibliothek entnommen. In dieser dritten Zeile ist das Hinzufügen der Objekte in einer ganz bestimmten Reihenfolge von Bedeutung. Den Abschluß der Seite bildet der Coupon. Er wurde im letzten Viertel der Seite untergebracht. Es handelt sich um einen Textrahmen, in dem drei weitere Textrahmen, vier Linien und vier Kästen verwendet wurden. Der Absender- sowie der Informations-Textrahmen bilden jeweils einen Textrahmen. Der dritte Textrahmen findet sich über die gesamte Breite des Coupons und enthält den Absender. Und hier die Anlage im 'Einzelschritt':

1. Die Einrichtung der Seite:

- [Seite/Seite einrichten]
- **Layout-Optionen**: *Ganze Seite*

2. Die Führungslinien und Ränder:

- [Layout/Führungslinien und Seitenränder]
- **Spaltenanzahl**: *2*
- **Zeilenanzahl**: *4*

3. Gestaltung der ersten Zeile: Die Schlagzeile

- Den Textrahmen über die gesamte Breite der ersten Zeile aufziehen und an der unteren Führungslinie der Zeile 'rasten' lassen. Höhe: *2,5* cm.
- **Schriftart**: *Arial*
- **Schriftgröße**: *18*
- **Schriftattribut**: *fett*
- **Ausrichtung**: *zentriert*

4. Gestaltung der zweiten Zeile: Die Grafik

- Grafikrahmen aufziehen in zweiter Zeile; Höhe: gesamte Zeilenhöhe, Breite: gesamte Breite der ersten Spalte.
- Grafik importieren aus der Publisher-ClipArt-Bibliothek: GLOBUS2.CGM.

5. Gestaltung der zweiten Zeile: Der Textrahmen

- Textrahmen neben Grafik aufziehen; Höhe: gesamte Zeilenhöhe, Breite: gesamte Breite der zweiten Spalte.
- **Spaltenanzahl**: *2*
- **Schriftart**: *Arial*
- **Schriftgröße**: *12*

6. Gestaltung der dritten Zeile: Der Textrahmen

Halten Sie bitte zur Gestaltung dieser Zeile exakt die Reihenfolge zum Erstellen der Objekte ein!

- Textrahmen aufziehen; Höhe: *2* cm; Breite: komplette Seite. Der Textrahmen sollte an der oberen Führungslinie dieser Zeile 'rasten'.
- **Schriftart**: *Arial*
- **Schriftgröße**: *12*

7. Gestaltung der dritten Zeile: Der WordArt-Rahmen

- WordArt-Rahmen aufziehen; Höhe: *2* cm; Breite: *10,5* cm. Der WordArt-Rahmen sollte an der unteren Führungslinie dieser Zeile 'rasten'. Außerdem muß der Rahmen an der Spaltentrennlinie zentriert werden.
- **Schriftart**: *Touchet*
- **Schriftfarbe**: *dunkelgrau*
- **Option**: *Schatten*

8. Gestaltung der dritten Zeile: Die Grafik

- Grafikrahmen aufziehen am rechten Rand der dritten Zeile. Er muß zwischen Textrahmen und WordArt-Rahmen Platz finden.
- Grafik importieren: CLIPART\ABFLUG.CGM
- Größe der Grafik einstellen: Breite: *6* cm; Höhe: *3,5* cm

9. Gestaltung der vierten Zeile: Der Coupon

- Einen Textrahmen über die gesamte Seitenbreite und einer Höhe, die der Höhe der vierten Zeile entspricht, aufziehen
- **Zierrahmen**: *Weiße Striche*
- **Schraffierung**: *transparent*

Dieser Rahmen dient als Basis für den Coupon.

- Einen weiteren Textrahmen im 'Basis-Textrahmen' aufziehen, Breite: erste Spalte, Höhe: *5* cm.
- Textrahmen kopieren und daneben einfügen.

- Ersten dieser beiden Textrahmen aktivieren und Text eingeben. Jede Zeile mit RETURN beenden.
- Gesamten Text markieren
- **Schriftart**: *ARIAL*
- **Schriftgröße**: *12*
- Dann das Wort "Absender" markieren
- **Schriftattribut**: *fett*
- Danach die Worte "Name" und "Adresse" markieren
- **Abstand vor dem Absatz**: *15 pt*

- Den zweiten der beiden Absätze aktivieren
- Text eingeben und jede Zeile mit RETURN beenden.
- Gesamten Text markieren
- **Schriftart**: *ARIAL*
- **Schriftgröße**: *12*
- **Zeilenabstand**: *2*-zeilig
- Überschrift markieren
- **Schriftattribut**: *fett*

- Der dritte Textrahmen wird unter die beiden oberen in den noch freien Bereich der vierten Zeile aufgezogen.
- **Schriftart**: *Arial*
- **Schriftgröße**: *8*
- **Schriftattribut**: *fett*
- **Ausrichtung**: *zentriert*

Speichern und vor allem Drucken nicht vergessen. Viel Spaß!

Flugblatt

Damit zum versprochenen Flugblatt. Eine ideale Hilfe beim Autoverkauf. Hinter die Autoscheibe hängen, fertig. Am schwarzen Brett anschlagen, fertig. Je professioneller ein Flugblatt gestaltet ist, desto größer sind die Chancen, sein Modell schleunigst zu verkaufen. Wir bleiben bei unserer fiktiven Firma, die auch schon mal Fahrzeuge zu verkaufen hat:

Abb. 10-3 Mögliches Flugblatt

Für unser Flugblatt haben wir das Querformat gewählt. Aufgeteilt wurde die Seite in drei Zeilen und zwei Spalten. Der Anlaß dieses Flugblatts füllt die gesamte erste Zeile. In der zweiten Zeile wurde dieselbe Grafik dreimal hintereinander gestapelt. Die letzte Zeile nimmt im oberen Bereich den Firmennamen in einem WordArt-Rahmen und im unteren Bereich in einem Textrahmen die wichtigsten Daten auf.

1. Die Einrichtung der Seite:

- [Datei/Druckereinrichtung]
- **Orientierung**: *Querformat*

- [Seite/Seite einrichten]
- **Layout-Optionen**: *Ganze Seite*

2. Die Führungslinien und Ränder:

- [Layout/Führungslinien und Seitenränder]
- **Spaltenanzahl**: *2*
- **Zeilenanzahl**: *3*

3. Gestaltung der ersten Zeile: Die Schlagzeile

- WordArt-Rahmen über die gesamte Höhe und Breite der ersten Zeile aufziehen.
- Text eingeben
- **Schriftart**: *Omak*
- **Ausrichtung**: *WordArt strecken*
- **Zierrahmen**: *Pinnwandstecker II*

4. Gestaltung der zweiten Zeile: Die Grafik

- Grafikrahmen aufziehen; Höhe: Gesamte Zeilenhöhe, Breite: Breite der erste Spalte.
- Beliebige Grafik importieren.
- Grafik kopieren und zweimal einfügen.
- Grafiken hintereinander stapeln. Am besten mit der hinteren Grafik beginnen.

5. Gestaltung der dritten Zeile: Firmenname

- WordArt-Rahmen in der oberen Hälfte der letzten Zeile aufziehen.
- **Schriftart**: *Touchet*
- **Schriftfarbe**: *dunkelgrau*
- **Optionen**: *Schatten*

6. Gestaltung der dritten Zeile: Die Daten

- Textrahmen in der unteren Hälfte der letzten Zeile aufziehen.
- **Schriftart**: *Arial*
- **Schriftgröße**: *12*
- Besonders wichtige Stellen mit dem Attribut *fett* auszeichnen.

Zeitung

Beispiele für Zeitungen gibt es wie Sand am Meer. Um sich anzuschauen, wie Zeitungen gesetzt sind, reicht der Weg zum nächsten Kiosk, und dort könnte man mühelos Stunden, wenn nicht sogar Tage zubringen. Wir wollen daher keine Zeitung im herkömmlichen Sinne (wie beispielsweise eine Tageszeitung) gestalten, sondern versuchen einen anderen Weg zu finden. Zum Beispiel diesen:

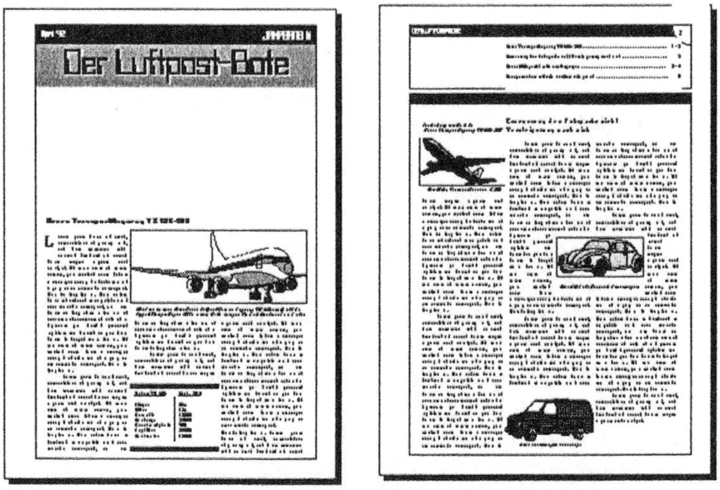
Der Luftpost-Bote

Abb. 10-4 Mögliche Zeitung

Gestaltet werden müssen bei dieser Zeitung zwei Seiten, das Deckblatt sowie die Folgeseiten. Auf der ersten Seite haben wir uns für eine großzügige Weißfläche zwischen Zeitungstitel und erstem Artikel entschieden. Der Titelbereich wird auf den Folgeseiten für wichtige Kurzinformationen genutzt. Die Zeitung ist dreispaltig gesetzt. Der Text wird durch Bilder und Zusatzinformationen aufgelockert. Auf die Daten des neuen Transportflugzeugs wird durch dicke Über- und Unterstreichungsstriche deutlich hingewiesen. Da Sie mit grundlegenden Techniken wie dem Einsatz 'ordinärer' Textboxen vertraut sind, wollen wir in diesem Beispiel gezielt auf die Spezialeffekte eingehen.

1. Grundeinstellungen

- Seiteneinrichtung *Ganze Seite*
- *Drei Spalten* festlegen
- *Zweite Seite* einfügen
- Auf der Hintergrundseite einen *schwarzen Kasten* um die Seitenränder legen.

2. Der schwarze Balken

- Zunächst einen *Kasten zeichnen*
- Schraffierung des Kastens auf *Hintergrund schwarz* einstellen

- Im linken Rand des Balkens einen WordArt-Rahmen aufziehen, **Schrift**: *Touchet*; **Schriftfarbe**: *weiß*
- Das Wort "Jahrgang" wird auf dieselbe Weise erzeugt, allerdings im rechten Bereich des Balkens.

3. Die Schlagzeile

- WordArt-Rahmen aufziehen. **Schrift**: *Touchet*: **Schriftfarbe**: *schwarz*, **Optionen**: *Schatten* und *Farbiger Hintergrund.*

4. Text und Bilder

- *Drei Textrahmen* aufziehen, Text importieren.
- Anschließend die *Grafikrahmen aufziehen* und gewünschte Grafiken importieren. Textrahmen bei Bedarf in der Größe anpassen. Grafiken sollten nur dann zwischen zwei Textspalten geschoben werden, wenn der Text in Blocksatz formatiert wurde, da ansonsten ein uneinheitliches Bild beim Textfluß entsteht.

- Für die Bildunterschriften werden eigene Textrahmen erzeugt. Es empfiehlt sich diese kursiv darzustellen, um sie vom übrigen Text abzusetzen.
- Der erste Buchstabe des Artikels wurde besonders groß dargestellt. Ersten Buchstaben markieren und Schriftgröße einstellen.

- Die Zusatzinformationen für das 'Neue Transportflugzeug' stehen in einem eigenen Textrahmen. Dieser hat besonders dicke Rahmen oben und unten erhalten. Außerdem ist der Textrahmen zweispaltig. Die schwarze Trennungslinie wird ganz zum Schluß eingefügt mit Hilfe des Linieninstruments.

Einladungskarte

Publisher stellt unterschiedliche Varianten von Einladungskarten zur Verfügung, zum Beispiel die links gefaltete und die oben gefaltete Karte. Jede der beiden besteht aus vier Seiten. Alle vier Seiten werden auf e i n e DIN A4-Seite ausgedruckt. Im Anschluß an den Ausdruck müssen Sie die Karten dann falten. Einladungskarten werden zu unterschiedlichsten Anlässen verschickt, zum Beispiel, um zum Geburtstag einzuladen, aber auch zur Hochzeit, Silberhochzeit, Kindtaufe, Einweihung oder zu einem Jungfernflug:

Abb. 10-5 Mögliche Einladungskarte

Die wichtigste Voraussetzung zur erfolgreichen Einladungskarte ist das Wissen darum, welche Seite der Einladung druckt Publisher wie. Sowohl eine links- als auch eine oben gefaltete Karte besteht aus vier Seiten. Alle vier Seiten werden beim Ausdruck folgendermaßen auf eine in vier Abschnitte geteilte Seite ausgedruckt:

Bei der linksgefalteten Karte	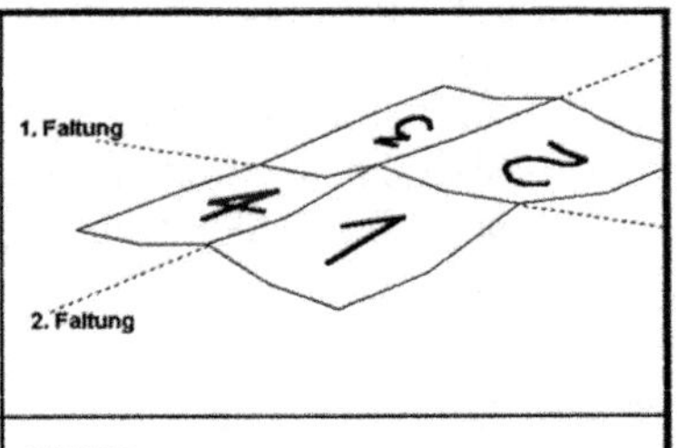
Bei der obengefalteten Karte	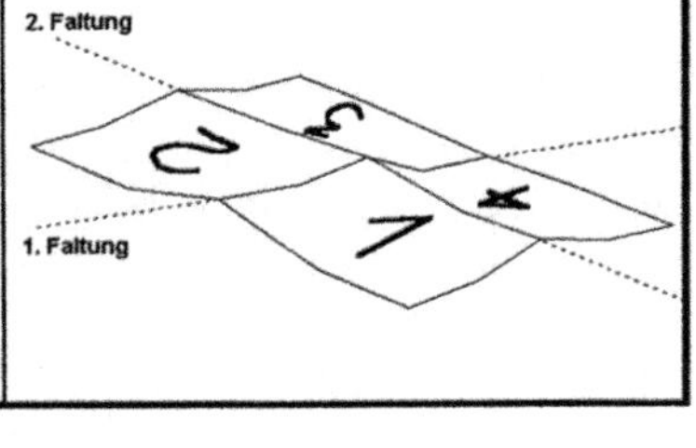

1. Grundsätzliche Überlegungen

- Welche Kartenform wird gewünscht, links oder oben gefaltet? Daraus ergibt sich, welche Seite mit welchen Informationen gefüllt werden muß. (Die Seite 2 zum Beispiel befindet sich bei der links gefalteten Karte an ganz anderer Stelle als bei der oben gefalteten.)
- Soll die Karte im Hochformat oder Querformat gestaltet werden?

2. Grundeinstellungen

- Seiteneinrichtung *Links gefaltete Karte*
- Druckereinrichtung *Querformat* (sofern gewünscht)
- *Drei weitere Seiten einfügen*, um insgesamt vier Seiten zu erhalten.

3. Die erste Seite

- Einfachen Kasten um die Seitenränder der ersten Seite ziehen
- Kasten aktivieren und stattdessen einen Zierrahmen wählen
- Schriftzug wurde mit WordArt eingefügt
- Darunter wurde die Grafik importiert.

2. Die zweite Seite

- Die zweite Seite ist leer und wird daher nicht bearbeitet.

3. Die dritte Seite

- Zierrahmen kopieren und auf Seite drei wieder einfügen
- Grafik kopieren und ebenfalls auf Seite drei wieder einfügen
- Grafik verkleinern und positionieren
- Unterhalb der Grafik Textrahmen aufziehen.
- **Schriftart**: *Times New Roman*
- **Schriftgröße**: *16*
- **Ausrichtung**: *zentriert*

4. Die vierte Seite

- Zuerst die Grafik importieren
- Dann Textrahmen aufziehen und Text eingeben.
- **Schriftart**: *Times New Roman*
- **Schriftgröße**: *14*
- **Ausrichtung**: *zentriert*

- Die Rauten wurden mit Hilfe des Windows 3.1-Dekorzeichensatzes Wingdings erzeugt:
- Kleingeschriebenes 'u' eingeben
- Buchstaben markieren
- **Schriftart**: *Wingdings*
- **Schriftgröße**: *14*

Besonders gut wirken Einladungskarten auf farbigem Papier. Kleben Sie die Rückseite der Karte zusammen, um einen 'kartonähnlichen' Effekt zu erhalten.

Mit diesem Kapitel verabschieden sich die Autoren von Ihnen und wünschen Ihnen viel Erfolg auf Ihrem weiteren 'DTP-Weg'. Wir hoffen, das Lesen dieser Lektüre hat Ihnen ebensoviel Spaß gemacht wie uns das Schreiben.

HALTEN WIR NOCH EINMAL FEST:

- Sie haben in diesem Kapitel Ihr Wissen im Umgang mit Publisher ein weiteres Mal in die Praxis umgesetzt und dabei zusätzliche Anregungen erhalten.

- Sie haben alle Register gezogen und von der Visitenkarte bis zur Zeitung alle wichtigen Drucksachen erstellt.

Anhang 1: Tastaturen

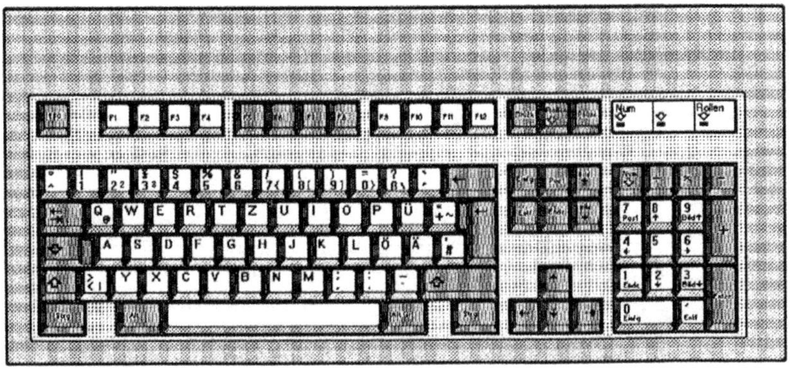

Taste	Name der Taste	Bemerkung
	PFEIL-NACH-RECHTS	Bewegt den Cursor ein Zeichen nach rechts
	PFEIL-NACH-LINKS	Bewegt den Cursor ein Zeichen nach links
	PFEIL-NACH-OBEN	Bewegt den Cursor eine Zeile nach oben
	PFEIL-NACH-UNTEN	Bewegt den Cursor eine Zeile nach unten
	BILD AUF	Bewegt den Cursor eine Bildschirmseite zurück
	BILD AB	Bewegt den Cursor eine Bildschirmseite weiter
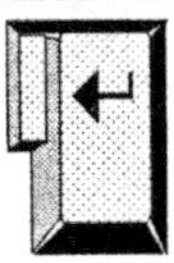	RETURN	Führt einen festen Zeilenumbruch durch und bewegt den Cursor in die nächste Zeile

Taste	Name der Taste	Bemerkung
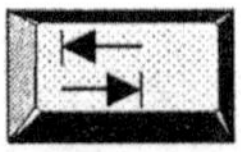	TAB	Bewegt den Cursor zur nächsten Tabulatorposition
	KORREKTURTASTE	Bewegt den Cursor löschend zeichenweise zurück
	UMSCHALTEN	Wird verwendet, um die zweite Tastenbelegung (z. B. Großbuchstaben und Satzzeichen) einzugeben
	FESTELLUNG	Erzeugt Dauergroßschreibung
	EINFG	Aktiviert den Einfüge-Modus
	ENTF	Entfernt Zeichen, auf dem der Cursor steht
	POS 1	Bewegt den Cursor an den Anfang
	ENDE	Bewegt den Cursor an das Ende
		Anforderung für Hilfe
	ALT	Ruft alternative Tastaturbelegungen ab
	STRG	Ruft zusätzliche Tastaturbelegungen ab
	ESC	Bricht die laufende Aktion ab

Anhang 2: Tastaturbelegung

Dialogfelder:

Taste bzw. Tastenkombination	Aktion
TAB	Im Dialog vorwärts bewegen
UMSCHALTEN + TAB	Im Dialog rückwärts bewegen
ALT+unterstichenen Buchstaben	Im Dialogfeld Auswahl direkt anspringen
POS1	Ersten Eintrag einer Liste ansteuern
POS1	Erstes Zeichen eines Eingabefeldes ansteuern
ENDE	Letzten Eintrag einer Liste ansteuern
	Letztes Zeichen eines Eingabefeldes ansteuern
F4	Listenfeld öffnen oder schließen
PFEIL-NACH-OBEN	Im Listenfeld vorherigen Eintrag wählen
PFEIL-NACH-UNTEN	Im Listenfeld nächsten Eintrag wählen
LEERTASTE	Kontrollkästchen ein- oder ausschalten
UMSCHALTEN+PFEIL-NACH-RECHTS	Im Eingabefeld zeichenweise nach rechts markieren
UMSCHALTEN+PFEIL-NACH-LINKS	Im Eingabefeld zeichenweise nach links markieren
UMSCHALTEN+POS1	Ab Cursorposition bis zum Anfang des Eingabefelds markieren

Taste bzw. Tastenkombination	Aktion
UMSCHALTEN+ENDE	Ab Cursorposition bis zum Ende des Eingabefelds markieren
RETURN	Eingaben im Dialog bestätigen und Vorgang auslösen. Entspricht der Schaltfläche **OK**
ESC	Dialog abbrechen, ohne Änderungen vorzunehmen. Entspricht der Schaltfläche **Abbrechen**
F1	Hilfe im Dialog (oder zu einer Meldung) anfordern. Entspricht der Schaltfläche **?**

Menü:

Taste bzw. Tastenkombination	Aktion
ALT	Menüleiste aktivieren
F10	Menüleiste aktivieren

Ansicht bearbeiten:

Taste bzw. Tastenkombination	Aktion
F9	Originalgröße der Seite einsehen
F5	Nächste Seite ansteuern
STRG + F5	Vorherige Seite ansteuern
STRG + Y	Führungslinien ein- oder ausblenden
STRG+I	Lineale ein- oder ausblenden

Taste bzw. Tastenkombination	Aktion
STRG+G	Wechseln zwischen Hintergrundseite und der aktuellen Seite
STRG+E	Leere Seite einfügen nach der aktuellen Seite
STRG+W	Führungslinienausrichtung ein- oder ausschalten
STRG+O	Objektbegrenzungen ein- oder ausschalten
F1	Hilfe zu einem gewählten Befehl anfordern

Kopieren, Ausschneiden, Einfügen:

Taste bzw. Tastenkombination	Aktion
STRG + C	Kopieren
STRG + EINFG	Kopieren
STRG + X	Ausschneiden
UMSCHALTEN + ENTF	Ausschneiden
STRG + V	Einfügen
UMSCHALTEN + EINFG	Einfügen
ENTF	Objekt entfernen (außer Textrahmen)
STRG + ENTF	Textrahmen entfernen
ALT + RÜCKTASTE	Letzte Aktion rückgängig machen

Objekte bearbeiten:

Taste bzw. Tastenkombination	Aktion
STRG+Q	Objekt mit Schatten hinterlegen (außer Linie)
STRG+J	Objekt in den Vordergrund stellen
STRG+J	Objekt in den Hintergrund stellen
STRG+P	Objekt transparent machen,

Speichern, Drucken, Publisher beenden:

Taste bzw. Tastenkombination	Aktion
STRG+D	Publikation drucken
STRG+S	Publikation speichern
ALT+F4	Publisher schließen

In Texten bewegen:

Taste bzw. Tastenkombination	Aktion
PFEIL-NACH-OBEN	Eine Zeile nach oben
PFEIL-NACH-UNTEN	Eine Zeile nach unten
PFEIL-NACH-RECHTS	Ein Zeichen nach rechts
PFEIL-NACH-RECHTS	Ein Zeichen nach links
STRG+PFEIL-NACH-RECHTS	Ein Wort nach rechts
STRG+PFEIL-NACH-LINKS	Ein Wort nach links

Taste bzw. Tastenkombination	Aktion
STRG+PFEIL-NACH-OBEN	Zum vorherigen Absatz
STRG+PFEIL-NACH-UNTEN	Zum nächsten Absatz
POS1	Zum Zeilenanfang
ENDE	Zum Zeilenende
STRG+POS1	Vor das erste Zeichen im Textrahmen
STRG+ENDE	Hinter das letzte angezeigte Zeichen im Textrahmen
STRG+UMSCHALT+RETURN	Innerhalb eines Textabschnitts von einem Textrahmen zum nächsten bewegen

Texte markieren:

Taste bzw. Tastenkombination	Aktion
F8 oder	Ganzen Textabschnitt
STRG+M	Ganzen Textabschnitt
UMSCHALTEN+PFEIL-NACH-LINKS	Ein Zeichen nach links
UMSCHALTEN+PFEIL-NACH-RECHTS	Ein Zeichen nach rechts
UMSCHALTEN+PFEIL-NACH-UNTEN	Eine Zeile nach unten
UMSCHALTEN+PFEIL-NACH-OBEN	Eine Zeile nach oben
UMSCHALTEN+POS1	Ab Cursor bis zum Beginn der Zeile
UMSCHALTEN+ENDE	Ab Cursor bis zum Ende der Zeile

Taste bzw. Tastenkombination	Aktion
STRG+UMSCHALTEN+PFEIL-NACH-LINKS	Wort vor dem Cursor
STRG+UMSCHALTEN+PFEIL-NACH-RECHTS	Wort nach dem Cursor
STRG+UMSCHALTEN+POS1	Ab Cursor bis zum Beginn des aktuellen Textrahmens
STRG+UMSCHALTEN+ENDE	Ab Cursor bis zum Ende des aktuellen Textrahmens
STRG+UMSCHALTEN+PFEIL-NACH-UNTEN	Ab Cursor bis zum Ende des Absatzes
STRG+UMSCHALTEN+PFEIL-NACH-OBEN	Ab Cursor bis zum Beginn des Absatzes

Absätze, Zeilen- und Spaltenwechsel:

Taste bzw. Tastenkombination	Aktion
RETURN	Neuen Absatz beginnen
UMSCHALTEN+RETURN	Neue Zeile beginnen
STRG+RETURN	Neue Textspalte beginnen
STRG+UMSCHALTEN+LEERTASTE	Unveränderlicher Leerschritt

Trennstriche:

Taste bzw. Tastenkombination	Aktion
BINDESTRICH	Gewöhnlicher Trennstrich
STRG+BINDESTRICH	Weichen Trennstrich
STRG+ALT+BINDESTRICH	Geschützter Trennstrich
STRG+H	Befehl Trennhilfe aufrufen

Zeichenformatierung:

STRG+F	Text fett formatieren
STRG+K	Text kursiv formatieren
STRG+U	Text unterstreichen
STRG+GLEICHHEITSZEICHEN	Text tiefgestellt formatieren
STRG+UMSCHALTEN+PLUS	Text hochgestellt formatieren
STRG+LEERTASTE	Sämtliche Formatierungen der Textstelle entfernen

Absatzformatierung:

Taste bzw. Tastenkombination	**Aktion**
STRG+Z	Absatz zentrieren
STRG+B	Blocksatz
STRG+L	Absatz am linken Rand ausrichten
STRG+R	Absatz am rechten Rand ausrichten
STRG+1	Einzeiligen Zeilenabstand festlegen
STRG+2	Zweizeiligen Zeilenabstand festlegen
STRG+5	Zeilenabstand von 1 1/2 Zeilen festlegen
STRG+0	Abstand vor dem Absatz entfernen
STRG+A	Standard-Absatz einstellen

Sachwortverzeichnis

A

Abbildungen, 24
Abstand
    nach dem Absatz, 134
    vor dem Absatz, 134
Anfasser, 65
Assistenten
    Allgemein, 37
    aufrufen, 183
    Beim Start, 30
    Objekte bearbeiten, 185
    Schaltflächen, 31
    Schlußbildschirm, 34
    Verwenden, 30
    zur Laufzeit, 182
    Zusatzinfo, 33
Ausblenden, 91
Ausschneiden, 169

B

Beschneiden, 24
Beschnittzeichen, 160
Betriebssystem, 146
Bildlauf, 71
Bildlaufleiste, 70
Bildschirmelemente, 42
Bildschirmgröße, 46
Bildschirmseite zoomen, 110
Bildunterschrift, 25
Blättern, 71
Blocksatz, 119
Bundsteg, 128

C

ClipArts, 141

D

Desktop Publishing
    Allgemein, 20
    Begriff, 19
Dialogbox
    Allgemein, 57
    Elemente, 58
    verschieben, 63
Diskette, 146
Doppelt unterstreichen, 131
Drucken, 157
    Abbrechen, 162
    Beschnittzeichen, 160
    Drucker wechseln, 160
    Druckqualität, 158
    Exemplare, 158
    in eine Datei, 158
    Papierformat, 161
    Papierzufuhr, 161
    Seitenzahl, 157

E

Einblenden, 91
Eingabe widerrufen, 115
Eingabefeld, 58
Einstellungen
    Bildschirm, 90
    generelle, 88

Einzug
  Erstzeileneinzug, 134
  links, 133
  rechts, 134
Ersetzen, 176
Ersetzfunktion, 176

F

Fenstergröße
  mit Maus ändern, 48
  Symbole, 46
Festplatte, 146
Fett, 122; 130
Fläche
  Schattierung, 192
  Schraffierung für, 190
  zeichnen, 190
Formsatz, 25
Fortführungspunkte, 56
Freistellen, 25
Führungslinien, 93
  festlegen, 94
Füllzeichen, 136

G

Grafik
  ausblenden, 145
  Größe einstellen, 143
  importieren, 139
  Vorschau, 142
  zuschneiden, 144
Grafikrahmen, 139
Großbuchstaben, 131
Grundtext, 23

H

Hilfe
  Allgemein, 72
  beenden, 79
  bewegen in, 74
  Bildschirmaufbau, 73
  Hilfe zur Hilfe, 73
  Hilfeindex, 77
  Lesezeichen, 76
  nach Stichworten, 77
  problembezogen, 80
  Thema drucken, 79
  Themen und Unterthemen, 75
  zur Tastatur, 79
Hintergrundseite
  anlegen, 200
  Objekte unterdrücken, 202
  Objekte verschieben zur, 201
Hurenkind, 27

I

Ikone, 47
Initial, 24
Installation
  Allgemeines, 6
  Benutzerdefinierte Installation, 9
  Installationsvarianten, 8
  Voraussetzungen, 5
Instrument
  Assisten, 65
  Grafikrahmen, 64
  Kasten, 64
  Kasten abgerundet, 64
  Kreis, 64
  Linie, 64
  Textrahmen, 64
  WordArt, 64
  Zeiger, 64
Instrumente, 97; 188

K

Kapitälchen, 131
Kontrollkästchen, 60
Kopieren
  Allgemein, 165

in andere Publikation, 168
in anderes Programm, 169
Objekte, 166
Textrahmen, 167
Textstellen, 167
Vorgehensweise, 171
Kursiv, 122; 131

L

Lernprogramm, 82
Lineal
Allgemein, 67
Auf Nullpunkt setzen, 69
Verschieben, 68
Linie
bearbeiten, 188
gestalten, 188
zeichnen, 188
Linksbündig, 119
Listen, 60

M

Maus
Allgemein, 43
Formen des Zeigers, 44
Verwendung der Maustasten, 45
Menü
abbrechen, 54
Allgemein, 53
Auswahl treffen, 56
Elemente, 55

O

Objekt Linking und Embedding, 221
Objekte, 19; 97
aktivieren, 99
anlegen, 65
Ausrichtung, 101
erstellen, 98
Größe ändern, 66
in den Hintergrund, 214
in den Vordergrund, 215
löschen, 102
mehrere, 212
Schraffierung ändern, 216
vergrößern, 99
verschieben, 100
OLE, 221
Objekt bearbeiten, 223
Verdindung aufbauen, 222
Optionsschalter, 59

P

Programmaufruf, 12
Automatisch, 13
Startoptionen, 29
Programmende, 15
Publikation
Leere Seite, 39
Neue einrichten, 86
neue erstellen, 155
öffnen, 38; 154
schließen, 153
Publikationsname, 49
Publisher-Menüs, 54
Pull-Down-Menü
Allgemein, 55

R

Rahmen
Allgemein, 217
einfache, 218
Zierrahmen, 220
Rechtsbündig, 119
Rechtschreibprüfung, 112
beenden, 114
Korrekturmöglichkeiten, 113
Korrekturvorschläge, 113
Schaltflächen, 114
Rückgängig, 115

S

Satzspiegel, 96
Schaltfläche
  Hilfe, 62
  mit Abbrechen, 62
  mit Fortführungspunkten, 61
  OK, 62
Schattierung, 192
Schlagzeilen, 21
Schnelltaste, 56
Schnelltastenkombination, 56
Schriftart, 130
Schriftarten, 120
Schriften, 22
Schriftfarbe, 131
Schriftgestaltung, 122
Schriftgröße, 130
Schriftgrößen, 23; 121
Schriftstil
  aufheben, 124
  festlegen, 122
Schusterjungen, 27
Seite
  bewegen zu, 197
  einfügen, 198
  Hintergrund, 199
  löschen, 208
  mehrseitige Texte, 196
Seite einrichten, 91
  Layout-Optionen, 92
Seitenlayout, 156
Seitennummern, 203
  Anfangs-Nr. festlegen, 204
  festlegen, 203
  gegenüberliegende Seiten, 206
  löschen, 207
  unterdrücken, 205
Seitenränder, 95
Silbentrennung, 27
  aufrufen, 124
  beenden, 126
  durchführen, 126
Speichern
  Allgemein, 146
  als Vorlage, 150
  Bestehende Publikation, 152
    unter neuem Namen, 152
  mit Sicherungskopie, 151
  Neue Publikation, 149
  Regeln für Dateinamen, 148
  Teile der Publikation, 152
Statuszeile, 70
Suche, 173
  beenden, 174
  erfolglose, 175
  erfolgreiche, 174
  fortzusetzen, 174
Suchfunktion, 173
Suchrichtung, 174
Symbol, 47
Symbolgröße, 47
Symbolleiste
  Allgemein, 63
  Instrumente, 63
Systemmenü
  Allgemein, 49
  öffnen, 50

T

Tabulatoren
  ändern, 138
  Dialog, 135
  Lineal benutzen, 136
  löschen, 138
  setzen, 137
  verwenden, 135
Task, 52
Task-Liste, 52
  Schaltflächen, 52
Textabschnitt markieren, 117

Textausrichtung, 118
Texte
  allgemein, 26
  Kopf-und Fußtext, 23
  längere, 23
  Marginalien, 24
Textgestaltung
  Abstände, 133
  Einzüge, 133
  Menüs zur, 126
  Schriftart und -stil, 130
  Spalten und Ränder, 127
  Zeichenabstand, 132
Textrahmen, 103
  löschen, 118
  Pfeilsymbol, 105
  Rautensymbol, 104
  Spaltenanzahl, 128
  Symbolleiste für, 115
  Text einfügen
    Allgemein, 105
  Text importieren, 106
  Text verknüpfen, 109
  Weißflächen einstellen, 128
Textstelle löschen, 118
Textstelle markieren, 116
  Buchstaben, 116
  mehrere Wörter, 116
  Tastatur, 116
  Wort, 116
Textüberlauf, 104
Titelzeile, 45
Typographie, 22

U

Umrahmungen, 26
Unterstreichen, 122; 131

Ü

Überschriften, 21; 23

V

Vollbild, 47
Vorlagen, 37

W

Weißfläche, 20
WordArt, 178
  aufrufen, 178
  Effekte, 180
  Objekt überarbeiten, 181
  Schriftarten, 180
  Schriftgrößen, 180
  Text eingeben, 179
Wort unterstreichen, 131

Z

Zeichen
  Hochgestellt, 131
  Normal, 131
  Tiefgestellt, 131
Zeichenabstand
  erweitern, 132
  Normal, 132
  verringern, 132
Zeilenabstand, 134
Zeilenabstände, 119
Zentriert, 119
Zwischenüberschrift, 24

Batch number: 08567177

Printed by Printforce, the Netherlands